基礎からわかる Scala スカラ

Terutaka Sameshima
鮫島 光貴 著

C&R研究所

■権利について
- 本書に記述されている社名・製品名などは、一般に各社の商標または登録商標です。
- 本書では™、©、®は割愛しています。

■本書の内容について
- 本書は著者・編集者が実際に操作した結果を慎重に検討し、著述・編集しています。ただし、本書の記述内容に関わる運用結果にまつわるあらゆる損害・障害につきましては、責任を負いませんのであらかじめご了承ください。
- 本書で紹介しているサンプルの動作環境については、4ページをご確認ください。なお、他の環境では、操作などが異なる場合がございますので、あらかじめご了承ください。
- 本書は2017年7月現在の情報で記述しています。

■サンプルについて
- 本書で紹介しているサンプルは、C&R研究所のホームページ(http://www.c-r.com)からダウンロードすることができます。ダウンロード方法については、5ページを参照してください。
- サンプルデータの動作などについては、著者・編集者が慎重に確認しております。ただし、サンプルデータの運用結果にまつわるあらゆる損害・障害につきましては、責任を負いませんのであらかじめご了承ください。
- サンプルデータの著作権は、著者およびC&R研究所が所有します。許可なく配布・販売することは堅く禁止します。

●本書の内容についてのお問い合わせについて

　この度はC&R研究所の書籍をお買い上げいただきましてありがとうございます。本書の内容に関するお問い合わせは、「書名」「該当するページ番号」「返信先」を必ず明記の上、C&R研究所のホームページ(http://www.c-r.com/)の右上の「お問い合わせ」をクリックし、専用フォームからお送りいただくか、FAXまたは郵送で次の宛先までお送りください。お電話でのお問い合わせや本書の内容とは直接的に関係のない事柄に関するご質問にはお答えできませんので、あらかじめご了承ください。

〒950-3122 新潟県新潟市北区西名目所4083-6　株式会社 C&R研究所　編集部
FAX 025-258-2801
「基礎からわかる Scala」サポート係

PROLOGUE

　現在、エンタープライズ系のWebシステム開発において最もよく利用されているプログラム言語の1つがJavaです。Javaのエンタープライズ分野、特にWebアプリケーションにおける地位はワールドワイドで揺るぎないものになっています。

　Javaの動作環境で動作可能なJavaの次に来る関数型プログラミング言語としてScalaが注目されてしばらく経ちます。その間には、Javaも進化し、改良され続けて来ました。Javaも関数型プログラミング言語の良い部分を言語仕様に取り組む傾向がうかがえます。

　しかし、Scalaは改良ではなく、一から純粋な関数型プログラム言語として設計されたものであり、Javaとは根本的に異なる新しいパラダイムのプログラミング言語です。その上、オブジェクト指向の良い部分も利用できるようオブジェクト指向プログラミング言語とのハイブリッド型言語の側面も持っています。

　このような新しいパラダイムのプログラミング言語であるScalaを検討し、独学で勉強してみようとか、あるいは実プロジェクトに取り入れてみようとされているJavaデベロッパの方は多いと思います。しかし、Javaデベロッパの中でもScalaはまだまだ敷居が高く、習得できかねている方が多いのが現状ではないでしょうか。

　本書はそんなJavaは習得し使いこなせているけれども、Scalaをこれから習得しようとされているデベロッパの方に向けて基礎からかみ砕いてわかりやすく解説しています。また、JavaからScalaに入る方のためにJavaとの比較を随所に取り入れました。

　Scalaを知っている人には自明な決まり事でも、初心者がつまずきやすいところについてはあえて説明を端折らないように留意しました。特にサンプルコードは他の入門書よりも丁寧な説明を心掛けました。ですので、本書を手に取った皆さんがScalaを基礎から「わかる」ことを実感していただけるものと思います。

　ぜひ、サンプルコードを動かし、自分なりの改良を重ねるという「手を動かす」ことを通じてScalaを習得していただけたらと思います。そうして、Javaよりも簡潔で洗練されたクールなコードがScalaで実装できることに触れ、プログラミングの楽しさに目覚めていただければ筆者の望外の幸せです。

　最後に、本書を書き上げるにあたって、遅筆の筆者を導いていただいた株式会社C&R研究所の吉成明久様およびご尽力いただいたスタッフの皆様には大変お世話になりました。この場を借りて心からお礼を申し上げます。

2017年8月

鮫島光貴

本書について

▶対象読者について

　本書は、他のプログラミング言語、特にJavaでの開発経験がある方を読者対象としています。本書では、プログラミング言語そのものの基礎知識ついては解説を省略していますので、ご了承ください。

▶本書の動作環境について

　本書のサンプルコードは次の環境で動作確認をしています。

- OS：Windows10 Pro 64bit
- Java：Java 8 JDK(build 1.8.0)
- Scala：Version 2.12.3
- sbt：0.14.0
- 実行Shell：Windows PowerShell
- 開発用エディタ：Sublime Text 3

　上記の環境以外でも、Ubuntuをはじめとする各種Linuxディストリビューションやm acOS上でもScala、Java、sbtをインストールすることにより、動作可能です。

　また、筆者はコンソールとしてWindows PowerShell上で動作確認しています。Windows以外のたとえば、LinuxのBashなどのShell上でも同じように動作確認が可能です。筆者もいくつかのサンプルコードをUbuntu17上のBash Shellコンソール上で動作確認をしています。

　開発環境としては、デフォルトでScalaのキーワード色表示に対応し、コード補完入力可能な高機能テキストエディタSublime Text 3を利用しています。この他、本格的な開発環境として、Scala IDE for Eclipse、IntelliJ IDEA + ScalaなどのIDE上でもコンソールアプリケーションとして開発及び動作可能です。筆者はScala IDE for Eclipse上でいくつかのサンプルコードの動作確認をしています。

　さらにWebブラウザが動作する環境であれば、下記のWebサービスを利用して、非公開で本書のサンプルコードを動作させることが可能です（Google Chromeを利用）。筆者もPC、タブレット、スマートフォンで、ほとんどのサンプルコードが動作することを確認しています（ただし、複数のソースファイルを一度にコンパイルしたり、sbtでライブラリをインポートする必要があるなど一部のサンプルコードでは動作させることができません）。

- paiza.io
  - URL　https://paiza.io/projects/new

- ideone
  - URL　http://ideone.com/

▶ サンプルコードの中の▼について

本書に記載したサンプルコードは、誌面の都合上、1つのサンプルコードがページをまたがって記載されていることがあります。その場合は▼の記号で、1つのコードであることを表しています。

▶ サンプルファイルのダウンロードについて

本書で紹介しているサンプルデータは、C&R研究所のホームページからダウンロードすることができます。本書のサンプルを入手するには、次のように操作します。

❶ 「http://www.c-r.com/」にアクセスします。
❷ トップページ左上の「商品検索」欄に「226-6」と入力し、[検索]ボタンをクリックします。
❸ 検索結果が表示されるので、本書の書名のリンクをクリックします。
❹ 書籍詳細ページが表示されるので、[サンプルデータダウンロード]ボタンをクリックします。
❺ 下記の「ユーザー名」と「パスワード」を入力し、ダウンロードページにアクセスします。
❻ 「サンプルデータ」のリンク先のファイルをダウンロードし、保存します。

サンプルのダウンロードに必要なユーザー名とパスワード

| ユーザー名 | scala |
| パスワード | st226 |

※ユーザー名・パスワードは、半角英数字で入力してください。また、「J」と「j」や「K」と「k」などの大文字と小文字の違いもありますので、よく確認して入力してください。

▶ サンプルファイルの利用方法について

サンプルファイルは、CHAPTERごとのフォルダの中に、項目番号のフォルダに分かれています。サンプルはZIP形式で圧縮してありますので、解凍してお使いください。

CONTENTS

CHAPTER 01
Scalaの概要

- **001 Scalaの概要** ……………………………………………… 20
  - ▶Scalaとは …………………………………………………… 20
  - ▶Scalaの登場 ………………………………………………… 20
  - ▶Scalaの各種サイト ………………………………………… 22
- **002 Scalaの特徴** ……………………………………………… 24
  - ▶Scalaの特徴の説明について ……………………………… 24
  - ▶オブジェクト指向&関数型のハイブリッド&マルチパラダイム言語 ……… 24
  - ▶関数をオブジェクトとして扱う関数型プログラミング ………… 24
  - ▶関数を変数に代入できる／引数・戻り値に関数型を指定できる ……… 24
- **003 Scalaの利点** ……………………………………………… 25
  - ▶Scalaの利点について ……………………………………… 25
  - ▶Java(JVM)環境で動作 …………………………………… 25
  - ▶Javaライブラリとシームレスな連携が容易でJava資産活用可 ……… 25
  - ▶抽象度が高い高水準言語 …………………………………… 25
  - ▶独自の制御構造／演算子を定義可能 ……………………… 26
  - ▶静的型付け言語のため保守しやすく高パフォーマンス ……… 28
  - ▶少ないコード量で簡潔に実装可能 ………………………… 29
  - ▶ドキュメント性が高い(実装コードの可読性) ……………… 30
  - ▶安全なリファクタリングが可能 …………………………… 30
  - ▶ランタイムエラーの回避でテストが楽になる ……………… 31
  - ▶並列処理が簡単 ……………………………………………… 31
- **004 関数型プログラミング言語による関数型プログラミング** ……… 32
  - ▶関数型プログラミングとは ………………………………… 32
  - ▶手順・手続きではなく宣言・定義でプログラミング ……… 32
  - ▶関数がオブジェクト、型安全 ……………………………… 32
  - ▶式を組み合わせて処理を実行 ……………………………… 33
  - ▶関数をチェーンできる ……………………………………… 35
  - ▶イミュータブルである ……………………………………… 36
  - ▶カリー化&部分適用 ………………………………………… 38
  - ▶遅延評価 ……………………………………………………… 40
  - ▶名前渡し引数 ………………………………………………… 41
  - ▶無限リスト ………………………………………………… 42
  - ▶ループ処理 ………………………………………………… 43

| 005 | 開発環境の構築 | 45 |

- ▶対話型実行環境 …… 45
- ▶エディタ …… 46
- ▶IDE（統合開発環境） …… 46
- ▶ビルドツール …… 47
- ▶WebサービスのScala実行環境 …… 48

CHAPTER 02
Scalaの基本構文

| 006 | 関数 | 50 |

- ▶関数とは …… 50
- ▶関数定義の基本構文 …… 50
- ▶関数リテラル …… 51
- ▶PartialFunction（部分関数） …… 53
- ▶引数の関数渡し（Call-by-name:名前渡し） …… 54

| 007 | クラス | 56 |

- ▶Scalaのクラスとは …… 56
- ▶クラスのインスタンス化 …… 56
- ▶コンストラクタ …… 56
- ▶オブジェクト …… 58
- ▶コレクション …… 59
- ▶メソッド …… 60

| 008 | 名前付き引数 | 62 |

- ▶名前付き引数とは …… 62
- ▶名前付き引数の利点 …… 62
- ▶名前付き引数のコード例 …… 62

| 009 | 多重定義 | 63 |

- ▶多重定義とは …… 63
- ▶多重定義の利用場面 …… 63
- ▶多重定義のコード例 …… 63

| 010 | タプル | 65 |

- ▶タプルとは …… 65
- ▶タプルの利点 …… 65
- ▶タプルの定義と値の取り出し …… 65
- ▶タプルのコード例 …… 65

CONTENTS

- **011 リテラル** ……… 67
  - ▶Scalaのリテラルとは ……… 67
  - ▶数値リテラル ……… 67
  - ▶文字列リテラル ……… 68
  - ▶配列リテラル ……… 69
  - ▶コレクションリテラル ……… 69

- **012 オーバーライド** ……… 70
  - ▶Scalaのオーバーライドとは ……… 70
  - ▶オーバーライドの注意点 ……… 70
  - ▶オーバーライドのコード例 ……… 70

- **013 同名の複数定義と定義キーワード** ……… 71
  - ▶複数定義とは ……… 71
  - ▶コード例 ……… 71

- **014 プリミティブ型／Unitクラス型** ……… 73
  - ▶プリミティブ型／Unitクラス型とは ……… 73
  - ▶Scalaのプリミティブ型 ……… 73
  - ▶Unitクラス型 ……… 73
  - ▶Unitクラス型の利点 ……… 73
  - ▶関数の戻り値にUnitクラス型を使ったコード例 ……… 73

- **015 多重代入（変数初期化）** ……… 75
  - ▶多重代入とは ……… 75
  - ▶多重代入の3つの方法 ……… 75
  - ▶多重代入を用いた変数初期化のコード例 ……… 75

- **016 暗黙の型変換（Implicit）** ……… 77
  - ▶暗黙の型変換とは ……… 77
  - ▶暗黙の型変換の仕組み ……… 77
  - ▶Implicit修飾子を用いたコード例 ……… 77

- **017 演算子／特殊記号** ……… 79
  - ▶演算子／特殊記号について ……… 79
  - ▶演算子／特殊記号の仕様 ……… 79

- **018 ループ構文** ……… 81
  - ▶ループ構文とは ……… 81
  - ▶「for」式の特徴 ……… 83
  - ▶「for」式と「foreach」メソッドの比較コード例 ……… 84

- **019 条件分岐** ……… 85
  - ▶条件分岐とは ……… 85

- ▶「if」式 …………………………………………………… 85
- ▶「if」式のコード例 ………………………………………… 86
- ▶「if」式のネスト …………………………………………… 86
- ▶「if」式のネストのコード例 ……………………………… 87
- ▶「match」式 ………………………………………………… 88
- ▶Scalaの「match」式の特徴 ……………………………… 88
- ▶「match」式のコード例 …………………………………… 89

020　省略構文 ………………………………………………… 91
- ▶省略構文とは ……………………………………………… 91
- ▶関数の省略構文 …………………………………………… 91
- ▶戻り値の型の省略 ………………………………………… 93
- ▶関数リテラルの省略構文 ………………………………… 94

021　ヒアドキュメント ………………………………………… 99
- ▶ヒアドキュメントとは …………………………………… 99
- ▶ヒアドキュメントの利点 ………………………………… 99
- ▶ヒアドキュメントの特殊機能 …………………………… 99
- ▶「stripMargin()」メソッドの機能 ………………………… 99
- ▶ヒアドキュメントのコード例 …………………………… 99

022　パッケージ宣言／利用 ………………………………… 101
- ▶パッケージ宣言 ………………………………………… 101
- ▶パッケージ宣言の種類 ………………………………… 101
- ▶パッケージの利用 ……………………………………… 103

023　パターンマッチング …………………………………… 105
- ▶Scalaのパターンマッチング …………………………… 105
- ▶Optionクラス型を用いたパターンマッチング ……… 105
- ▶Optionクラス型を使ったコード例 …………………… 105
- ▶Someクラス型を用いたパターンマッチング ………… 107
- ▶「unapply()」メソッドを用いたパターンマッチング … 107
- ▶「unapply()」メソッドを用いたパターンマッチングを使ったコード例 …… 108
- ▶パターンマッチングを用いた一括代入 ……………… 109
- ▶パターンマッチングを用いた代入のコード例 ……… 110

024　カーリング（Currying） ……………………………… 111
- ▶カーリングとは ………………………………………… 111
- ▶関数の適用とは ………………………………………… 111
- ▶部分適用 ………………………………………………… 111
- ▶カリー化 ………………………………………………… 112

CHAPTER 03
Javaとの連携

- **025** JavaプログラムとScalaの相互連携 …………………………………… 116
  - ▶既存のJavaシステムへのScalaの取り込み ………………………… 116
  - ▶Scalaプログラムに既存のJavaプログラムを組み込む …………… 116
  - ▶ScalaはJava実行環境JVMで動作 …………………………………… 116
  - ▶相互連携にビルドツールを活用 ……………………………………… 116

- **026** ScalaにJavaのクラスライブラリをインポートする
  （Java資産の活用） ………… 117
  - ▶Javaクラスをインポートするメリット ……………………………… 117
  - ▶Javaクラスのインポート方法 ………………………………………… 117
  - ▶インポートしたJavaクラスの利用方法 ……………………………… 118

- **027** ScalaプログラムでJavaオブジェクト・メソッドを利用する ……… 120
  - ▶Javaメソッドの利用方法 ……………………………………………… 120
  - ▶Javaクラスの継承方法 ………………………………………………… 121
  - ▶Javaインタフェースの実装方法 ……………………………………… 122

- **028** Scalaでコンパイルして生成したクラスを
  Javaプログラムから利用する ………………… 125
  - ▶ScalaクラスをJavaから利用 ………………………………………… 125
  - ▶ScalaオブジェクトをJavaから利用 ………………………………… 126
  - ▶ScalaのケースクラスをJavaから利用 ……………………………… 128
  - ▶ScalaクラスをJavaBeansとして利用 ……………………………… 130
  - ▶「@BeanProperty」アノテーション利用時の注意点 ……………… 132
  - ▶複数のScalaファイルをJARファイルにパッケージ化してJavaから利用 133

- **029** JavaとScalaの相互運用について ……………………………………… 138
  - ▶システム開発におけるJavaとScalaの相互運用の必要性 ………… 138
  - ▶パターン1：Scalaを新機能として追加 ……………………………… 138
  - ▶パターン2：一部機能をScalaで置き換え …………………………… 138
  - ▶パターン3：コア機能をScalaで実装 ………………………………… 139

CHAPTER 04

Scala独自のクラスとオブジェクト

030 シングルトンオブジェクト ……………………………………142
- ▶シングルトンオブジェクトとは……………………………… 142
- ▶動的なプログラミング言語Scalaの特徴 ………………… 142
- ▶「object」キーワード ………………………………………… 142
- ▶Scalaのシングルトンオブジェクト………………………… 142
- ▶フィールドの宣言 ……………………………………………… 143
- ▶メソッドの宣言 ………………………………………………… 143
- ▶シングルトンオブジェクトのコード例 …………………… 143
- ▶Javaのシングルトンオブジェクト ………………………… 144

031 コンパニオンクラス／コンパニオンオブジェクト ……………146
- ▶コンパニオンクラス／コンパニオンオブジェクトとは …………… 146
- ▶コンパニオンクラス／コンパニオンオブジェクトの必要性………… 146
- ▶特徴 ……………………………………………………………… 146
- ▶定義の仕方 ……………………………………………………… 147
- ▶利用の仕方 ……………………………………………………… 147
- ▶コンパニオンクラス／オブジェクトのコード例 ………… 147

032 ケースクラス …………………………………………………149
- ▶ケースクラスとは……………………………………………… 149
- ▶ケースクラスの特徴 …………………………………………… 149
- ▶インスタンス化の方法 ………………………………………… 149
- ▶ケースクラスのインスタンス化のコード例 ……………… 149
- ▶コンストラクタ引数のフィールド化 ……………………… 150
- ▶Javaのクラスフィールド設定のコード例 ………………… 150
- ▶Scalaのクラスフィールド設定のコード例 ……………… 151
- ▶フィールドのイミュータブル化 …………………………… 151
- ▶フィールドがイミュータブルなコード例 ………………… 151
- ▶コンパニオンオブジェクトの自動生成 …………………… 152
- ▶パターンマッチングとの組み合わせ ……………………… 156
- ▶各種ユーティリティメソッドの自動生成 ………………… 158
- ▶ラムダ式の項の設定 ………………………………………… 163

033 ケースオブジェクト ……………………………………………164
- ▶ケースオブジェクトとは ……………………………………… 164
- ▶ケースオブジェクトの特徴 …………………………………… 164
- ▶ケースオブジェクトのコード例 ……………………………… 164

CONTENTS

- 034 値クラス ……………………………………………… 165
  - ▶値クラスとは ……………………………………… 165
  - ▶定義方法 …………………………………………… 165
  - ▶値クラスのコード例 ……………………………… 165
- 035 値オブジェクト ……………………………………… 167
  - ▶値オブジェクトとは ……………………………… 167
  - ▶値オブジェクトの実現方法 ……………………… 167
  - ▶ケースクラスの利用 ……………………………… 167
  - ▶シールドクラス/トレイト ……………………… 167
  - ▶値オブジェクトのコード例 ……………………… 167
- 036 汎用トレイト ………………………………………… 169
  - ▶汎用トレイトとは ………………………………… 169
  - ▶汎用トレイトのコード例 ………………………… 169

CHAPTER 05
パターンマッチングによる条件分岐

- 037 「match」式の利用 …………………………………… 172
  - ▶「match」式とは …………………………………… 172
  - ▶「match」式の利用方法 …………………………… 172
  - ▶パターンマッチングの種類 ……………………… 173
  - ▶「match」式のコード例 …………………………… 174
- 038 ワイルドカードパターン …………………………… 176
  - ▶ワイルドカードパターンとは …………………… 176
  - ▶ワイルドカードパターンの記述方法 …………… 176
  - ▶ワイルドカードパターンのコード例 …………… 176
- 039 定数パターン ………………………………………… 178
  - ▶定数パターンとは ………………………………… 178
  - ▶複数の定数のマッチング ………………………… 178
  - ▶定数パターンのコード例 ………………………… 178
- 040 変数パターン ………………………………………… 180
  - ▶変数パターンとは ………………………………… 180
  - ▶変数パターンの注意点 …………………………… 180
  - ▶変数パターンのコード例 ………………………… 180

CONTENTS

- **041 変数束縛パターン** ··· 182
  - ▶変数束縛パターンとは ··· 182
  - ▶変数束縛パターンの記述方法 ··· 182
  - ▶変数束縛パターンのコード例 ··· 182

- **042 条件束縛パターン** ··· 184
  - ▶条件束縛パターンとは ··· 184
  - ▶条件束縛パターンの記述方法 ··· 184
  - ▶条件束縛パターンのコード例 ··· 184

- **043 型付きパターン** ··· 186
  - ▶型付きパターンとは ··· 186
  - ▶型付きパターンの記述方法 ··· 186
  - ▶Mapトレイト型の型付きパターン ··· 186
  - ▶型付きパターンのコード例 ··· 186

- **044 固定長シーケンスパターン** ··· 188
  - ▶固定長シーケンスパターンとは ··· 188
  - ▶固定長シーケンスパターンの記述方法 ··· 188
  - ▶固定長シーケンスパターンのコード例 ··· 188

- **045 任意長シーケンスパターン** ··· 190
  - ▶任意長シーケンスパターンとは ··· 190
  - ▶任意長シーケンスパターンの記述方法 ··· 190
  - ▶任意長シーケンスパターンのコード例 ··· 190

- **046 タプルパターン** ··· 192
  - ▶タプルパターンとは ··· 192
  - ▶タプルパターンの記述方法 ··· 192
  - ▶タプルパターンのコード例 ··· 192

- **047 コンストラクタパターン** ··· 194
  - ▶コンストラクタパターンとは ··· 194
  - ▶コンストラクタパターンの記述方法 ··· 194
  - ▶コンストラクタパターンのコード例 ··· 194

- **048 抽出子パターン** ··· 197
  - ▶抽出子とは ··· 197
  - ▶抽出子パターンとは ··· 197
  - ▶抽出子パターンの記述方法 ··· 197
  - ▶抽出子パターンのコード例 ··· 197

- **049 パターンの入れ子構造** ··· 199
  - ▶パターンの入れ子構造とは ··· 199

CONTENTS

    ▶パターンの入れ子構造のコード例……………………………………… 199

□50　ケースクラスによるパターンマッチング………………………………201
    ▶ケースクラスによるパターンマッチングとは ………………………… 201
    ▶ケースクラスによるパターンマッチングの記述方法 ………………… 201
    ▶ケースクラスによるパターンマッチングのコード例………………… 201

□51　ケースオブジェクトによるパターンマッチング ……………………203
    ▶ケースオブジェクトとは ………………………………………………… 203
    ▶ケースオブジェクトによるパターンマッチング ……………………… 203
    ▶ケースオブジェクトによるマッチングのコード例……………………… 203

□52　Optionによるパターンマッチング ……………………………………205
    ▶Optionによるパターンマッチングとは………………………………… 205
    ▶Optionによるパターンマッチングの記述方法 ……………………… 205
    ▶Optionによるパターンマッチングのコード例 ……………………… 205

□53　正規表現によるパターンマッチング …………………………………207
    ▶正規表現によるパターンマッチングとは ……………………………… 207
    ▶正規表現の記述方法 ……………………………………………………… 207
    ▶正規表現によるパターンの記述方法 …………………………………… 208
    ▶正規表現によるパターンマッチングのコード例……………………… 208

□54　再帰処理によるパターンマッチング …………………………………210
    ▶再帰処理とは ……………………………………………………………… 210
    ▶再帰処理によるパターンマッチングとは ……………………………… 210
    ▶再帰処理によるパターンマッチングの記述方法 ……………………… 210
    ▶再帰処理によるパターンマッチングのコード例 ……………………… 211

□55　XMLタグ記法によるパターンマッチング …………………………212
    ▶タグ記法とは ……………………………………………………………… 212
    ▶XMLタグ記法によるパターンマッチングとは ……………………… 212
    ▶XMLタグ記法によるパターンマッチングの記述方法 ……………… 212
    ▶XMLタグ記法によるパターンマッチングのコード例 ……………… 212

CHAPTER 06

トレイト

- **056 トレイト** ………………………………………… 216
  - ▶トレイトとは ……………………………… 216
  - ▶トレイトの役割 …………………………… 216
  - ▶トレイトの特徴 …………………………… 216
  - ▶トレイトの構文 …………………………… 217
  - ▶トレイトの設計 …………………………… 218

- **057 ミックスイン** …………………………………… 219
  - ▶ミックスインとは ………………………… 219
  - ▶ミックスインの基本形 …………………… 219
  - ▶ミックスインするコード例 ……………… 221
  - ▶インスタンス時のミックスイン ………… 223
  - ▶インスタンス時のミックスインのコード例 … 223

- **058 トレイトの初期化** ……………………………… 225
  - ▶トレイトの初期化とは …………………… 225
  - ▶トレイト初期化の問題点 ………………… 225
  - ▶トレイトで初期化できない理由 ………… 225
  - ▶トレイト内抽象メンバーの初期化順序について … 225
  - ▶事前初期化の方法 ………………………… 225
  - ▶クラス内での事前初期化のコード例 …… 226
  - ▶トレイト内での事前初期化のコード例 … 227

- **059 トレイトのメソッドの実装** …………………… 229
  - ▶トレイトのメソッドの実装とは ………… 229
  - ▶抽象メソッドのオーバーライド ………… 229
  - ▶メソッドのオーバーライドのコード例 … 229
  - ▶「override」キーワードの必要性 ………… 230
  - ▶「override」キーワードが必要なコード例 … 231
  - ▶トレイト内でのメソッドの実装 ………… 232
  - ▶トレイト内でのメソッドの実装のコード例 … 232
  - ▶継承元のメソッドの呼び出し …………… 233
  - ▶継承元のメソッドの呼び出しのコード例 … 234

- **060 トレイトによる多重継承** ……………………… 237
  - ▶トレイトによる多重継承とは …………… 237
  - ▶「with」キーワードの利用 ……………… 237
  - ▶多重継承の実現 …………………………… 237
  - ▶トレイトによる多重継承のコード例 …… 237

CONTENTS

- 061 型のトレイト ……………………………………………………240
  - ▶型のトレイトとは ……………………………………… 240
  - ▶型のトレイトのコード例 ……………………………… 240
- 062 トレイトを利用したソースファイル分割 ……………………242
  - ▶トレイトを利用したソースファイル分割とは ……………… 242
  - ▶自分型アノテーションとは …………………………… 242
  - ▶ソース分割の方法 ……………………………………… 242
  - ▶トレイトを利用したソースファイル分割のコード例 ……… 242
- 063 トレイトによるAOP（アスペクト指向プログラミング）………246
  - ▶デザインパターンとJavaの限界 ………………………… 246
  - ▶DIコンテナとAOP ……………………………………… 246
  - ▶Javaフレームワークの限界 …………………………… 246
  - ▶トレイトでAOPを実現 ………………………………… 247
  - ▶トレイトによるAOPのコード例 ………………………… 248

CHAPTER 07
ジェネリクス（型パラメータ）

- 064 ジェネリクスとは …………………………………………252
  - ▶ジェネリクスの概要 …………………………………… 252
  - ▶ジェネリクスの構文 …………………………………… 252
- 065 ジェネリクスの種類 ………………………………………253
  - ▶ジェネリクスの種類とは ………………………………… 253
  - ▶クラスのジェネリクス …………………………………… 253
  - ▶ケースクラスのジェネリクス …………………………… 255
  - ▶トレイトのジェネリクス ………………………………… 256
  - ▶メソッド（関数）のみのジェネリクス …………………… 257
- 066 ジェネリクスのメリット …………………………………259
  - ▶ジェネリクスで利用される型パラメータのメリット ……… 259
- 067 ジェネリクスのさまざまな使い方 ………………………260
  - ▶利用時に明示的な型指定を行う方法 …………………… 260
  - ▶引数へのデフォルトの型と値を指定する ……………… 261
  - ▶型パラメータが複数のクラス定義 ……………………… 262
  - ▶親クラスの型パラメータに自クラスの型パラメータを指定する ……… 263

068 型パラメータの境界 ………………………………………………265
- ▶型パラメータの上限境界／下限境界とは ………………………………… 265
- ▶型パラメータの上限境界 ……………………………………………………… 265
- ▶型パラメータの上限境界のコード例 ………………………………………… 265
- ▶型パラメータの下限境界 ……………………………………………………… 267
- ▶型パラメータの下限境界のコード例 ………………………………………… 267
- ▶下限境界と上限境界の同時指定 ……………………………………………… 268

069 型パラメータの変位 ………………………………………………270
- ▶型パラメータの変位とは ……………………………………………………… 270
- ▶共変 ……………………………………………………………………………… 270
- ▶共変のコード例 ………………………………………………………………… 271
- ▶反変 ……………………………………………………………………………… 272
- ▶反変のコード例 ………………………………………………………………… 273
- ▶非変 ……………………………………………………………………………… 274
- ▶非変のコード例 ………………………………………………………………… 274

070 型パラメータの制約 ………………………………………………276
- ▶型パラメータの制約とは ……………………………………………………… 276
- ▶型パラメータ制約の構文 ……………………………………………………… 276
- ▶型パラメータ制約の種類 ……………………………………………………… 277
- ▶型パラメータの制約のコード例 ……………………………………………… 277

071 context boundによる暗黙のパラメータの省略 ……………279
- ▶context boundによる暗黙のパラメータの省略とは ……………………… 279
- ▶暗黙のパラメータとは ………………………………………………………… 279
- ▶暗黙の値とは …………………………………………………………………… 279
- ▶暗黙のパラメータのコード例 ………………………………………………… 280
- ▶暗黙のパラメータでの型情報の保持 ………………………………………… 280
- ▶context boundとは …………………………………………………………… 282
- ▶context boundによる暗黙のパラメータの省略のコード例 ……………… 283

COLUMN

- Scalaの採用事例 ……………………………………………… 23
- シングルトンオブジェクトとは ……………………………… 61
- 束縛とは何か …………………………………………………… 183

- ●索 引 ………………………………………………………… 285

CHAPTER 01
Scalaの概要

SECTION-001

Scalaの概要

▶ Scalaとは

本書で取り扱うScalaとは、一言でいうと**関数型プログラミング言語の仕組みをオブジェクト指向プログラミング言語であるJavaの部品を使って文法を使いやすく整備したプログラミング言語**です。

ここではそんな関数型プログラミング言語ScalaのJavaにはない「特徴的な機能」をピックアップして、その概要を説明します。簡単な実例サンプルを示しますので「こんな雰囲気のものなのか」程度に眺めていただくだけでかまいません。詳細については後の章で説明します。

▶ Scalaの登場

Scalaが登場する前にはエンタープライズ系の多くのシステムはJavaで開発していました。ここではJavaとその後に登場したScalaについて説明します。

◆ JavaによるWebアプリケーション開発

1990年代前半に開発されたJavaは、その後、20年以上の時を経て、さまざまなWebアプリケーションのサーバーサイド処理を開発するための言語としてデファクトスタンダードの地位を築きました。C言語のオブジェクト指向版であるC++言語の記法を受け継ぎ、よりシンプルにより使いやすくしたJavaは、またたく間に開発現場に広まりました。

◆ 不完全なオブジェクト指向言語Java

ただし、Javaにはその登場時から問題視されていた大きな問題がありました。それは**不完全なオブジェクト指向言語であるという側面**です。たとえば、Javaのデータ型はオブジェクト型ではなく、C言語などと同じプリミティブ型です。プリミティブ型とはプログラミング言語があらかじめ言語仕様として用意してくれている型のことです。たとえば、整数型であるint型はオブジェクトとして取り扱おうとするとJavaの基本オブジェクト型に変換する必要があります。

このような変換が必要になることは、Javaが完全なオブジェクト指向言語ではない簡単な例です。なぜなら、完全なオブジェクト指向言語とはプリミティブ型のようなデータ型でさえも、あるクラスを継承して実現するものだからです。

完全なオブジェクト指向言語は「Javaのプリミティブ型からオブジェクト型への変換のコード例」のような「プリミティブ型からオブジェクト型への変換」を必要としません。

◆ Javaのプリミティブ型からオブジェクト型への変換のコード例

次ページのコード例ではプリミティブ型であるint型をIntegerクラスのコンストラクタにプリミティブ型の値を引数で渡すことによってオブジェクト型に変換しています。

SOURCE CODE | Javaのプリミティブ型からオブジェクト型への変換のコード例

```java
public class Main {
  public static void main( String args[] ) {
    int someNumber = 777;
    Object someObj = new Integer( someNumber );
    
    System.out.println( someObj );
  }
}
```

上記のコードの実行結果は次のようになります。

```
777
```

◆ コードの記述が冗長なJava

さらにJavaには実装コードの記述が冗長になるという弱点が徐々に指摘され始めています。Webアプリケーションで、主として画面系に用いられるJavaScriptをはじめ、Python、Rubyなどのさまざまなスクリプト言語の台頭で**スクリプト言語に比べて記述が冗長**という側面がクローズアップされてきています。

◆ 関数型プログラミング言語Scalaの登場

2010年代に入ってWebアプリケーションはWebサービスへと進化し、より迅速に短期間に高品質に開発する必要性、すなわち開発生産性を高める要求が高まりました。そこで登場したのが関数型プログラミングの考え方です。

そうして、関数型プログラミングが可能な関数型プログラミング言語Scalaが脚光を浴び始めました。

Scalaはスイスのローザンヌにあるスイス連邦工科大学ローザンヌ校（EPFL）で生まれました。同大学のMartin Odersky教授によってScalaは設計・実装が行われ、公開されたのです。教授はオブジェクト指向プログラミングと関数型プログラミングの融合に関して研究を進め、Scalaを設計・実装した後、さらに言語の改良に尽力しています。

◆ オブジェクト指向と関数型のハイブリッド型のプログラミング言語Scala

Javaが不完全なオブジェクト指向であるのに対してScalaは完全なオブジェクト指向言語です。また、Scalaは関数型プログラミング言語でもあります。つまり、**オブジェクト指向と関数型のハイブリッド型のプログラミング言語**ということができます。

先ほどの例のプリミティブ型のようなデータ型もScalaのクラスを継承して実現されます。完全なオブジェクト指向言語であるScalaにはプリミティブ型は存在しないのです。

SECTION-001 ● Scalaの概要

▶ Scalaの各種サイト

　Scalaの公式サイトとして本家の英語版があります。言語仕様などの不明点はまず公式サイトを参照するとよいでしょう。また、公式サイトではありませんが、有志による日本Scalaユーザーズグループのサイトなど日本語の情報も多数公開されています。ここではこれらを抜粋して紹介します。

◆ 公式サイト

Scalaの本家の公式サイトのURLは下記の通りです。

　　URL https://www.scala-lang.org/

言語のダウンロードは公式サイトの下記のURLから行うことができます。

　　URL https://www.scala-lang.org/download/

各種パッケージライブラリのAPIドキュメントは公式サイトの下記のURLから参照可能です。

　　URL http://www.scala-lang.org/api/
　　　　　current/?_ga=1.241039811.1310790544.1468501313

　ここで、URLの末尾の数字は変更すると思われます。公式サイトのトップページから「API DOCS」や「Current API Docs」などのリンクアンカーをクリックする方がよいでしょう。

Scalaの開発者コミュニティーによる各種ドキュメントは下記のURLです。

　　URL http://docs.scala-lang.org/

Javaプログラマ向けのチュートリアルが下記のURLで公開されています。

　　URL http://docs.scala-lang.org/tutorials/scala-for-java-programmers.html

さらに、開発者ブログが下記のURLで公開されています。

　　URL https://www.scala-lang.org/blog/

◆ 日本Scalaユーザーズグループのサイト

「日本Scalaユーザーズグループ」のサイトは下記のURLになります。

　　URL http://jp.scala-users.org/

「技術記事」には各種の「翻訳記事」が公開されています。

　　URL http://jp.scala-users.org/articles.html

「ScalaJP Wiki」には各種のScalaの技術情報が公開されています。

　　URL https://github.com/scalajp/scalajp.github.com/wiki

◆コード記述に関するサイト

「Scalaスタイルガイド」として日本語のScalaのあるべきコーディング規約について述べられています。

URL http://yanana.github.io/scala-style/index.html

Scalaの採用事例

　Scalaは海外では、世界最大の通販サービスAmazon.com、短文投稿サービスのTwitter、ビジネスSNSのLinkedIn、さらには位置情報に基づいたSNSサービスのFour Squareなど多数の採用事例があります。

　また、国内でもサイバーエージェントなど、次のような多数の利用実績があります。

　海外と国内の採用事例は、日本ScalaユーザーズグループのWebサイトに公開されています。

- 採用事例（海外）
  URL http://jp.scala-users.org/scala-cases-overseas.html

- 採用事例（国内）
  URL http://jp.scala-users.org/scala-cases-in-japan.html

　日本ScalaユーザーズグループのWebサイトによると下記のような企業で採用されています。

- 株式会社オプト OptTechnologies
- 株式会社サイバーエージェント　アドテクスタジオ
- ドワンゴ
- 株式会社 システムアート
- GMOメディア株式会社
- アスタミューゼ株式会社
- 有限会社ITプランニング
- エムスリー株式会社
- 芸者東京エンターテインメント株式会社
- NECビッグローブ株式会社

SECTION-002
Scalaの特徴

● Scalaの特徴の説明について

ここではScalaが他のプログラミング言語と異なる特徴をいくつか紹介します。特に現在エンタープライズ系で最もユーザーが多いのがJavaです。そこで、Javaに慣れ親しんだ方向けにJavaとの違いにフォーカスして特徴を紹介します。

● オブジェクト指向&関数型のハイブリッド&マルチパラダイム言語

Scalaはオブジェクト指向(OOP = Object Oriented Programing)と関数型(FP = Functional Programing)の両方の特徴を併せ持つハイブリッド型プログラミング言語であるということができます。さらに、ScalaはJavaと違ってオブジェクト指向型としても完璧なプログラミング言語です。別の言葉で表現すると、枯れて定着したオブジェクト指向プログラミングのパラダイムとニューパラダイムである関数型プログラミングを融合したマルチパラダイム言語、それがScalaなのです。

このような性質を持つScalaはオブジェクト指向型と関数型のそれぞれの利点だけを取り出して利用することが可能です。いわゆる「いいとこ取り」のプログラミングスタイルを実現することができます。

それに対してJavaはオブジェクト指向プログラミング言語ではありますが、プリミティブ型がオブジェクトではないなど、不完全なオブジェクト指向型プログラミング言語と考えられます。また、関数型プログラミング言語としての機能は基本的には備わっていません(ただし、Java8以降、ラムダ式や型アノテーションなど、関数型の機能を一部、取り入れつつあります)。

● 関数をオブジェクトとして扱う関数型プログラミング

Scalaでは関数はオブジェクトです。Javaの世界から見るとScalaの関数は一見、メソッドに見えます。あたかもクラスのメソッドに引数に渡しているように見えますが、実は**関数オブジェクトが生成されている**のです。

Scalaの世界では関数は第一級オブジェクトとして扱われます。Scalaでは、関数はオブジェクトやメソッドとは別の概念ではありません。関数をオブジェクトとして取り扱うことで関数型プログラミングとオブジェクト指向型プログラミングの両方を「統合」したものがScalaなのです。

● 関数を変数に代入できる／引数・戻り値に関数型を指定できる

Javaなどのオブジェクト指向言語では、オブジェクトは変数に代入したり、引数や戻り値として指定できます。

Scalaでは関数はオブジェクトですから、関数を変数に代入することができます。また、関数の引数や戻り値の型を関数型に指定することもできるのです。

このように入出力や変数などをすべて関数で処理することができる関数を**高階関数**と呼びます。高階関数の存在は関数型プログラミング言語Scalaの大きな特徴であるといえます。

SECTION-003
Scalaの利点

●Scalaの利点について

関数型プログラミング言語には現在数多くのものが存在します。たとえば、Haskell、OCaml、Clojure、Erlangなどがあります。Webアプリケーションのフロントエンドで多用されるJavaScriptも関数型プログラミング言語の側面を持っています。

このような数ある関数型プログラミング言語の中でも特に本書で取り扱っているScalaの利点とは何なのかについて解説します。

●Java(JVM)環境で動作

ScalaはJava(JVM)環境で動作します。Scalaはコンパイルが完了すると、Java(JVM)のバイトコードに変換されます。すなわち、ScalaはJavaが動作する環境であれば、スマートフォン、パソコンからサーバーまであらゆるデバイス上で実行可能です。

また、Scalaが動作するプラットフォームはJava(JVM)環境のみならず、Windows OSのアプリケーションフレームワークである.Net Flamework やスマートフォン用OSであるAndroidなどにも対応しています。

このことからScalaは比較的新しい関数型というカテゴリのプログラミング言語でありながら、非常に高い可用性・可搬性を有しているといえるでしょう。

なお、現在では、Scala Nativeというコンパイルするとターゲットプラットホームのネイティブなバイナリコードを出力できるScalaの開発が進められています。

●Javaライブラリとシームレスな連携が容易でJava資産活用可

Scalaで実装してコンパイルしたバイトコードをJavaに取り込んで利用することができます。そのため、既存のJavaベースのアプリケーションに新規機能のみScalaを利用して開発してマージして利用できるのです。

また、逆にScalaベースのアプリケーションに既存の豊富なJavaのライブラリを取り込んで利用することも可能です。すなわち、ScalaとJavaはお互いに相互呼び出しが可能であり、親和性の非常に高いものとなっています。

このように、ScalaはJavaの世界からもScalaの世界からも容易にアプローチが可能です。始めるための敷居は新しいプログラミング言語を始めるよりもずっと低く、活用する場面も多いといえるでしょう。

●抽象度が高い高水準言語

Scalaは処理記述型、すなわち手順・手続きで処理を記述するプログラミング言語ではありません。関数を中心に関数への入力と処理を記述していきます。

本来、行いたいこととはかけ離れた細かな手続きを記述する必要性は基本的にはありません。行いたいことを抽象的に記述して実現することが可能です。そのため、**Scalaは高い抽象性を持った関数型プログラミング言語**だといえるでしょう。

独自の制御構造／演算子を定義可能

ここでは、Scalaにより独自の制御構造や独自の演算子が定義できることについて紹介します。

◆ 独自の制御構造を定義

Javaでは単に予約語とされている判断、反復などをScalaでは式として扱うことが可能です。**予約語以外の制御構造も関数として独自に定義・拡張することが可能**です。

そして、Scalaではこの独自に定義した制御構造式をあたかもあらかじめ言語仕様で装備されていた予約語のように使うことができます。

たとえば、ScalaのコレクションであるListクラス、Arrayクラス、Mapトレイトなどで独自に拡張されているexists()メソッドがあります。このメソッドはIterableトレイトとして定義されている制御構造です。これは、Scalaの組み込み型の制御構造ではありません。Scalaのライブラリとして提供されている独自の制御構造になります。

このような独自の制御構造を自前で定義しておけば、コードが単純明快になり、可読性がより向上します。

◆ 独自の制御構造を定義したコード例

メソッドcatContains()は引数で与えられたリストに「"ネコ"」が存在するかを判断します。

この判断のためにコレクション（Listオブジェクト）内に要素が存在しているかの存否をを判断するexists()メソッドを独自の制御構造として使っています。メソッドcatContains()ではexists()メソッドを利用して、「"ネコ"」という要素が存在すればtrueを返します。

if式の引数にこのメソッドcatContains()を記述することで、Listオブジェクト内に「"ネコ"」という要素が存在するかどうかを判断することを簡潔に実現しています。

SOURCE CODE | 独自の制御構造を定義したコード例（main()メソッド利用）

```scala
object Main {
  def catContains( animal: List[String] ) =
                          animal.exists( _ == "ネコ" )

  def main( args: Array[String] ): Unit = {
    if( catContains( List( "イヌ", "ネコ", "カメ" ) ) )
      println( "リストにネコは含まれます " )
    else
      println( "リストにネコは含まれません" )
  }
}
```

◆ 実行可能なメインプログラムの記述

なお、MainオブジェクトにArray[String]クラス型の引数を持つmain()メソッドを定義するとScalaの実行可能なメインプログラムになります。これはちょうどJavaのメインプログラムと同じような記述方法です。

しかし、ScalaではAppトレイトをミックスインしたMainオブジェクトを定義するとmain()メソッドの定義なしに簡潔に実行可能なメインプログラムを記述することができます。

本書のコード例はすべてこのAppトレイトをミックスインしたMainオブジェクト内に記述するものとします。なお、トレイトやミックスインに関してはCHAPTER 06で解説しているので、そちらをご覧ください。

SOURCE CODE 独自の制御構造を定義したコード例(「App」トレイト利用)

```
object Main extends App {
  def catContains( animal: List[String] ) =
                          animal.exists( _ == "ネコ" )

  if( catContains( List( "イヌ", "ネコ", "カメ" ) ) )
    println( "リストにネコは含まれます " )
  else
    println( "リストにネコは含まれません" )
}
```

これらのコードを実行すると、次のように「**リストにネコは含まれます**」という文字列がコンソールに出力されます。本書のコード例で出力とはコンソールに出力するものとします。

```
リストにネコは含まれます
```

なお、実行結果は本章でのみ記載します。他の章では実行結果は省略しています。読者の皆さんで、それぞれのコード例をScalaの実行環境で動作させて出力結果を確認してみてください。

◆ 独自の制御構造の定義

Scalaには言語仕様に組み込まれた組み込み演算子というものは存在しません。Scalaでは**演算子さえも関数オブジェクトのメソッド**なのです。すなわち、このことはScalaでは演算子もユーザー定義関数のメソッドとして独自に定義できることを意味します。

◆ 独自の演算子を定義したコード例

下記のコード例ではケースクラス**VectorOrignal**に演算子メソッド「+」を定義しています。演算子メソッド「+」は引数にケースクラス**VectorOrignal**型のオブジェクトを受け取ります。そうして、ケースクラス**VectorOrignal**のインスタンス時にコンストラクタ引数に与えられるベクターのx成分、y成分のそれぞれに、演算子メソッド「+」の引数で与えられたオブジェクトのx成分、y成分を加算しています。

このようにして、演算子メソッド「+」を定義することによりベクターの加算演算を実現しています。

SOURCE CODE 独自の演算子を定義したコード例

```
case class VectorOrignal( x: Double, y: Double ) {
    def + ( v: VectorOrignal ) =
        VectorOrignal( this.x + v.x, this.y + v.y )
}
```

```
object Main extends App {
  println( "vector ( 1, 2 ) + ( 3, 4 ) = " )
  println(
    VectorOrignal( 1, 2 ) + VectorOrignal( 3, 4 )
  )
}
```

上記のコードの実行結果は、次のようになります。

```
vector ( 1, 2 ) + ( 3, 4 ) =
VectorOrignal(4.0,6.0)
```

▶静的型付け言語のため保守しやすく高パフォーマンス

　Scalaは定義時に型が固定される**静的型付け**のプログラミング言語です。定義時に型が固定されるため、定義した型と不整合な処理を実行するとコンパイル時にエラーとなります。

　それに対してJavaScriptなどの多くのスクリプト言語は**動的型付け**のプログラミング言語です。型は実行時に動的に割り当てられます。

　型が定義・宣言時に決まってしまうのは柔軟性がそがれると感じるかもしれません。しかし、Scalaでは強力な型推論機能により、型の定義を省略しても自動的に最適な型を判断して当てはめてくれるのです。そのため、決して型の宣言が面倒ではなく、むしろ簡潔な宣言が可能です。

　下記のコード例では「Integer.parseInt(i)」の不変変数iの記述が「type mismatch」エラーになっています。

SOURCE CODE ｜ 静的型付けのため、コンパイル時にエラーになるコード例

```
object Main {
  def main( args: Array[String] ): Unit = {
    val i: Int = 1
    Integer.parseInt( i )
  }
}
```

上記のコードを実行すると、次のようにコンパイルエラーとなります。

```
Main.scala:4: error: type mismatch;
 found   : Int
 required: String
    Integer.parseInt( i )
                      ^
one error found
```

▶少ないコード量で簡潔に実装可能

　Scalaは実装上、あきらかなコードなど、省略できるところは極力省略できるように設計されています。Javaのように完全無欠ともいえる実装を強要されることは言語仕様上ありません。

　たとえば、Javaではクラスのコンストラクタやプロパティ(クラス変数、フィールド)のアクセッサメソッド(**Setter/Getter**)の実装は必須となっています。しかし、Scalaではこれらは実装不要です。Scalaのコード量はJavaの半分以下ともいわれています。

　実際に下記のScalaで記述されたコード例とJavaで記述されたコード例を見てください。

　同じ処理をするのに明らかに**Scalaの方が記述量が少なく簡潔に表現されている**のがわかると思います。

SOURCE CODE | コンストラクタやアクセッサメソッドが不要なScalaのコード例

```scala
class ScalaClass( argReadWrite: Int, argId:   Int ) {
  // 可変(読み書き可能)プロパティ※アクセッサメソッド不要
  var varReadWrite: Int = argReadWrite
  // 不変(読み取り専用)プロパティ※アクセッサメソッド不要
  val valId: Int = argId
  // 参照不可プロパティ
  private val private_id = 999
}

object Main extends App{
  val sc = new ScalaClass( 55, 77 )
  sc.varReadWrite = 555
  printf(
    "varReadWrite = %d, valId = %d",
    sc.varReadWrite, sc.valId
  )
}
```

SOURCE CODE | 上記と同じ処理を行うJavaのコード例

```java
class JavaClass {
  // 可変(読み書き可能)プロパティ※アクセッサメソッド必要
  public int varReadWrite;
  // 不変(読み取り専用)プロパティ※アクセッサメソッド必要
  public int valId;
  // 参照不可プロパティ
  private static int private_id = 999;

  // コンストラクタ
  JavaClass( int varReadWrite, int valId ){
    this.varReadWrite = varReadWrite;
    this.valId = valId;
  }
```

```java
    // varReadWriteのアクセッサメソッド
    public int getVarReadWrite() {
      return this.varReadWrite;
    }
    public void setVarReadWrite( int varReadWrite ){
      this.varReadWrite = varReadWrite;
    }
    // valIdのアクセッサメソッド
    public int getValId() {
      return this.valId;
    }
  }

  public class Main {
    public static void main( String args[] ){
      JavaClass jc = new JavaClass( 55, 77 );
      jc.setVarReadWrite( 555 );
      System.out.printf(
        "varReadWrite = %d, valId = %d",
        jc.getVarReadWrite(), jc.getValId()
      );
    }
  }
```

▶ドキュメント性が高い(実装コードの可読性)

　Scalaは高いドキュメント性を持っているので、**コードの可読性の高い実装コードを実現**することができます。

　Scalaの機能をフルに活用して実装したコードは冗長な部分がほとんどなく、可読性の高いコードとなることが期待できます。

　Javaに比べて同じ処理を行うのに3分の1ともいわれる効率的なコード量は、同時に無駄のない読みやすいコードとなります。

▶安全なリファクタリングが可能

　近年、アジャイル開発やテスト駆動開発(TDD：test-driven development)などといわれる開発手法が注目を浴びています。これらの手法はいずれもこまめに改良を加えながら実装することに特徴があります。

　Scalaはコードがコンパクトかつ直感的に理解しやすいといわれています。コードの見通しがよいため、コードに改良を加えやすいといえます。また、改良したコードはコンパイル時に事前にエラーを発見することができます。実行時に致命的なエラーが発生し、その原因究明に手間取ることもありません。

　このことは**リファクタリングを繰り返しアプリケーションを開発していく開発手法において大きなメリット**です。

ランタイムエラーの回避でテストが楽になる

テスト時にランタイムエラーが発生すると、デバッガのステップ実行によりエラー原因の究明のために多大な手間と時間がかかってしまいます。

Scalaでは、コンパイル時にランタイムエラーの原因となりそうなコード上の不整合やミスを事前に教えてくれます。たとえば、配列の確保していない領域へのアクセスや、型推論により型の明らかに異なる変数やオブジェクト通しのやり取りなど、Scalaでコンパイル時に見つかるコンパイルエラーは多肢に渡ります。

コンパイル時のエラーはランタイムエラーと呼ばれる実行時のエラーに比べて比較的対処しやすいものがほとんどです。しかし、テスト時に不本意に発見される実行時エラーは通常、原因究明に非常に手間取ります。

Scalaは**コンパイルエラー**という形で実行時エラーになりそうな箇所を事前に知らせてくれます。コードの実装時にこまめにコンパイルを実施することにより、後工程のテストが非常に楽になります。

並列処理が簡単

近年のCPUは複数のコアが搭載されているのが普通になっています。この複数のコアからなるCPUを効率よく利用するためには並列処理が効果的です。

Scalaでは並列処理のためのコードはScala用並行処理ライブラリ**Akka**を使った方法と**ParSeq**トレイトを使った方法を選択することができます。

特に**ParSeqトレイトを使うと並列処理の記述が非常に簡単**に行えます。具体的には、コレクションに単に「.par」を付記することで対象のコレクションの処理は並行処理で実行されます。多量のデータ処理などを簡単に並行処理させることで処理速度を向上させることができきます。

SOURCE CODE | 並列処理を行うコード例

```
object Main extends App{
  var i = 0
  ( 1 to 100000 ).par foreach {
    _ => println( "i = " + i )
    i += 1
  }
}
```

上記のコードの実行結果は、次のようになります。

```
i = 0
i = 1
i = 2
i = 3
‥‥
‥‥
i = 99998
i = 99999
```

SECTION-004
関数型プログラミング言語による関数型プログラミング

▶ 関数型プログラミングとは
　これまでで関数型プログラミング言語であるScalaの特徴について述べてきました。ここでは、広くScalaを含む関数型プログラミング言語による関数型プログラミングとはどのようなものかを概観します。

▶ 手順・手続きではなく宣言・定義でプログラミング
　関数型プログラミングはすべての処理を関数の宣言・定義で行うものです。宣言型プログラミングとも呼ばれ、行いたい処理の性質に着目して「**宣言・定義**」でプログラムを記述します。Scalaは関数型プログラミング言語の1つです。
　それに対してJavaは命令型プログラミング言語です。命令型プログラミングでは行いたい処理を「**解く手順・手続**」を記述します。
　このようにJavaもScalaも同じオブジェクト指向プログラミング言語ですが記述の仕方はまったく異なっています。

▶ 関数がオブジェクト、型安全
　関数型プログラミング言語は関数そのものがオブジェクトであり、実行時のバグを軽減するための型安全の仕組みが取り入れられています。

◆ 関数そのものがオブジェクト
　関数型プログラミングでは関数の定義を記述しますが、この**関数そのものがオブジェクト指向プログラミングのオブジェクト**とみなされます。関数型プログラミング言語における関数はファーストクラスオブジェクトとして扱うことができるのです。
　関数型プログラミング言語における関数はJavaにおける普通のオブジェクトと同じように次のことが可能になっています。

- メソッドの引数として渡すことができる
- メソッドの戻り値として返すことができる
- 変数として利用できる

◆ 関数型プログラミングのメリット
　関数型プログラミングが関数をオブジェクトとみなすことによって得られる最大のメリット、それは**実行時のバグやエラーが大幅に減る**ということです。言い換えると、実行前のコンパイル時に事前にほとんどのエラーが発見できるということです。

◆ 実行時バグを軽減する「型安全」とは
　具体的にはJavaでオブジェクトへの参照がコードの記述ミスで失われた場合などに実行時に`NullPointerException`が発生し、エラーとなる場合がよくあります。この`NullPointerException`に一度も遭遇したことのないJavaプログラマはいないのではないでしょうか。

また、Javaの場合、意図しない型、データの範囲などを実装してもそのままコンパイルが通ってしまいます。そして、それをそのまま実行するとエラーになる場合や意図しない結果を導き出すことがあります。

しかし、関数型プログラミングではこのようなミスを型レベルで防ぐことができるのです。型そのものを関数オブジェクトで定義しておくことで意図しない型やデータの範囲のデータが入力されても実行前のコンパイル時にエラーを未然に発見できます。このような関数型プログラミングの特徴を**型安全**といいます。

このように型安全とは実行時に誤った型やデータの範囲が原因でエラーになったり意図しない結果にならない安全な型の宣言ができるということです。

▶ 式を組み合わせて処理を実行

関数型プログラミング言語では複数の式を組み合わせて処理を実行することができます。

◆「if」「for」なども式

Javaでは比較や繰り返しを表す**if**や**for**は予約語と呼ばれます。しかし、関数型プログラミング言語ではこれらの**if**や**for**も**予約語ではなく式**なのです。すなわち、引数を持ち、値を返すことができるのです。

たとえば、Javaには三項演算子という演算子が言語仕様で用意されています。しかし、関数型プログラミング言語であるScalaでは三項演算子の機能は**if**式で代用できるため、存在しません。

◆「if」式のコード例

下記のコード例ではif式の引数に与えられた不変変数animalが「"猫"」の場合にif式が文字列「"ニャー！"」を返しています。この文字列を不変変数cryに代入しています。

SOURCE CODE | 「if」式が値を返すコード例

```
object Main extends App {
  val animal = "猫"
  val cry = if ( animal == "猫" ) "ニャー！"
  else if( animal == "犬" ) "ワン！"
  else  "・・・・"

  println( cry )
}
```

上記のコードの実行結果は、次のようになります。

```
ニャー！
```

下記のコード例ではJavaの三項演算子と同様の機能をScalaのif式で代用して実現しています。

if式の引数に不変変数stateを与えています。このif式は不変変数stateが「"止まれ"」の場合は「"赤"」を、そうでなければ「"青"」を返します。if式が返した値を不変変数signalに代入しています。

この代入まで含めてJavaの三項演算子と同じ機能をif式で実現しています。

SOURCE CODE ｜ 三項演算子を「if」式で代用するコード例

```
object Main extends App {
  // Javaの以下の三項演算子に相当
  // state == "止まれ" ? "赤" : "青"
  val state  = "止まれ"
  val signal = if( state == "止まれ" )  "赤"  else "青"

  println( signal )
}
```

上記のコードの実行結果は、次のようになります。

```
赤
```

◆式を組み合わせる

関数型プログラミング言語では複数の式を組み合わせて複雑な処理をシンプルに実装することができます。

たとえば、繰り返し処理を行うfor式と条件判断を行うif式を組み合わせて複雑な処理を簡潔にわかりやすく記述することができます。

◆式の組み合わせのコード例

下記のコード例ではScalaのfor式とif式を組み合わせて使っています。

for式の引数にファイル一覧リストfileListから取り出したファイル名fileNameとif式を与えています。

引数に与えられたif式は引数にファイル名fileNameの拡張子が不変変数extensionNameが与えられています。fileNameの拡張子がextensionNameならば、for式の処理としてfileNameを出力しています。

SOURCE CODE ｜ 式の組み合わせのコード例

```
object Main extends App {
  // 拡張子が"scala"のファイルを表示する
  val delimiter = ".";  val extensionName =  "scala"
  val fileList  = ( new java.io.File( delimiter ).listFiles )

  for(
    fileName <- fileList
    if( fileName.getName.endsWith( extensionName ) )
```

```
  ){
    println( fileName )
  }
}
```

上記のコードの実行結果は、次のようになります。

```
.\Book.scala
.\BookScala.scala
.\CalcScala.scala
.\Cat.scala
.\combin.scala
```

▶関数をチェーンできる

　関数型プログラミング言語の関数は入力と出力を持つ式として扱われます。ある関数の入力結果を別の関数の入力値として順番に渡すことができます。

　たとえば、これをScalaでは関数を順番に記述することで実現できます。

　このように、複数の関数を連結して(つないで)処理を行い、最終的な結果を得ることを**関数をチェーンする**といいます。

　下記のコード例ではListクラスの**sortWith()**、**foreach()**の各関数をチェーンすることによって年齢の昇順に並び替えて表示しています。

SOURCE CODE ｜ 関数チェーンのコード例

```
object Main extends App {
  println( "＜年齢順に並び替え表示＞" )

  List( 51, 33, 88, 12, 7, 29, 30, 18 ) sortWith( _<_ ) foreach {
    age => println( age + " 才" )
  }
}
```

上記のコードの実行結果は、次のようになります。

```
＜年齢順に並び替え表示＞
7 才
12 才
18 才
29 才
30 才
33 才
51 才
88 才
```

イミュータブルである

関数型プログラミング言語の特徴として値がイミュータブルであることが挙げられます。ここでは、イミュータブルについて説明します。

◆ イミュータブルとは

オブジェクトの内部の値が変更されないことが保証されていることを**イミュータブル**といいます。関数型プログラミング言語ではオブジェクトは基本的にはイミュータブルであり、オブジェクト内部の値が変更されないことが保証されています。関数型プログラミング言語のオブジェクト内部の値は再代入不可なので、変数の破壊される心配がありません。

それに対してJavaのオブジェクトは内部の値を変更、追加、削除することが自由にできます。これを**ミュータブル**といいます。Scalaにもミュータブルなクラスライブラリはありますが、あくまでも基本はイミュータブルです。

◆ ミュータブルなJavaの問題点

たとえば、リスト型などのデータ格納オブジェクトである「コレクションオブジェクト」を考えてみましょう。

Javaではコレクションに何らかの操作を加えるためにfor文などを用いて繰り返し処理を行います。この繰り返し処理の中でコレクションの要素である内部の値は変更されたり、追加されたり、あるいは削除されたりします。その過程の中でコレクションの内部の値は保証されません。実装の誤りによってコレクション内部の値が予期せぬ影響を受けたり、破壊されたりする可能性があります。

◆ イミュータブルな関数型プログラミング言語の利点

しかし、関数型プログラミング言語では一度、初期化されたコレクションオブジェクトはイミュータブルであり、**内部の値は変更されないことが保証**されています。コレクションに何らかの操作が加えられるときには、関数型プログラミング言語では必ず新しいコレクションが自動的に生成されるのです。

つまり、コレクションの要素である内部の値はコレクションに処理が加えられても初期状態を保ち続け、変更が加えられることはありません。

◆ Scalaのコレクション「List」の操作コード例

関数型プログラミング言語であるScalaのコード例を見てみましょう。

フルーツを表すリストfruitsに対して、並び替え、追加、除去などの操作を行っています。このコードを実行しても内部の値はこれらの操作後もまったく変化がありません。

仮に、実装の誤りがあってもコレクションの内部の値が予期せぬ影響を受けたり、破壊されたりしません。このことにより、不具合を容易に発見することが可能です。

リスト内部の値が操作によって影響を受けていると、内部の値をデバッガーなどで逐一追っていかないといけないため、不具合の発見に時間がかかってしまいます。

SOURCE CODE | Scalaのコレクション「List」の操作コード例

```scala
object Main extends App {
  val fruits  = List(
       "りんご", "梨","みかん","バナナ", "パイナップル"
     )
  println(
    "＜フルーツの要素(初期状態)＞   \n\t" + fruits )
  println(
    "＜フルーツの要素を逆順並び替え＞\n\t" + ( fruits.reverse ) )
  println(
    "＜フルーツに マンゴー を追加＞ \n\t" + ( fruits :+ "マンゴー") )
  println(
    "＜フルーツの先頭の要素を除去＞ \n\t" + ( fruits.tail ) )
  println( "＜フルーツから みかん を除去＞  \n\t" +
                          ( fruits.filter { _ != "みかん" } ) )
  println(
    "＜フルーツの末尾の要素を除去＞ \n\t" + ( fruits.init
) )
  println(
    "＜フルーツの要素(リスト操作後)＞\n\t"  +  fruits )
}
```

上記のコードの実行結果は、次のようになります。

```
＜フルーツの要素(初期状態)＞
        List(りんご, 梨, みかん, バナナ, パイナップル)
＜フルーツの要素を逆順並び替え＞
        List(パイナップル, バナナ, みかん, 梨, りんご)
＜フルーツに マンゴー を追加＞
        List(りんご, 梨, みかん, バナナ, パイナップル, マンゴー)
＜フルーツの先頭の要素を除去＞
        List(梨, みかん, バナナ, パイナップル)
＜フルーツから みかん を除去＞
        List(りんご, 梨, バナナ, パイナップル)
＜フルーツの末尾の要素を除去＞
        List(りんご, 梨, みかん, バナナ)
＜フルーツの要素(リスト操作後)＞
        List(りんご, 梨, みかん, バナナ, パイナップル)
```

◆Javaでコレクションの操作による不変性を保つには

　JavaでScalaと同じようにコレクションの操作によってコレクションの値に変化が起きないような機能を実現しようと思うと大変です。

　具体的には、コレクションに変更、追加、削除がある度にコレクションをコピーして新しいコレクションを生成する、そのような面倒な実装を行う必要があります。これは、処理が冗長になるばかりか、処理速度への影響も無視できないでしょう。

SECTION-004 ● 関数型プログラミング言語による関数型プログラミング

▶ カリー化&部分適用

　関数型プログラミング言語では関数の複数ある引数のうち、未指定の引数を引数に持つ新たな関数を生成する機能があるのが一般的です。この新たな関数を変数の中に手軽に代入することができます。これを**カリー化**といいます。

　また、引数の一部を部分適用して固定化した新たな関数を生成する機能があります。これを部分適用といいます。これらはJavaにはない関数型プログラミング言語の特徴的な機能です。もちろん、Scalaにもこの機能があります。

◆ カリー化とは

　関数型プログラミング言語におけるカリー化とは、複数の引数が必要な関数を残りの引数が必要な関数に変換して、引数を順番に与えながら結果を得る方法です。

　ある引数の中で最初の引数のみを渡すと、残りの引数を利用して処理を行う関数を返してくれるのです。そのため、その関数に次の引数を渡して処理を行うことができます。こうして、引数をすべて与えるまで次々に関数をリレー形式で呼び出して最終的な結果を得ることができるのです。

　カリー化された関数は、引数に関数を使って間違いなく順番に与えることができます。それにより、引数の指定ミスによる不具合を防止できるという効果も期待できます。

　このように関数型プログラミング言語の特徴を生かした実装方法がカリー化といえるでしょう。

◆ カリー化のコード例

　下記のコード例では、カリー化する関数としてcurryingFunctionを定義しています。関数の3つの引数petOwner、animal、cryがそれぞれ括弧「()」で囲まれることによって、カリー化されることを示しています。

　まず、1番目の引数petOwnerのみに文字列「**"斉藤"**」を与えてカリー化し、関数animalsNeedFunctionに代入しています。

　次に関数animalsNeedFunctionに関数curryingFunctionの第2引数animalのみに文字列**"猫"**を与えてカリー化し、関数cryingNeedFunctionに代入しています。

　最後に関数cryingNeedFunctionに関数curryingFunctionの第3引数cryのみに文字列「**"ゴロニャ〜ン"**」を与えています。

　以上で、3つの引数を1つずつ前から順番にカリー化した関数をリレーしながら与えることができています。

SOURCE CODE | カリー化のコード例

```
object Main extends App {
  def curryingFunction
    ( petOwner: String )( animal: String )( cry: String ): String = {
      petOwner + " さんの " +
      animal + " は「" +
      cry + "」と泣きます"
    }
```

```
    val animalsNeedFunction = curryingFunction( "斉藤" )_
    val cryingNeedFunction = animalsNeedFunction( "猫" )
    println( cryingNeedFunction( "ゴロニャ～ン" ) )
}
```

上記のコードの実行結果は、次のようになります。

> 斉藤　さんの　猫　は「ゴロニャ～ン」と泣きます

◆ 部分適用とは

複数の引数が必要な関数の引数の一部だけを適用（固定）した関数を返すことを関数型プログラミング言語では、**部分適用**といいます。

固定値を適用する引数は1番目の引数である必要はありません。何番目の引数でも固定値を適用することができます。

部分適用を利用すると、ある特定の引数が固定化されている場合に便利です。最初に固定化された引数だけを一度、度与えれば、残りの引数だけを与える関数を利用して処理を行うことができます。固定化されれている引数を何度も指定する必要がなくなります。その結果、見通しがよく不具合の少ないコードの実装が期待できます。

◆ 部分適用のコード例

下記のコード例では関数（メソッド）partiallyAppliedFunction()を定義しています。このメソッドはpetOwner、animal、cryの3つの引数を持っています。

この3つの引数のうち、2番目の**animal**のみ値を「**"猫"**」に固定しています。残りの1番目のpetOwnerと3番目のcryを部分適用するためにワイルドカード記号「**_**」を指定しています。部分適用した関数を不変変数catFixedFunctionに代入し、新たな関数として利用できるようにしています。

部分適用した関数catFixedFunction()に引数を固定していない1番目のpetOwnerと3番目のcry引数のみを部分適用して与えています。

このようにして何度も現れる同じ引数である2番目の**animal**を指定することなく、関数を実行できるようになりました。これで、引数の設定ミスが防げるだけでなく、コードが冗長でなく簡潔に記述できることがおわかりいただけるでしょう。

SOURCE CODE | 部分適用のコード例

```
object Main extends App {
  def partiallyAppliedFunction
    ( petOwner: String , animal: String , cry: String ): String = {
      petOwner + " さんの " +
      animal + " は「" +
      cry + "」と泣きます"
  }

  val catFixedFunction =
```

```
        partiallyApplyFunction( _: String , "猫" , _: String)

  println( catFixedFunction( "斉藤", "ゴロニャ～ン") )
  println( catFixedFunction( "鈴木", "ニャニャ～ン") )
  println( catFixedFunction( "須藤", "ニュアァ～ゴ～") )
}
```

上記のコードの実行結果は、次のようになります。

```
斉藤 さんの 猫 は「ゴロニャ～ン」と泣きます
鈴木 さんの 猫 は「ニャニャ～ン」と泣きます
須藤 さんの 猫 は「ニュアァ～ゴ～」と泣きます
```

▶遅延評価

関数型プログラミング言語における**遅延評価**とは、必要が生じるまで処理を遅延させる仕組みです。

具体的には、Scalaの場合には変数宣言時にLazyキーワードを指定すると、宣言した変数が必要になるまで変数値の評価を遅延することができます。

下記のコード例では、不変変数formatYymmddに対してLazyキーワードが指定されています。これで不変変数formatYymmddは遅延評価の対象となっています。

不変変数formatYymmddの評価は可変変数Yymmddの初期値「"2017-7-7"」ではなく、後から変更された可変変数Yymmddの値「"2018-12-7"」が遅延評価されています。すなわち、変数formatYymmddがprintln()関数で必要とされる直前の可変変数の値が利用(評価)されているのです。

SOURCE CODE | 遅延評価のコード例

```
object Main extends App {
  var Yymmdd = "2017-7-7"

  lazy val formatYymmdd =
      new java.text.SimpleDateFormat( "yyyy-M-d" ).parse( Yymmdd )

  Yymmdd = "2018-12-7"

  println(
    "指定年月日 : " + Yymmdd +
    " ⇒ " +
    ( "%tY年%<tm月%<td日(%<tA)" format formatYymmdd )
  )
}
```

上記のコードの実行結果は、次のようになります。

```
指定年月日 : 2017-4-1 ⇒ 2017年04月01日(Saturday)
```

名前渡し引数

Javaなどの一般的なプログラミング言語では必ず関数を呼び出す前に関数に与えられた引数が評価されます。関数型プログラミング言語では**名前渡し引数**機能により関数に引数を渡すと、引数の値が必要になるまで引数の評価は行われません。

◆ 名前渡し引数の使い方

Scalaでは、名前渡し引数は引数に「=>」記号を指定することによって記述できます。この「=>」記号を引数に与えることによって、その引数が必要になるまで参照などの評価が行われません。

◆ 名前渡し引数のコード例

例として下記のコードを見てみましょう。

普通の関数normalFunction()の場合には引数visitorに関数visit()が渡される時点で評価されてしまいます。

その結果として、関数normalFunction()の内部処理よりも先に関数visit()が実行されてしまっています。すなわち、最初に「(1)鈴木さんが、呼び鈴を押しました。」と表示されてしまいます。

関数normalFunction()を呼び出したつもりが、引数に渡した関数visit()が先に実行されてしまいます。これは意図する結果ではありません。

これに対して関数callByNameFunction()は引数visitorに「=>」記号を使って名前渡し引数としています。そのため、引数は渡された時点では評価されません。

まず、関数callByNameFunction()の内部処理が呼ばれます。すなわち、まず「＜名前渡し引数関数＞訪問者が来ました。」が出力されます。

そうして、この関数の中で引数で渡された関数visit()が利用されるときにはじめて引数visitorが評価されます。

すなわち、「**(2)訪問者は " + visitor + " さんです。\n**」と表示するときに、引数visitorとして渡された関数visit()が実行されるのです。その結果、「**(1)鈴木さんが、呼び鈴を押しました。**」が出力されます。

その後、引数visitorを得ることができたので、「**(2)訪問者は " + visitor + " さんです。\n**」と出力されます。これは意図する結果と一致しています。

SOURCE CODE | 名前渡し引数のコード例

```
object Main extends App {
  def visit( name: String ): String = {
    println( "(1)" + name + "さんが、呼び鈴を押しました." )
    name
  }

  normalFunction( visit( "鈴木" ) )
  callByNameFunction( visit( "鈴木" ) )

  def normalFunction( visitor: String ) = {
```

```
        println( "＜通常関数＞訪問者が来ました。" )
        println( "(2)訪問者は " + visitor + " さんです。\n" )
    }

    def callByNameFunction( visitor: => String ) = {
        println( "＜名前渡し引数関数＞訪問者が来ました。" )
        println( "(2)訪問者は " + visitor + " さんです。\n" )
    }

}
```

上記のコードの実行結果は、次のようになります。

```
(1)鈴木さんが、呼び鈴を押しました。
＜通常関数＞訪問者が来ました。
(2)訪問者は 鈴木 さんです。

＜名前渡し引数関数＞訪問者が来ました。
(1)鈴木さんが、呼び鈴を押しました。
(2)訪問者は 鈴木 さんです。
```

▶ 無限リスト

関数型プログラミング言語では**無限リスト**を作成できるコレクションが利用できるのが一般的です。

ScalaにもStreamという無限リストを作成できるコレクションクラスがあります。Streamの要素は必要なときに遅延評価されるので、無限の長さを持つことができるのです。このような無限リストはJavaの標準ライブラリクラスには存在しないので自前で作成する必要があります。

◆ 無限リストの使い方

無限リストStreamはコレクションリストListの要素列挙用の演算子「::」の前に「#」記号を付加した「#::」という演算子で各要素を列挙します。

下記のコード例では1番目と2番目の要素の和を3番目の要素とするフィボナッチ数列を作成する関数fibonacciSequenceで無限リストによる要素の定義が行われています。

関数fibonacciSequenceの引数はIntクラス型のxとyで、戻り値はコレクションクラスStream型です。

要素の定義に「#::」演算子を用いることで関数fibonacciSequenceから返されるリストは無限リストとなります。

すなわち、関数fibonacciSequenceに対する数列の生成要素数を指定するメソッドtake()の引数にどんな大きな値でも取ることが可能です。関数fibonacciSequenceは生成するリストを無限リストとして生成します。そのため、無限の長さの数列リストをリスト変数infiniteListとして返すことができるのです。

SOURCE CODE | 無限リストのコード例

```
object Main extends App {
  def fibonacciSequence( x: Int, y: Int ): Stream[Int] = {
    x #:: fibonacciSequence( y, x + y )
  }

  val infiniteList = fibonacciSequence( 3, 4 ).take( 12 )
  println( infiniteList.toList )
}
```

上記のコードの実行結果は、次のようになります。

```
List(3, 4, 7, 11, 18, 29, 47, 76, 123, 199, 322, 521)
```

▶ ループ処理

　関数型プログラミング言語では**ループ処理が簡潔に記述できる**ようになっていることが多いです。特に再帰でループ処理を記述できるのが関数型プログラミング言語の特徴です。ここでは、関数型プログラミング言語としてScalaのループ処理について簡単に説明します。

◆ カウンター、結果格納変数が不要

　Scalaのループ処理はループカウンタを使わないことも可能です。また、結果を格納するための変数も不要です。

　そのため、ループカウンターや結果格納変数の初期化やループ内のループカウンターのカウントアップ処理を不要とすることができます。Javaのループ処理に比べてScalaのループ処理は非常にシンプルに記述することが可能になります。

◆ ループ処理は再帰で実装可能

　Scalaのループ処理で特に特徴的なのは**ループ内の再帰が可能**なことです。ループ内で再帰を行うためには、まずループ処理の関数を定義します。次に定義したループ関数をループ関数内で再帰的に呼び出します。この再帰のおかげで複雑なループ処理が非常にシンプルに見通し良く実装可能となります。

◆ 再帰によるループ処理のコード例

　次ページのコード例では引数にループ回数loopNumberOfTimesを持つ関数recursiveLoop()を定義しています。

　関数recursiveLoop()内にはループ処理を実現している関数loop()が定義されています。関数loop()は引数に整数integerNumberを持っています。

　この関数loop()の内部処理では、1からある整数までの総和を求めています。具体的には、対象となる整数integerNumberがループ回数loopNumberOfTimesに達するまで対象の整数integerNumberと次の整数を加算していきます。ここで、次の整数は関数loop()を再帰呼び出しして「loop(integerNumber + 1)」で得ています。

　この加算処理の繰り返しを関数loop()を再帰的に呼び出すことで実現しています。

関数loop()には、ループカウンタがありません。また、結果格納変数もありません。そのため、ループカウンタの初期化やループ内でのループカウンタのインクリメント処理、あるいは、結果格納変数への更新処理も一切、必要ありません。

そのため、非常に簡潔にループ処理を実現できていることがおわかりいただけると思います。

SOURCE CODE | 再帰によるループ処理のコード例

```scala
object Main extends App {
  def recursiveLoop( loopNumberOfTimes: Int) = {
    def loop( integerNumber: Int ) : Int = {
      if( integerNumber <= loopNumberOfTimes )
        integerNumber + loop( integerNumber + 1 )
      else integerNumber
    }

    loop( 0 )
  }

  for( i <- 0 to 10 ) {
    println( "1 ～ " + ( i + 1 ) + " までの整数の総和 = " +
                                    recursiveLoop( i ) )
  }
}
```

上記のコードの実行結果は、次のようになります。

```
1 ～ 1 までの整数の総和 = 1
1 ～ 2 までの整数の総和 = 3
1 ～ 3 までの整数の総和 = 6
1 ～ 4 までの整数の総和 = 10
1 ～ 5 までの整数の総和 = 15
1 ～ 6 までの整数の総和 = 21
1 ～ 7 までの整数の総和 = 28
1 ～ 8 までの整数の総和 = 36
1 ～ 9 までの整数の総和 = 45
1 ～ 10 までの整数の総和 = 55
1 ～ 11 までの整数の総和 = 66
```

SECTION-005
開発環境の構築

▶ 対話型実行環境

Scalaの対話型の実行環境は**REPL**を用います。ここではREPLについて簡単に説明します。

◆ REPL(Read-eval-print loop)

REPLはテキスト形式の対話型のScala開発・実行環境です。「レプル」と読みます。Scalaの最も基本的な開発・実行環境です。Scalaをインストールすると標準でこのREPLがインストールされます。

REPLはScalaのコードを対話型で入力し、スクリプト言語のようにすぐにコードを実行することもできます。そのため、JavaのようにMainクラスを記述することなく動作確認を行うことができます。

ただし、数十行に及ぶコードをスクリプト形式で実行させようとするとやや不便を感じるかもしれません。そのような場合にはJavaと同様にコンパイルしてから実行します。

◆ コンパイルと実行の方法

Scalaのコードをコンパイルするには、テキスト形式で「ファイル名.scala」のように「.scala」という拡張子を付けて保存します。このとき、実行可能なオブジェクト内にコードを記述します。

具体的には次のように記述します。

```
object オブジェクト名 extends App{ 処理内容 }
```

ここで、**extends**キーワードで継承している**App**はトレイトと呼ばれるものです。実行可能なオブジェクトを記述する場合にJavaのような**main()**メソッドの記述を省略することができます。

なお、Javaと同じような**main()**メソッドを記述する場合には次のように記述します。

```
object オブジェクト名{ def main( args: Array[String] ){ 処理内容 } }
```

コンパイルは**scalac**コマンドで行います。具体的には次のようにコマンドを実行します。

```
> scalac ファイル名.scala
```

scalacコマンドを実行すると、拡張子が「.class」のクラスファイルが作成されます。

また、実行は**scala**コマンドで行います。具体的には次のようにコマンドを実行します。

```
> scala オブジェクト名
```

▶ エディタ

REPL上でScalaのコードを実行させる場合には、**コードを実装するのに適したテキストエディタを用意**するとよいでしょう。

テキストエディタとしてはLinux上では著名なものとしてEmacs、vim、geditなどがあります。また、macOS上ではXcode、textmateなどを利用するとよいでしょう。

Windows OSでは、秀丸エディタやSakuraエディタなどの著名なエディタを始めとして、notepad++をお勧めします。これらは豊富なプラグインが提供されており、Scalaのキーワードをハイライトして表示することができます。

近年、利用実績が増えてきた著名なプログラム実装用のテキストエディタとしてSublime Text (サブライムテキスト) を検討するのもよいでしょう。Sublime TextはWindowsやLinuxなどのマルチOSで利用でき、プログラム実装に特化した豊富な機能を提供しています。

▶ IDE (統合開発環境)

Scalaのコンパイル・実行環境とコードの実装環境、そして各種開発用ユーティリティを1つのGUI画面に統合したものが**IDE (統合開発環境)** です。

◆ 著名なIDE

著名なIDEにとして、執筆時点でScalaIDE for Eclipse、NetBeans IDE、IntelliJ IDEAなどがあります。IDEは活発に更新ビルドが提供されて日々、使い勝手がよくなっているものをおすすめします。更新を終了してしまったIDEは、Scalaの最新バージョンに未対応のケースもあるので、あまりお勧めできません。

◆ 各IDEの公式サイトURL

ここで紹介した各IDEの公式サイトURLは下記の通りです。詳細な内容は各公式サイトを参照してください。

- ScalaIDE for Eclipse
  - URL http://scala-ide.org/

- NetBeans IDE
  - URL https://netbeans.org/
  - URL https://ja.netbeans.org/

- IntelliJ IDEA
  - URL https://www.jetbrains.com/idea/

● ビルドツール

　Scalaには対話型のREPLや多機能なIDEの他にコマンドラインベースで各種ライブラリなどを結合して実行モジュールをビルドするビルドツールがあります。

◆ sbt(simple-build-tool)

　Scalaの代表的なビルドツールが**sbt(simple-build-tool)**です。sbtはREPLに比べて高速なコンパイルが特徴です。また、必要なライブラリを取り込む機能が優れています。

　sbtについては具体的な利用例をCHAPTER 03で解説しているので、そちらをご覧ください。

◆ sbtのインストール方法

　sbtのインストールについては、下記の公式ドキュメントを参照してください。なお、URLの「0.13」の部分はバージョンによって異なります。

- sbt Reference Manual
  - URL　http://www.scala-sbt.org/0.13/docs/index.html

- Windowsへのsbtのインストール
  - URL　http://www.scala-sbt.org/0.13/docs/ja/Installing-sbt-on-Windows.html

　WindowsやLinuxなど各種プラットフォーム向けにインストーラが用意されています。ここではWindows環境でのインストール方法を紹介します。Windows環境ではMSI(Microsoft Windowsインストーラ)形式をダウンロードしてインストールするのが最も簡単な方法です。

※下記のURLで「x.yy.zz」はバージョン番号で執筆時点では「0.13.15」です。

❶ 次のURLにWebブラウザアクセスします。
　　URL　https://dl.bintray.com/sbt/native-packages/sbt/x.yy.zz/sbt-x.yy.zz.msi
❷ ダウンロードされたMSI(Windowsインストーラ)ファイルを実行します。
❸ 「sbt x.yy.zz Setup」ダイアログで[Next]ボタンをクリックします。
❹ 「End-User Lisence Agreement」ダイアログで[I accept〜]をONにし、[Next]ボタンをクリックします。
❺ 「Custom Setup」ダイアログで[Next]ボタンをクリックします。
❻ 「Redy to install sbt x.yy.zz」ダイアログで[Install]ボタンをクリックします。
❼ 「Installing sbt x.yy.zz」ダイアログで進捗が表示されます。WindowsのUAC(ユーザーアクセス権制御)許可ダイアログが表示されたらインストールを許可します。
❽ 「Completed the sbt x.yy.zz Setup Wizaerd」ダイアログで[Finish]ボタンをクリックします。

▶ WebサービスのScala実行環境

　Scalaがインストールされているデスクトップ環境がない場合に、**Webサービスとして無料で利用できるScalaの実行環境**が提供されています。

　Webサービスはインターネット接続環境にあるWebブラウザ上で手軽に利用できるというメリットがあります。そのため、各種モバイルデバイスや開発環境をインストールしていない環境でもSaclaを実行することができます。

　WebサービスのScalaの実行環境には次のようなものがあります。

◆ Ideone.com

　Ideone.comでは、トップ画面下部にて利用言語として「Scala」を選択して利用します。標準入力ボックスと標準出力ボックスが用意されています。実行ボタン「Run」をクリックしてコンパイル後、標準入力ボックスから値を受け取って、実行結果を標準出力ボックスに出力します。

　コードを公開したい場合には「Public」ボタンを、非公開としたい場合には「Secret」ボタンをそれぞれクリックします。

- Ideone.com
  - URL　https://ideone.com/

◆ paiza.IO

　paiza.IOは、執筆時点ではベータ版ではありますが、高機能なScalaのオンライン実行環境を提供するWebサービスです。

　コンパイルしてから実行する場合には、画面上部の「新規コード」をクリックします。画面上部の言語選択ボタンで「Scala」を選択し、コード入力用のボックス内にコードを入力し、[実行]ボタンをクリックします。

　ログインせずに実行すると入力したコードは公開となります。非公開にしたい場合には、ユーザー登録をしてログインする必要があります。

　paiza.IOには、GitHubに登録したり、リアルタイムにコードの共同編集を行う機能もあります。

　ScalaのREPL環境を使いたい場合には画面上部の「ターミナル」をクリックし、[Scala]ボタンをクリックします。

- paiza.IO
  - URL　https://paiza.io/

CHAPTER 02
Scalaの基本構文

SECTION-006
関数

● 関数とは

Scalaは関数型プログラミング言語として設計されています。Scalaはすべて関数から構成されているといっても過言ではありません。そのため、Scalaでのプログラミングは何よりも**関数を実装すること**が基本となります。

関数はScalaの基本要素であり、**第一級オブジェクト(first-class object)**です。Scalaにおける関数は第一級オブジェクトであり、プログラミング言語としての基本的な操作(生成、代入、演算、引数・戻り値の受け渡しなど)を何らの制限なしに自由に駆使できる対象です。

たとえば、変数への代入などに用いられる代入演算子「=」や加算演算子「+」でさえもScalaでは関数なのです。

Scalaでは関数は`def`キーワードで定義されるものが基本ですが、`class`キーワードや`trait`キーワード内に定義されるメソッドもすべて関数です。JavaではClass内に定義されるメソッドは関数とはいいませんが、Scalaではまぎれもなく Class内のメソッドも関数なのです。そのため、ScalaではJavaと違ってメソッドと関数は区別されないことが多々あります。

● 関数定義の基本構文

関数定義には、`def`キーワードを利用する方法と`val`キーワードを利用する方法の2種類があります。

◆ defキーワードの利用

まずは、クラスやオブジェクトのメソッドを定義するのに使う`def`キーワードを利用して関数を定義する方法を説明します。基本構文は次のようになります。

●関数定義の基本構文(defキーワード)

```
def 関数名( 変数名: 型, ・・・ ): 戻り値の型 = { 処理の記述 }
```

具体的には、`def`キーワードに続いて、関数名の後ろの括弧「()」内に引数の「**変数名:型**」のペアを「,」で区切って記述します。そうして「:」記号の後ろに戻り値の型を記述します。さらに代入演算子「=」の後ろの中括弧「{}」内(コードブロック)に関数の処理を記述します。

◆ valキーワードの利用

次に、不変変数を定義するのに使う`val`キーワードを利用して関数を定義する方法を説明します。基本構文は次のようになります。

●関数定義の基本構文(valキーワード)

```
val 関数名: ( 引数の型, ・・・ ) => 戻り値の型 =
    ( 変数名: 型, ・・・ ) => { 処理の記述 }: 戻り値の型
```

具体的には、代入演算子「=」の左辺に「型宣言パート」記述し、右辺に「無名関数宣言パート」を記述する構文です。

■ SECTION-006 ■ 関数

ここで、**無名関数**とはその名の通り、名前がなく「引数の定義」と処理の記述である「コードブロック」のみからなる関数のことです。関数を関数名の宣言なく直接、定義するので、**関数リテラル**と呼ばれることもあります。

代入演算子「=」の左辺の型宣言パートは、valキーワードに続いて、関数名の後ろの括弧「()」内に引数の「**引数の型**」を「,」で区切って記述します。そうして「=>」記号の後に戻り値の型を記述します。

代入演算子「=」の右辺の無名関数宣言パートは、括弧「()」内に引数の「**変数名：型**」のペアを「,」で区切って記述します。「=>」記号の後ろの中括弧「{}」内（コードブロック）に関数の処理を記述します。

最後に、「:」記号の後に戻り値の型を記述します。なお、この最後の戻り値の型は自明であるため省略することができます。

◆ ラムダ式

通常の関数宣言は前述したdefキーワードでの構文のようになります。すなわち、「引数の定義」を代入演算子「=」の左辺で行っています。

それに対して、valキーワードでの構文では代入演算子「=」の左辺が型宣言パートで、右辺が無名関数宣言パートです。右辺の無名関数宣言パートでは「引数の定義」と処理の記述であるコードブロックが宣言されます。

すなわち、通常の関数宣言で左辺で行う「引数の定義」を右辺で行っています。このとき、右辺の定義を**ラムダ式**と呼ぶことがあります。。

ラムダ式は次のように定義します。これは、無名関数宣言パートの構文と同じです。

●ラムダ式の構文（概略）

(引数定義) => { コードブロック }

●ラムダ式の構文（詳細）

(変数名：型, ・・・) => { コードブロック }：戻り値の型

● 関数リテラル

Scalaでは関数をリテラル形式で直接、記述することができます。すなわち、関数やクラス内のメソッドをdefキーワードを使って関数に名前を付けて定義せずに、直接、記述することができます。このように直接、関数を記述する実装方法を**関数リテラル**と呼びます。

具体的には、括弧内「()」に引数名と型のペアを記述します。そうして、「=>」記号の後ろに関数の処理内容である式を記述します。

◆ 関数リテラルの定義方法

関数リテラルはdefキーワードによる関数定義の順番と似た並びで記述します。すなわち、「=>」記号を挟んで左が変数宣言で、右が関数本体となります。

具体的には次のように記述します。

● 関数リテラルの定義方法

```
// (1)戻り型を明示する定義方法
( 引数名: 引数の型, ・・・ ) => 処理内容 : 戻り型

// (2)戻り型を省略する定義方法
( 引数名: 引数の型, ・・・ ) => 処理内容

// (3)不変変数に代入する方法(戻り型を明示)
val 関数名: ( 引数の型, ・・・ ) => 戻り型 =
  ( 引数名: 引数の型, ・・・ ) = { 処理内容 }: 戻り型

// (4)不変変数に代入する方法(戻り型を明示)
val 関数名: ( 引数の型, ・・・ ) => 戻り型 =
  ( 引数名: 引数の型, ・・・ ) = { 処理内容 }: 戻り型
```

◆ 関数リテラルを使ったコード例

　下記のコード例は前述の関数リテラルの定義方法の「(4)不変変数に代入する方法(戻り型を明示)」にあたります。関数combiningLiteral()を定義する際に関数リテラルを使っています。

　ここで、関数名combiningLiteralはdefキーワードを使わずに不変変数キーワードvalを使って定義しています。

　まず、代入演算子「=」を挟んで左辺が引数の型と戻り値の型宣言です。引数の型リストを「()」内に記述しています。引数は3つあり、それぞれの型はStringクラス型、Intクラス型、Stringクラス型としています。戻り値の型はStringクラス型としています。

　次に、代入演算子「=」を挟んで右辺が関数リテラルによる関数の定義です。まず、引数名と型のペアを記述しています。引数名と型のペアは、「item: String」「number: Int」「unit: String」の3つとしています。

　さらに、関数の処理内容を記号「=>」の右の中括弧「{}」内に記述しています。

　そうして、この関数の処理内容の戻り値をStringクラス型であると宣言しています。なお、この最後の戻り値の型は自明であり、省略しても問題ありません。

SOURCE CODE | 関数リテラルを使ったコード例

```
object Main extends App{
  val combiningLiteral: ( String, Int, String ) => String =
    ( item: String, number: Int, unit: String ) => {
    item + " は " + number + unit + " です。"
  }: String

  println( combiningLiteral( "年齢", 6, "才" ) )
}
```

●PartialFunction（部分関数）

　PartialFunctionとは、引数の値の範囲などの条件によっては戻り値を返さないような関数です。**部分関数**と呼ばれることもあります。

　PartialFunctionはScalaの標準ライブラリであり、トレイトとして定義されています。apply()メソッドやisDefinedAt()メソッドが抽象メソッドとして定義されています。PartialFunctionの利用時にはこれらをオーバーライドして利用します。

　関数の定義時に「PartialFunction」と宣言し、入出力パラメーターに入力値と合わせて戻り値の型を宣言しておきます。関数定義部分にapply()メソッドで引数の適用方法を定義します。また、isDefinedAt()メソッドで引数の条件を定義します。

　PartialFunctionを利用するときには引数が条件にあっているかをif式で調べるとよいでしょう。そうすると、無用な実行時の例外発生エラーを防ぐことができ、大変便利です。

◆PartialFunctionを使ったコード例

　部分関数convertNumberIntoKanji()を、PartialFunctionトレイトをインスタンス化することで生成しています。PartialFunctionトレイトは型引数「[Int, String]」によって、Intクラス型を引数に取ってStringクラス型を返すものとして定義されています。

　部分関数convertNumberIntoKanji()の内部処理ではArrayクラス型のコレクションが定義され、不変変数chineseNumeralに代入されています。

　次に、apply()メソッドで引数の適用方法を定義しています。具体的には、Intクラス型の引数iを受け取ったら、それをもとにしてArrayクラス型の不変変数chineseNumeralの「i」番目の要素を返すように定義しています。

　さらに、isDefinedAt()メソッドで引数の条件を定義しています。具体的には、引数iは0以上8以下の整数に限ると定義しています。

　部分関数convertNumberIntoKanji()の利用にあたっては、まずisDefinedAt()メソッドに整数「7」を与え、引数の条件に適合しているかを調べています。条件に合っている場合のみ、部分関数convertNumberIntoKanji()に整数「7」を与えて実行しています。

　なお、isDefinedAt()メソッドに引数の条件に不適合な「-1」を与えた場合にはfalseが返ります。

SOURCE CODE ｜ Partial Functionを使ったコード例

```
object Main extends App {
  val convertNumberIntoKanji = new PartialFunction[Int, String] {
    val chineseNumeral = Array(
         "零", "一", "二", "三", "四", "五", "六", "七", "八" )

    def apply( i: Int ) = chineseNumeral( i )

    def isDefinedAt( i: Int ) = i >= 0 && i <= 8
  }

  if( convertNumberIntoKanji.isDefinedAt( 7 ) ){
```

■ SECTION-006 ■ 関数

```
    println( "7 の 漢字表記 = " + convertNumberIntoKanji( 7 ) )
  }

  println( "引数 :-1 = " + convertNumberIntoKanji.isDefinedAt( -1 ) )
}
```

●引数の関数渡し(Call-by-name:名前渡し)

　Scalaは引数に関数を指定することができます。また、戻り値に関数を指定して関数を返す関数を定義することもできます。
　このように関数ですべてのデータを受け渡すScalaの関数型プログラミング言語としての機能を**高階関数**といいます。

◆引数の関数渡しのコード例

　下記のコードで具体例を見ていきましょう。

SOURCE CODE | 引数の関数渡しのコード例

```
object Main extends App {
  def withFunctionAsArgument
    ( aFunction: => String => String => String ): String = {
    aFunction( "こんにちは" )( "遠藤さん" )
  }

  val displayGreeting =
    ( greeting: String ) => ( name: String ) => {
      greeting + " ! " + name + " ! "
    }

  println( withFunctionAsArgument( displayGreeting ) )
}
```

　どのようなコードになっているかは以下で説明します。

◆関数「withFunctionAsArgument()」の定義

　関数withFunctionAsArgument()の引数にカリー化された関数aFunction()を指定して定義しています。戻り値は`String`クラス型です。

　関数withFunctionAsArgument()の処理内容は代入演算子「=」の後ろの中括弧「{}」内に記述されています。引数ブロック内で直接、定義されたカリー化された関数aFunction()に引数を順番にリレー渡ししています。

　具体的には、最初に引数を「(　"こんにちは"　)」のように記述して渡しています。これを元にしてさらに次の引数を「(　"遠藤さん"　)」のように記述して渡しています。

◆引数内の関数「aFunction()」の定義

　引数に指定された関数aFunction()は引数ブロック内で直接、定義されています。具体的には引数にStringクラス型を2つ取ります。また、戻り値もStringクラス型となります。

　関数aFunction()はカリー化されているので、引数の順次指定リレーが可能です。最初のStringクラス型の引数をまず指定します。これを元に新しい関数を生成し、2番目のStringクラス型の引数を与えます。この関数の結果としてStringクラス型を返します。これを「=> String => String => String」のように記述しています。

◆関数「displayGreeting()」の定義

　関数displayGreeting()は、ラムダ式形式で定義されています。「=>」記号の前にて引数定義を行い、「=>」記号の後ろで処理内容を表すコードブロックを記述しています。

　引数定義では、引数greetingで渡された値を元にカリー化した関数を生成し、この関数にさらに引数nameの値を渡すことを宣言しています。

　コードブロックでは、引数greetingと引数nameを文字列結合しています。

SECTION-007

クラス

▶ Scalaのクラスとは

Scalaの**クラス** はJavaなどのオブジェクト指向プログラミング言語のクラスと同じ意味を持ちます。すなわち、フィールドとフィールドに対するメソッドによる操作がクラスの主な機能です。

関数型プログラミング言語であるScalaはまたオブジェクト指向プログラミング言語の側面も持っています。このScalaのオブジェクト指向プログラミング言語の機能を使うためにはクラスの定義が欠かせません。

▶ クラスのインスタンス化

ScalaのクラスはJavaと同じく **new** 演算子でインスタンス化し、オブジェクトを生成することができます。具体的には次の形式でインスタンス化します。なお、引数はある場合のみ記述します。

● クラスのインスタンス化

```
val オブジェクト = new クラス名(引数)
```

▶ コンストラクタ

コンストラクタには **基本コンストラクタ** と **補助コンストラクタ** があります。それぞれについて説明します。

◆ 基本コンストラクタ

Javaの場合には **super** メソッドで親クラスのコンストラクタを呼ぶか、クラス名と同じ名前のメソッドにコンストラクタの処理を実装します。

しかし、Scalaのコンストラクタは特にありません。コンストラクタに相当する処理はクラス内に直接、実装することができます。このクラス内、すなわちclass定義のブロック内に実装されたコードはクラスがインスタンス化されたときに直ちに上から順に実行されます。これを **基本コンストラクタ** または **デフォルトコンストラクタ** といいます。

Scalaのコンストラクタは **class** キーワードのブロックに処理を記述します。これはちょうど、Scalaの関数が **def** キーワードのブロックに処理を記述するのと同じです。

SOURCE CODE | 基本コンストラクタのコード例

```
object Main extends App {
  val aObject = new SampleClass

  class SampleClass{
    println( "クラス内に直接実装されたコードです." )
  }
}
```

◆補助コンストラクタ

引数の異なる複数のコンストラクターを定義したい場合、Scalaでは、**補助コンストラクタ**と呼ばれるコンストラクタを使います。補助コンストラクタは`this()`メソッド内に実装します。

なお、補助コンストラクターの先頭では必ず自身のクラス名を表す`this`キーワードによる呼び出しを行います。これにより、すでに定義済のコンストラクターをオーバーライドして呼び出すことができます。

◆補助コンストラクタのコード例

下記のコード例では、クラス`Greeting`のデフォルト（基本）コンストラクタに2つの引数が定義されています。これらの2つの引数を使ってメッセージを表示する`println()`関数が`class`ブロック内に記述されています。

`this()`メソッドを定義して、不足している引数を補った補助コンストラクタとして定義しています。

まず、引数が引数`greeting`だけの場合のコンストラクタを引数が1つの`this()`メソッドとして定義しています。

次に、引数がまったくない場合のコンストラクタを引数がない`this()`メソッドとして定義しています。

なお、すでに定義済みのコンストラクタを呼び出すには自身のクラス名を表す`this`というクラス名を使っています。

引数が1つの場合のコンストラクタの定義では「`this( "三軒屋", greeting )`」のようにコンストラクタを呼び出して、不足している引数の値「`"三軒屋"`」を補っています。

`Main`オブジェクト内では、クラス`Greeting`を`new`演算子でインスタンス化しています。補助コンストラクタを定義したおかげで、引数が2つの場合、1つの場合、および引数がない場合のそれぞれでインスタンス化できています。

SOURCE CODE 補助コンストラクタのコード例

```
class Greeting( val name: String, var greeting: String ) {
  println( name," さん！" + greeting )

  def this( greeting: String ) = this( "三軒屋", greeting )
  def this() = this( "こんばんわ" )
}

object Main extends App {
  var greet1 = new Greeting( "御馬屋敷" ,"さようなら" )
  var greet2 = new Greeting( "おはようございます" )
  var greet3 = new Greeting()
}
```

■ SECTION-007 ■ クラス

◆ コンストラクタの引数

　コンストラクタが引数を持つ場合には、Javaではコンストラクタの引数として実装します。前述の基本コンストラクタのところで述べたようにScalaの場合はJavaのように明示的なコンストラクタに相当するものがありません。クラス内に直接、実装されたコードがコンストラクタのようにインスタンス時に実行されるのです。

　コンストラクタの引数はクラスの引数として実装します。この場合、クラスがインスタンス化されるときに引数に値が渡されて利用することができるようになります。

◆ コンストラクタが引数を持つ場合のコード例

　クラス**Greeting**はコンストラクタが引数**name**を持っています。このクラスを**new**演算子でインスタンス化しています。このとき、引数**name**に与えられた「"山田"」がクラス内に渡されています。

SOURCE CODE | コンストラクタが引数を持つ場合のコード例

```
class Greeting( name: String ){
  println( "はじめまして！" + name + "さん！" )
}

object Main extends App {
  val aClass = new Greeting( "山田" )
}
```

オブジェクト

　Scalaの**オブジェクト**は**object**キーワードにより宣言します。宣言されたオブジェクトは最初から**シングルトンオブジェクト**（61ページ参照）となります。Scalaでシングルトンオブジェクトを定義したいときには**class**キーワードの代わりに**object**キーワードを使います。

　Javaの場合は明示的にシングルトンオブジェクトになるように実装する必要がありますが、Scalaではそのような必要はありません。

　オブジェクトはクラスのように状態を保持するフィールドは持ちません。わざわざクラスで宣言するまでもない特定の用途のメソッド群を定義したいときにはScalaではオブジェクトを宣言するとよいでしょう。

　ここで、特定の用途のメソッドはScalaの場合は関数として実装することが多いです。

◆ オブジェクトのコード例

　次ページのコード例を見てみましょう。

　オブジェクト**Greeting**はプライベートフィールド**opponent**とメソッド**greeting()**を持っています。オブジェトなのでインスタンス化の必要はなく、「`Greeting.greeting( 3 )`」のようにオブジェクト名とメソッド名をドット「.」でつないで即座に利用できています。

　メソッド**greeting()**は**private**を付加しない限り、デフォルトで外部から利用可能となっています。

　また、メソッド**greeting()**は**NumberOfTimes**を引数に持ち、プライベートフィールド**opponent**と引数**NumberOfTimes**を、もとにメッセージを出力します。ここで、プライベート

フィールドopponentはthisで修飾されていますが、これは省略可能です。

SOURCE CODE | オブジェクトのコード例

```
oobject Greeting {
  private val opponent = "世界"

  def greeting( NumberOfTimes: Int ) = {
    var i = 0; for( i <- 1 to NumberOfTimes )
      println( i + "回目:" + this.opponent + " の皆さんこんにちは!" )
  }
}

object Main extends App {
  Greeting.greeting( 3 )
}
```

コレクション

要素の集合である**コレクション**はScalaにはさまざまなものがあらかじめ用意されています。適切なコレクションを選択して使うことでプログラムの見通しが飛躍的によくなります。

ここでは主なScalaのコレクションを紹介します。

◆ 要素の順次処理コレクション

順次処理コレクションとは順番の決まっている要素を入れる入れ物です。先頭から順番に取り出したり格納したりする必要があるときに使います。

順次処理コレクションの代表的なコレクションに**Seq**があります。Seqコレクションは要素を先頭から順番にアクセスすることができます。任意の要素にアクセスできるランダムアクセスはできない代わりに、各要素にインデックス与えてコレクションの要素に高速にアクセスすることができます。

Seqコレクションの実装クラスが`scala.collection.immutable`に属する**List**クラスです。Listクラスはコンストラクタの括弧「()」の中に要素をカンマ区切りで列挙していきます。

Listクラスから要素を取り出すときはListクラスに用意されているさまざまなメソッドを利用します。

◆ 「List」クラスのコード例

下記のコード例では、**String**クラス型の要素を持つ**List**クラスをコンストラクタにカンマ区切りで値を与えてインスタンス化し、不変変数**nameList**に代入しています。

SOURCE CODE | 「List」クラスのコード例

```
object Main extends App {
  val nameList: List[String] =
      List( "明石 太郎", "鈴木 花子", "石田 由加","吉行 悠斗" )

  print( nameList )
}
```

■ SECTION-007 ■ クラス

▶ メソッド

メソッドはクラス内で次の形で定義します。

◉ メソッドの定義

```
def メソッド名( 引数宣言 ): 戻り値宣言
```

メソッドを呼び出すときには次の形式で「**引数設定**」部分に宣言に合致した値を与えます。

◉ メソッドの呼び出し

```
オブジェクト名.メソッド名( 引数設定 )
```

◆ メソッドのコード例

下記のコード例を見てみましょう。

メソッド`nonArgument()`および`isNotAppointedArguments()`はどちらも引数なしのメソッドの宣言です。前者は引数を宣言する括弧「()」がなく、後者は括弧「()」がありますが、引数は宣言されていません。この2つのメソッドは、引数宣言に合わせてそれぞれ、「`address.nonArgument`」および「`address.isNotAppointedArguments()`」のように呼び出されています。

メソッド`onlyOneArgument()`は引数`prefectures`のみが宣言されています。また、メソッド`pluralArguments()`は引数`prefectures`に加えて引数`cityTownVillage`が宣言されています。これら2つのメソッドは引数宣言に合わせてそれぞれ、`String`クラス型の引数を1つまたは2つを指定して呼び出されています。

SOURCE CODE || メソッドのコード例

```
class Address{
  def nonArgument = {
    println( "引数がありません" )
  }

  def isNotAppointedArguments() = {
    println( "都道府県、市町村の指定がありません" )
  }

  def onlyOneArgument( prefectures: String) = {
    println( "都道府県は " + prefectures + " です" )
  }

  def pluralArguments
      ( prefectures: String, cityTownVillage: String) = {
    println( "都道府県は " + prefectures +
            "、市町村は " + cityTownVillage + " です" )
  }
}

object Main extends App {
```

```
    val address = new Address()

    address.nonArgument
    address.isNotAppointedArguments()
    address.onlyOneArgument( "大阪府" )
    address.pluralArguments( "大阪府", "堺市" )
}
```

> **COLUMN**
> **シングルトンオブジェクトとは**
>
> **シングルトンオブジェクト**とは同一のオブジェクトが1つしか生成されないことを保証されるオブジェクトです。
> Scalaではクラスの状態をクラスのフィールドで保持する必要がない場合にはオブジェクトを使う方がよいでしょう。なぜならScalaのオブジェクトはインスタンスが1つしか生成されないシングルトンだからです。
> これはちょうど、JavaのStaticなフィールドとメソッドだけを持つクラスに相当します。
> シングルトンは著名なデザインパターンの1つです。シングルトンとは、あるクラスをインスタンス化したとき、オブジェクトが1つしか生成されないことをいいます。
> なお、あるアプリケーションで統一する必要のあるユーザーインタフェースの種類や地域情報などを持つ必要のあるクラスのオブジェクトはシングルトンで設計する必要があります。

SECTION-008
名前付き引数

▶ 名前付き引数とは
Scalaの関数(メソッド)の引数は宣言時の引数名を指定して「**引数名　=　設定値**」の形式で設定することができます。これを**名前付き引数**といいます。

▶ 名前付き引数の利点
宣言時の名前を指定して引数を設定する場合には、関数(メソッド)の引数宣言の順番は無視されます。つまり引数の順番を気にせず自由に設定することができます。

逆に名前付き引数でない場合、つまり通常の引数設定の場合には、関数(メソッド)の引数宣言の順番に引数を与える必要があります。

引数が多い場合には、**名前付き引数を使うとプログラムの可読性が高まる**ので、名前付き引数を使うことをお勧めします。

▶ 名前付き引数のコード例
下記のコード例を見てみましょう。

関数dateIndication()はyear、month、dayの3つの引数を持ちます。それぞれの引数は関数の宣言時に初期値が与えられています。この関数を4通りの引数の与え方で呼んでいます。

1つ目は引数なしの場合です。この場合は、関数の宣言時の初期値がそのまま当てはめられます。

2つ目は引数dayのみを名前付き引数「day = 7」で値を指定しています。この場合は、関数の宣言時の初期値からdayのみが変更されて当てはめられます。

3つ目は引数monthおよびdayを、4つ目はすべての引数を名前付き引数で値を指定しています。この場合、関数の宣言時の初期値のうち、monthおよびday、またはすべてが変更されて当てはめられます。

SOURCE CODE ｜ 名前付き引数のコード例

```
object Main extends App {
  def dateIndication
      ( year: Int = 2017, month: Int = 1, day: Int = 1 ) =
    println( "%04d年%02d月%02d日".format( year, month, day ) )

  dateIndication()
  dateIndication( day = 7 )
  dateIndication( month = 7, day = 7 )
  dateIndication( year = 2018, month = 7, day = 7 )
}
```

SECTION-009

多重定義

● 多重定義とは

Scalaでは同じクラス内で引数のデータ型、個数や並び方などが異なる同じ名前の関数(メソッド)を複数定義することができます。これを**多重定義(overload)**といいます。

ただし、関数(メソッド)の引数の並び順やデータ型、個数などが異なっている必要があります。そのため、引数がすべて同じ関数(メソッド)を多重定義することはできないので注意が必要です。

● 多重定義の利用場面

多重定義により関数(メソッド)の引数に柔軟性を持たせ、さまざまな利用場面に適用することができます。

たとえば、同じ名前の同じ機能の関数で、さまざまな利用を想定した関数を用意したい場合があります。このような場合には、引数のデータ型や個数が違うものを用意し、柔軟な処理が可能になります。

もし、多重定義を行わない場合、多めの引数を用意し、引数の値によってさまざまな条件判断を行う処理を記述する必要があります。条件判断はif式やmatch式によるパターンマッチングを利用することになり、冗長な記述になる可能性があります。多重定義を使うとシンプルに記述できる可能性がある場合にはできるだけ多重定義を使った方がよいでしょう。

● 多重定義のコード例

下記のコード例では、関数larger()を多重定義しています。

まず、1つ目は2つの引数および戻り値がすべてIntクラス型の関数larger()を定義しています。

同じように2つ目と3つ目はそれぞれ引数および戻り値がすべてDoubleクラス型とStringクラス型の関数larger()を定義しています。

関数larger()は上記のように多重定義されているので、引数にIntクラス型、Doubleクラス型、Stringクラス型のいずれが与えられても動作し、実行結果を返しています。

SOURCE CODE | 多重定義のコード例

```
object Main extends App {
  def larger( integer1: Int, integer2: Int ):  Int = {
    if( integer1 > integer2 ) integer1 else integer2
  }

  def larger( doublePrecision1: Double,
              doublePrecision2: Double ): Double = {
    if( doublePrecision1 > doublePrecision2 )
      doublePrecision1 else doublePrecision2
```

■SECTION-009■ 多重定義

```
  }

  def larger( string1: String, string2: String ): String = {
    if( string1.length() > string2.length() ) string1 else string2
  }

  println( "大きい方は " + larger( 874521, 873321 )  + " です" )
  println( "大きい方は " + larger( 7.77d, 7.79d ) + " です" )
  println( "大きい方は " +
           larger( "あかさたな", "いろはにほへと" ) + " です" )
}
```

SECTION-010

タプル

▶ タプルとは
　Scalaで複数の型の値をグループ化して取り扱う仕組みとして**タプル**といわれるオブジェクトが用意されています。タプルは複数のそれぞれ異なった型の値やオブジェクトを格納するためのオブジェクトです。

▶ タプルの利点
　タプルはJavaにはない仕組みです。Javaの場合にはDTO（データ転送オブジェクト）やコレクションなどを別途、用意する必要があり大変面倒です。
　しかし、Scalaではこのような仕組みを自前で用意することは不要です。タプルにさまざまなデータ型の複数の値を格納することが可能です。これはまさにDTOそのものです。

▶ タプルの定義と値の取り出し
　タプルは括弧「()」の中にカンマ区切りで複数の型を持つ値を指定することで定義できます。すなわち「(値1, 値2, ・・・)」という記述となります。
　タプルから値やオブジェクトを取り出すには、タプルが格納されたオブジェクトにドット「.」で区切り、「_1」「_2」・・・のようにアンダーバー「_」に続く数字を指定します。この数字はタプルで定義された異なる型の順番を表しています。

▶ タプルのコード例
　下記のコード例を見てみましょう。
　関数getMaxShelfNoFruit()の戻り値となっている「(last, shelfNo)」の記述がタプルの実装に当たります。1番目の「last」はStringクラス型、2番目の「shelfNo」はIntクラス型で、それぞれ異なるデータ型の値です。
　この関数getMaxShelfNoFruit()の戻り値を不変変数maxShelfNoFruitに代入しています。この不変変数maxShelfNoFruitにタプル形式のデータが格納されています。
　「maxShelfNoFruit._1」および「maxShelfNoFruit._2」で、それぞれタプルの1番目と2番目の値を取り出しています。

SOURCE CODE | タプルのコード例

```
object Main extends App {
  val fruit = List( "バナナ", "ミカン", "イチゴ", "マンゴー",
                    "パパイヤ", "イチジク", "マスカット",
                    "パイナップル", "グレープフルーツ" )

  def getMaxShelfNoFruit( fruit: List[String] ) = {
    val last = fruit.last
    val shelfNo = fruit.indexOf( last )
```

■ SECTION-010 ■ タプル

```
    ( last, shelfNo )
  }

  val maxShelfNoFruit = getMaxShelfNoFruit( fruit )

  println( "・最大棚番号の果物 : " + maxShelfNoFruit._1 )
  println( "・棚番号 : " + maxShelfNoFruit._2 )
}
```

SECTION-011
リテラル

●Scalaのリテラルとは
Scalaには型やクラスの値を直接、表現する形式が用意されています。それが**リテラル**といわれるものです。

リテラルには次のような種類があります。ここでは代表的なリテラルをいくつか説明します。

- 数値
- 文字・文字列
- 配列
- コレクション
- オブジェクト
- 関数
- タプル
- XML

●数値リテラル
数値を直接、値として変数に代入するには**数値リテラル**を使います。

具体的には、64ビット整数(符合付)は数値の後ろに「L」を付けます。また、浮動小数点の単精度と倍精度の数値にはそれぞれ数字の後ろに「f」と「d」を付けます。

◆数値リテラルのコード例
下記のコード例では、Longクラス型の不変変数bit64IntegerWithSignに64ビット整数の数値リテラル「777L」で数値を直接、代入しています。

同じように、Floatクラス型の不変変数floatingPointに浮動小数点単精度の数値リテラル「7.7f」を代入し、Doubleクラス型の不変変数doubleFloatingPointに浮動小数点倍精度の数値リテラル「7.7d」を代入しています。

SOURCE CODE | 数値リテラルのコード例

```
object Main extends App {
  val bit64IntegerWithSign: Long = 777L
  val floatingPoint: Float = 7.7f
  val doubleFloatingPoint: Double = 7.7d

  printf(
    "64ビット整数符号付:%s\n浮動小数点:%s\n倍精度浮動小数点:%s\n",
    bit64IntegerWithSign, floatingPoint, doubleFloatingPoint)
}
```

■ SECTION-011 ■ リテラル

◉ 文字列リテラル

文字列リテラルを使うと、文字列を値として変数に直接、代入することができます。Scalaでは、文字列を1つのダブルクォーテーション「"」で囲む文字リテラルと、3つのダブルクォーテーション「"""」で囲む文字リテラルがあります。

「"""」で文字列を囲む文字列リテラルでは、改行や空白を含めて見たままに設定することができます。ここで、「"""」囲みによる文字列リテラルはエスケープ文字「\」の後ろに制御コードを指定した場合、そのまま表示されます。すなわち、文字列リテラル内でエスケープを行わない機能を提供してくれます。

たとえば、特殊文字のタブは「\t」、改行は「\n」で表すことができますが、これがそのまま表示されます。

文字列を「"」で囲んだ文字列リテラルでは改行などはそのままでは設定できません。改行などの特殊文字は「\n」などのようにエスケープ文字「\」の後に記述する必要があります。

◆ 文字列リテラルのコード例

下記のコード例では、1つのダブルクォーテーション「"」による文字列定義と、3つのダブルクォーテーション「"""」に囲まれた文字列の定義を行い、それぞれ不変変数normalStringとstillSeenStringに代入しています。

SOURCE CODE | 文字列リテラルのコード例

```
object Main extends App {
  val normalString = "本日は\n晴天\t\tなり"
  val stillSeenString = """
          本日は
              \t晴天
                なり
              制御文字列のエスケープ表示:\n
      """

  printf( "普通の文字列 : %s\n見たまま文字列 : %s",
          normalString, stillSeenString )
}
```

上記のコードの実行結果は次のようになります。

```
普通の文字列 : 本日は
晴天            なり
見たまま文字列 :
        本日は
            \t晴天
              なり
            制御文字列のエスケープ表示:\n
```

不変変数normalStringを表示すると制御文字「\n」「\t」が有効となり、それぞれ改行、タブで出力が制御されています。

一方、不変変数stillSeenStringは、制御文字「\n」「\t」が無効となり、そのまま出力されています。また、行頭型の文字の位置や文字の折り返しなどが指定したままに出力されています。

● 配列リテラル

Scalaで**配列**を定義するためには**Array**クラスを使います。「Array」に続く「(」と「)」の間にカンマ区切りで配列の要素を指定します。具体的には次のように記述します。

● 配列の定義

```
Array(要素1,要素2,・・・)
```

Javaの場合には「new Array(要素1,要素2,・・・)」のように記述しますが、Scalaでは「new」は必要ないので注意してください。

SOURCE CODE ｜｜ 配列リテラルのコード例

```
object Main extends App {
  val railroadCompany =
        Array( "小田急", "京急", "東武", "西武", "東急", "相鉄" )

  railroadCompany.foreach( println )

  printf( "・電鉄会社( 1 ) : %s", railroadCompany( 1 ) )
}
```

● コレクションリテラル

コレクションとは、データに識別子を付けて管理しやすく格納した集合体です。また、リテラルとはクラス・型やコレクションの実際の値を直接表現する方法をいいます。したがって、**コレクションリテラル**とはコレクションの実際の値を直接、列挙して指定する方法です。

下記のコード例は、**Map**コレクションのコレクションリテラルです。キー（識別子）である「1」「2」「3」の各値を「->」記号を使って定義しています。

SOURCE CODE ｜｜ コレクションリテラルのコード例

```
object Main extends App {
  val chineseNumeral = Map( 1->"壱", 2->"弐", 3->"参",4->"四",
                            5->"五", 6->"六", 7->"七", 8->"八" )
  chineseNumeral.foreach {
    case ( key, value ) => print( key + " : " + value + ", " )
    case _ => print( "" )
  }
}
```

SECTION-012

オーバーライド

● Scalaのオーバーライドとは

ScalaでもJavaと同じようにあるクラスのメソッドを**オーバーライド**することができます。ここで、オーバーライドの対象となるのは抽象メソッド以外のメソッドです。Scalaでオーバーライドを実装するためには、メソッド定義の**def**キーワードのすぐ前に**override**キーワードを付けます。

● オーバーライドの注意点

ただし、抽象メソッドを定義する場合には、特にoverrideを付ける必要はありません。しかし、よりわかりやすい実装を心がけるならoverrideを明示的に付けた方がよいでしょう。

なお、JavaでもJDK1.5以降では@Overrideアノテーションをメソッド定義の前に付けることでオーバーライドを表現できるようになりました。Scalaはアノテーションではなく、言語仕様としてオーバーライドが提供されています。

● オーバーライドのコード例

下記のコード例では`registerPrefecture()`メソッドをオーバーライドして`displayPrefecture()`メソッドを定義しています。

SOURCE CODE | オーバーライドのコード例

```scala
class Prefecture( val name: String,
                  val prefecturalCapital: String,
                  val population: Int ){
  var registerPrefecture: ( Prefecture ) => Unit =
    ( prefecture: Prefecture ) =>
      println( prefecture + " ※付加情報未登録" )

  def displayPrefecture() = registerPrefecture( this )

  override def toString
    = "◆都道府県: 名前 = " + name +
      " 県庁所在地 = " + prefecturalCapital +
      " 人口 = " + population
}

object Main extends App {
  val niigata = new Prefecture( "新潟県", "新潟市", 807450 )
  niigata.displayPrefecture()
  niigata.registerPrefecture = ( prefecture: Prefecture ) =>
    println( "付加情報 : 市の木は「ヤナギ」です" )
  niigata.displayPrefecture()
}
```

SECTION-013
同名の複数定義と定義キーワード

▶ 複数定義とは

クラスや関数（メソッド）、コンストラクタなど、Scalaでは可能な限り複数の定義ができるような言語仕様になっており、Javaに比べて柔軟な実装が可能となっています。

たとえば、Javaでは1つのファイルには1つのクラスしか定義できません。しかし、Scalaでは同じファイルの中に複数のクラスやオブジェクトを定義することができます。さらに、Javaと違ってファイル名をクラス名に合わせる必要もありません。

また、Scalaでは同じクラスの中にコンストラクタとして基本コンストラクタ（デフォルトコンストラクタ）の他に補助コンストラクタを複数定義することができます。補助コンストラクタはクラス内で「`def this(引数宣言)`」の形でメソッド宣言と同じように`def`キーワードを用いて、メソッド名を必ず「`this()`」として定義します。

▶ コード例

ここではコンストラクタを複数定義したコード例と関数定義のキーワードとして`def`を使ったコード例を示します。

◆ コンストラクタ複数定義のコード例

下記のコード例ではクラス`Greeting`が`new`演算子でインスタンス化されるときに、引数が1つの場合には基本コンストラクタが適用されます。しかし、引数がない場合や引数が2つの場合にはそれぞれ定義済みの補助コンストラクタが適用されます。

SOURCE CODE | コンストラクタ複数定義のコード例

```
class Greeting( yourName: String ) {
  println( yourName + " さんこんにちは！" )

  def this() {
    this( "名無し" )
    println( "\tお名前を教えてください" )
  }

  def this( yourName: String, myName: String ) {
    this( yourName )
    println( "\t私の名前は "+ myName + " です" )
  }
}

object Main extends App{
  val greeting1 = new Greeting()
  val greeting2 = new Greeting( "津崎" )
  val greeting3 = new Greeting( "新垣", "星野" )
}
```

■ SECTION-013 ■ 同名の複数定義と定義キーワード

　Scalaのコード中には定義キーワードとして**def**が多用されます。コンストラクタ、メソッドの定義は**def**キーワードを使います。**def**キーワードがScalaのコード中に登場したらコンストラクタかメソッドの定義が行われているということになります。

◆関数定義に「def」キーワードを使ったコード例

　下記のコード例ではいったん**def**キーワードでメソッドとして定義しています。定義されたメソッドをプレースホルダ「_」記号を用いたり、引数と戻り値の型を宣言して関数化しています。
　関数の定義の方法は**val**キーワードで宣言した変数に関数定義を代入する方法や、メソッドと同じ**def**キーワードを使う方法が一般的です。また、無名関数を使う方法などもあります。
　このコード例では、いったん**def**キーワードで定義した関数stringCombineDefinition()を関数名の後ろにプレースホルダ「_」記号を用いて関数オブジェクト化してから、関数そのものを不変変数stringCombineDefFunc1に代入しています。
　また、もう1つの例では引数の型を「(String, String)」で宣言し、さらに戻り値の型を「=> String」で宣言してから、同じように不変変数stringCombineDefFunc2に代入しています。
　どちらの場合も、**def**キーワードで定義した関数名stringCombineDefinitionが代入によってそれぞれ、stringCombineDefFunc1とstringCombineDefFunc2に変わっています。

SOURCE CODE | 関数定義にdefキーワードを使ったコード例

```
object Main extends App{
  def stringCombineDefinition(
       string1: String, string2: String ): String =
                               string1 + " " + string2

  val stringCombineDefFunc1 = stringCombineDefinition _
  val stringCombineDefFunc2: ( String, String ) => String =
                               stringCombineDefinition

  println( stringCombineDefFunc1( "私の名前は", "音無雄一郎です") )
  println( stringCombineDefFunc2( "東京都", "文京区" ) )
}
```

SECTION-014
プリミティブ型／Unitクラス型

▶ プリミティブ型／Unitクラス型とは
　ScalaはJavaと比べて型に特徴があります。それがプリミティブ型とUnitクラス型です。

▶ Scalaのプリミティブ型
　まずプリミティブ型ですが、ScalaではJavaの**boolean**型、**int**型、**long**型、**double**型などのプリミティブ型は存在しません。Scalaの型はすべてクラスで実現されています。
　具体的には、Javaのプリミティブ型に相当する型はScalaでは**AnyVal**抽象クラスのサブクラスになっています。

▶ Unitクラス型
　次にScalaには**Unit**クラス型という型があります。この**Unit**クラス型というのは**値を持たない（存在しない）ことを表す型**です。Javaにはこのような型はありません。
　Scalaは関数を中心に実装していきます。この関数というのは何か1つ値を返すというのが基本です。そこでScalaでは関数に柔軟性を持たせるために値を返さない関数を許すことにしました。この値を返さない関数の戻り値がUnitクラス型という値を持たない型なのです。

▶ Unitクラス型の利点
　このようにUnitクラス型があるおかげで関数は値を返しても返さなくてもよくなります。そうすると、あらゆる処理を関数で実現できることになります。
　なお、一般的なプログラミング言語では値を返すものが関数で、値を返さないものはプロシージャやサブルーチンなどと呼ばれ、明確に区別されます。しかし、Scalaでは関数型プログラミングを可能にするため、値を持たないUnitクラス型を返す関数を導入しています。処理を行うまとまりをすべて関数にすることで、関数同士を組み合わせて実現する合成関数なども容易にかつ柔軟に実現が可能になっています。

▶ 関数の戻り値にUnitクラス型を使ったコード例
　次ページのコード例では、関数`calcConsumptionTax()`が**Long**型の消費税を返すのに対して、関数`display()`はコンソールに結果を表示するだけです。
　すなわち、戻り値がないのでUnitクラス型を戻り値の型に指定しています。そして、これら2つの関数を合成させて新たな合成関数として引数に「**70000**」を与えて実行しています。
　なお、「(calcConsumptionTax _)」や「(display _)」など、関数名の後にプレースホルダ「_」記号を伴ったものは関数のオブジェクトを表します。また、**andThen()**メソッドは関数を取り扱うFunction1トレイトのメソッドの1つで、左の関数の結果を右の関数の引数として引き渡して合成関数を生成してくれます。

■ SECTION-014 ■ プリミティブ型／Unitクラス型

SOURCE CODE | 関数の戻り値にUnitクラス型を使ったコード例

```
object Main extends App {
  val taxRate = 0.08F
  def calcConsumptionTax( price: Long ): Long =
                                ( price * taxRate ).toLong

  def display( ConsumptionTax: Long ): Unit =
            println( "消費税は " + ConsumptionTax + " 円です" )

  ( ( calcConsumptionTax _ ) andThen ( display _) )( 70000 )
}
```

SECTION-015

多重代入(変数初期化)

●多重代入とは
　変数の初期化に関してJavaなどでは見られないScala独自の初期化の方法があります。その1つが本章でも述べたようにタプルを使う方法です。Scalaにタプルの他に**多重代入**という便利な機能があります。

●多重代入の3つの方法
　多重代入は一度に複数の値をまとめて代入することができます。多重代入には3つの方法があります。

　1つ目は、異なる変数に同じ値を代入することができます。異なる変数をカンマで区切って「=」の右辺に値を1つ指定して宣言します。

　次に2つ目は異なる変数に複数の値を代入する多重代入があります。この場合には先ほどと同じく異なる変数をカンマで区切ります。そして、「=」の右辺にはタプル形式で値を複数指定します。

　最後に3つ目は、異なる変数に異なる値を一度に代入する多重代入があります。この場合には変数を括弧「()」の中にカンマ区切りで指定し、「=」の右辺には同じく括弧「()」の中にカンマ区切りで値を指定します。ここで、「=」の左辺の変数と右辺の値は順番に一対一に対応するように指定します。

●多重代入の構文

```
// 異なる変数に同じ値を代入
val 不変変数1, 不変変数2, 不変変数3 = 同一の値

// 異なる変数に複数の値を代入
val 不変変数1, 不変変数2, 不変変数3 =
            ( 不変変数1の値, 不変変数2の値, 不変変数3の値 )

// 異なる変数に異なる値を一度に代入
val ( 不変変数1, 不変変数2, 不変変数3 ) =
            ( 不変変数1の値, 不変変数2の値, 不変変数3の値 )
```

●多重代入を用いた変数初期化のコード例
　次ページのコード例ではこれら3つの多重代入による変数初期化の方法を順に示しています。

　最初の代入は、3つの不変変数taro、jiro、saburoすべてに「"青木"」という文字列を代入しています。

　2番目の代入は、3つの不変変数taro、jiro、saburoすべてに複数の値をタプル形式で与えています。3つの不変変数すべてが「("青木", "青森県" ,"小学生")」というタプル値になります。

■ SECTION-015 ■ 多重代入(変数初期化)

　3番目の代入は、3つの不変変数village1、village2、village3のそれぞれに違う値「"五所川原"」「"畑薮中"」「"淋河原"」を代入しています。

SOURCE CODE | 多重代入を用いた変数初期化のコード例

```
object Main extends App {
  val taro, jiro, saburo = "青木"
  println( "太郎 = " + taro + "、二郎 = " + jiro +
                                     "、三郎 = " + saburo )


  val haruko, natsuko, akiko = ( "青木", "青森県" ,"小学生" )
  println( "春子 = " + haruko + "、夏子 = " + natsuko +
                                     "、秋子 = " + akiko )


  val ( village1, village2, village3 ) =
                        ( "五所川原", "畑薮中", "淋河原" )
  println( "village1 = " + village1 + "、village2 = " +
                      village2 + "、village3 = " + village3 )
}
```

SECTION-016

暗黙の型変換（Implicit）

◉ 暗黙の型変換とは

　ScalaにはImplicitという修飾子があります。「Implicit」とは暗黙という意味で、Scalaでは**暗黙の型変換(Implicit Conversion)**を行ってくれる機能を意味します。暗黙の型変換はScalaを特徴付ける象徴的な機能です。

　　暗黙の型変換とは、コンパイル時に型が宣言と異なり不一致の場合に行われる型変換の仕組みです。具体的には、同じスコープ内で最も適切な型を定義している変数や、適切な型変換を行っている関数（メソッド）を探し出して自動的に割り当ててくれる機能です。

　この暗黙の型変換時にコンパイラに検索させる候補を明示するために変数や関数（メソッド）の定義の先頭にImplicit修飾子を付加します。

◉ 暗黙の型変換の仕組み

　コンパイル時に型の不一致を見つけたときに、Scalaは同じスコープ内にImplicit修飾子で修飾された変数やメソッドを探します。そして、その変数やメソッドが利用可能かどうかを判断します。利用可能だと判断した場合には見つけた変数やメソッドを自動的に当てはめて実行してくれます。このような自前で実装するには面倒なことをScalaではコンパイラが自動的に行ってくれるのです。

　なぜScalaにはこのような修飾子があるのでしょうか。それは、Scalaは実行時エラーを減らすためにコンパイル時に厳格な型変換チェックを実施するので、実装時には型に関する配慮がかなり必要となります。そのような配慮をしなくてもいいようにこのImplicit修飾子があるのです。

◉ Implicit修飾子を用いたコード例

　次ページのコード例では、不変変数greetingとメソッドconvertFromIntegerToString()でImplicit修飾子を用いています。そして、tellMassage()メソッドの引数inWordsにもImplicit修飾子を用いています。

　tellMassage()メソッドに引数の宣言どおり、Stringクラス型の文字列を指定すると普通に実行されます。しかし、引数を指定していない場合、引数の宣言に最もマッチしたImplicit修飾子を用いた不変変数であるgreetingが引数に自動的に割り当てられます。

　さらに、引数の宣言と異なるIntクラス型の整数を指定すると、Implicit修飾子を用いたメソッドであるconvertFromIntegerToString()メソッドに自動的にIntクラス型の整数が引数として渡されて実行されます。この実行の結果がtellMassage()メソッドの引数に渡されます。

　このように、Scalaでは引数の型を特に意識することなく実装しても、コンパイラから型の不一致エラーを出力されることはあまりありません。

■ SECTION-016 ■ 暗黙の型変換(Implicit)

SOURCE CODE | **Implicit修飾子を用いたコード例**

```
object Main extends App {
  implicit val greeting = "こんにちは！"
  implicit def convertFromIntegerToString( integerNumber: Int ) =
                  "数字の " + integerNumber.toString + " です。"

  def tellMassage( implicit inWords: String ) =
                                    "みなさん！" + inWords

  println( tellMassage( "お元気ですか？" ) )
  println( tellMassage )
  println( tellMassage( 7777 ) )
}
```

SECTION-017
演算子／特殊記号

● 演算子／特殊記号について
　Scalaには独特の**演算子**や**特殊記号**がたくさん用意されています。これらの意味を知らないとScalaのコードを読み解くことは不可能です。ここでは、Scala独自の演算子や特殊記号について簡単に説明します。

● 演算子／特殊記号の仕様
　四則演算(+、-、*、/)、剰余(%)、ビット演算子(&、|、^、&&、||)、論理否定(!)、比較(<、>、<=、>=)、処理ブロック({})、コメント(//)などはJavaとほぼ同じです。詳しくはGitHub上で公開されている下記の URLの「Scala言語仕様書」などをご覧ください。

> URL https://github.com/scala/scala/tree/2.13.x/spec

　特殊記号はJavaなど、他のプログラミング言語では使われないScala独特のものがほとんどです。下表にその主なものをまとめます。「型パラメータ」と「変位指定アノテーション」についてはCHAPTER 07で解説しています。

●Scalaの主な演算子／特殊記号

記号	意味
+、-、*、/	四則演算(加減乗除)
%	剰余
~、!	ビット否定／論理否定
&、|、^、&&、||	ビット演算子(論理積(AND)／論理和(OR)／排他的論理和(XOR)／論理積演算子／論理和演算子)
<、>、<=、>=	比較演算子(大なり／小なり／小なりイコール／大なりイコール)
==、!=	比較演算子(等値／非等値)
::=	定義
::	コレクションへの要素の追加
:::	コレクション同士を結合
/:、:\	foldLeft(左→右走査)、foldRight(左←右走査)
##	ハッシュコード
[A <: B]、[A >: B]、[A <% B]	型パラメータ(上限境界／下限境界／可視境界)
[+T]、[-T]、[T]	変位指定アノテーション(共変／反変／非変)
//	コメント
"・・・"	コメント(注釈)
{}	ブロック
(・・・)	グループ化(タプル)
{・・・}	0回以上の繰り返し
[・・・]	オプション(0回または1回)
' '	文字リテラル
" "	文字列リテラル
""" """	特殊文字を含む文字列リテラル
'	シンボルリテラル

SECTION-017 ■ 演算子／特殊記号

記号	意味
``	リテラル識別子（Scala予約語のJavaメソッド呼び出し）
=>	関数の定義と処理のセパレーター
⇒	「=>」のUnicode表記
<-	リスト集合からの要素取り出し
←	「<-」のUnicode表記
_	プレースホルダ
_1	第1要素
_2	第2要素
*	引数の場合：可変長引数、文字列の場合：文字列の複数回繰り返し
**	積集合
(A -> B)	要素2個のタプル（「(A, B)」と同義）

SECTION-018
ループ構文

▶ループ構文とは

Scalaでは処理を繰り返す**ループ構文**にはJavaと同じく**for**、**while**、**do-while**の3つがあります。これらをそれぞれfor式、while式、do式と呼びます。

while式とdo式の基本的な使い方はJavaとほぼ同じなので、Javaをご存知の方なら同じような構文で実装できます。

ただし、for式はJavaとかなり異なったScala独自のループ構文となっています。機能も豊富で、ループ処理をシンプルに記述することが可能となっています。そのため、Scalaのループ処理ではfor式を用いることが圧倒的に多くなっています。

◆「for」式(汎用条件ループ)

Scalaで最も使用される汎用的なループ構文がfor式を用いたものです。

for式の引数にはループ処理するために値を順番に生成する**ジェネレータ**を指定します。ジェネレータは「**ループ変数 <- コレクション**」の形式で記述します。

●for式の構文

```
for( ジェネレータ;・・・) { 繰り返し対象 }
```

SOURCE CODE | for式のコード例

```scala
object Main extends App {
  def sumFrom1toTargetNumber( targetNum: Int ):Int = {
    var ( i, sum ) = ( 1, 0 )
    for( i <- 1 to targetNum ) sum += i
    sum
  }

  println( "1〜10までの総和 = " + sumFrom1toTargetNumber( 10 ) )
}
```

◆「while」式(先条件ループ)

while式は繰り返し処理を下記の構文のように記述します。

最初に繰り返し条件式を評価します。繰り返し条件式が満たされている間、繰り返し対象を繰り返します。

while式の戻り値はUnitクラス型であり、値を返しません。また、繰り返し条件式にはBooleanクラス型を返す式しか指定できません。

●while式の構文

```
while( 繰り返し条件式 ) { 繰り返し対象 }
```

■ SECTION-018 ■ ループ構文

SOURCE CODE | 「while」式のコード例

```
object Main extends App {
  def sumFrom1toTargetNumber( targetNum: Int ): Int = {
    var ( i, sum ) = ( 1, 0 )
    while( i <= targetNum ){
      sum += i
      i += 1
    }
    sum
  }

  println( "1～10までの総和 = " + sumFrom1toTargetNumber( 10 ) )
}
```

◆「do」式（後条件ループ）

do式は繰り返し処理を下記の構文のように記述します。

まず繰り返し対象を実行してから最後に繰り返し条件式を評価します。繰り返し条件式が満たされている間、繰り返し対象を繰り返します。

do式の戻り値は**Unit**クラス型であり、値を返しません。また、繰り返し条件式には**Boolean**クラス型を返す式しか指定できません。

●「do」式の構文

```
do { 繰り返し対象 }while( 繰り返し条件式 )
```

SOURCE CODE | 「do」式のコード例

```
object Main extends App {
  def sumFrom1toTargetNumber( targetNum: Int ): Int = {
    var ( i, sum ) = ( 1, 0 )
    do {
      sum += i
      i += 1
    } while( i <= targetNum )
    sum
  }

  println( "1～10までの総和 = " + sumFrom1toTargetNumber( 10 ) )
}
```

▶「for」式の特徴

　Scalaのループ構文でJavaと最も違う記述が可能なのがfor式です。Scalaのfor式は実はループのための制御構文ではありません。したがって、Javaのループ構文では使えるループ先頭に進むcontinueやループを脱出するbreakなどはありません。

　すなわち、Scalaのfor式は値を取り出すための各種メソッドを呼び出す構文なのです。見た目は制御構文のように見えて実際は内部でデータリストから値を取り出すto()メソッドやforeach()メソッドなどに変換されて実行されます。このような構文をあたかも飴玉が砂糖の衣をまとっている様子にたとえて、**シンタックスシュガー(糖衣構文)** と呼びます。

　Javaではfor文もwhile文もほぼ同じことができます。しかし、Scalaではfor式の方が機能がはるかに豊富です。while式やdo式を使わなくてもほとんどfor式で事足りてしまいます。

　ここではScalaのループ構文の中でも特徴的な「for」式について説明します。

◆ ジェネレータ

　for式の括弧「()」内に与えるジェネレータは「**ループ変数　<-　コレクション**」形式で指定します。

　コレクションには範囲指定クラスRange、配列クラスArray、あるいは各種コレクションであるListクラス、Seqトレイト、Mapトレイトなどのオブジェクトを与えます。

　ここで、オブジェクトは直接、要素の値を列挙したもの、またはあらかじめインスタンスを生成し、オブジェクト変数に格納したものになります。

◆ 範囲指定クラス「Range」

　範囲指定クラスRangeは範囲を持つ数値を表すためのクラスです。for式のようなループ処理やコレクションであるListなどを生成するときに利用します。

　for式に与えるインスタンスを生成するためには、次の形式で記述します。

```
Range( start, end , step )
```

　ここで、「start」は数値範囲の開始値、「end」は数値範囲の終了値、「step」は「start」から「end」までの刻み幅を表します。

　また、Rangeはtoキーワードおよびuntilキーワードによる範囲指定でインスタンスを生成することができます。toキーワードによるものは次の形式で記述します。

```
start to end by step
```

　「start以上end以下」、すなわち「start ≦ end」の範囲の「step」刻みの数値範囲を表します。

　untilキーワードによるものは次の形式で記述します。

```
start until end by step
```

　「start以上end未満」、すなわち「start < end」の範囲を「step」刻みの数値範囲を表します。

　なお、toキーワードとuntilキーワードのどちらの場合も「by step」は省略可能です。

■ SECTION-018 ■ ループ構文

◆ 戻り値を返す「for」式

　通常、for式は値を返さないので、戻り値はUnitクラス型です。
　しかし、繰り返し対象の前にyieldキーワードを付加することによって、繰り返し対象を繰り返した結果を返します。記述の仕方は下記の構文のようになります。
　この返された値をListクラスなどのコレクションに順次格納することが可能です。

●戻り値を返す「for」式の構文

```
for( ジェネレータ ) yield { 繰り返し対象 }
```

●「for」式と「foreach」メソッドの比較コード例

　for式の特徴をより理解するために下記のコード例を見てみましょう。

SOURCE CODE ｜ for式とforeachメソッドの比較コード例

```scala
object Main extends App {
  val HokurikuRegion = Map( ( "福井県" -> "福井市" ),
                           ( "石川県" -> "金沢市" ),
                           ( "富山県" -> "富山市" ) )

  for ( ( prefecture, capital ) <- HokurikuRegion )
    printf( "県名:%s、県庁所在地:%s%n", prefecture, capital )

  HokurikuRegion.foreach{
    case( prefecture, capital ) =>
      printf( "県名:%s、県庁所在地:%s%n", prefecture,capital )
  }
}
```

　この例では、Mapコレクションのインスタンス変数HokurikuRegionからの添字の付いたタプル型の値の取り出しています。
　このタプル型の値の取り出しを比較のためにfor式とforeachメソッドのそれぞれで実装しています。Scalaのfor式はちょうど、Javaの拡張for文とよく似た使い方をしています。
　ここで、foreach()メソッドを用いた場合はたとえコードが1行でも中括弧「{}」を省略することができません。しかし、for式の場合はコードが1行の場合には省略可能です。また、for式の括弧「()」の中にさまざまな条件や変数の設定が可能です。しかし、foreach()メソッドではそのような条件指定はできません。
　さらに、タプル型の値を取り出す場合にはcaseによるマッチングを同時に使うなどの実装が必要となりますが、for式を使えばその必要はありません。
　同じことを実現するのに、for式を用いた方が直感的かつシンプルに実装できることがおわかりいただけると思います。

SECTION-019

条件分岐

条件分岐とは

　Scalaの制御構文にはループ構文と条件分岐と独自関数によるものがあります。ループ構文には81ページで説明したfor式、while式、do式があります。また、条件分岐にはif式とmatch式があります。ここではこの**条件分岐**について説明します。

　なお、これらの制御構文で用いられる**式**はJavaでは予約語として言語仕様に取り込まれているので**文**と呼ばれます。しかし、Scalaでは、Javaの予約語にあたるif文も値を返すので**式**と呼ばれます。

　たとえば、Javaの予約語である条件判断に使うif文、switch文に相当する条件判断文は、Scalaではそれぞれif式、match式と呼ばれます。

「if」式

　Scalaの条件判断には通常、if式を使います。使い方はJavaのif文と同じです。Javaとの違いはScalaのif式が値を返すことです。Scalaのif式が値を返すことからJavaの三項演算子にあたるものは、if式で代用できるためScalaにはありません（33ページ参照）。

　Scalaのif式の構文は次のようになります。

●「if」式の構文

```
if( 条件式 ) True処理 else False処理
if( 条件式 ){ 複数True処理 }
if( 条件式 ){ 複数True処理 } else { 複数False処理 }
val 不変変数 = if( 条件式 ) True処理 else False処理
```

　if式の引数に条件判断を行う条件式を指定します。ここで、条件式はBooleanクラス型を返す式であることが必要です。

　次にif式の後ろには条件式がTrueであるときの処理を記述します。処理が複数ある場合には中括弧「{}」で囲みます。

　さらに、条件式がFalseである場合の処理をelseキーワードの後ろに記述します。この処理が複数ある場合には中括弧「{}」で囲みます。

　また、if式の結果を受け取って不変変数に格納することができます。

■ SECTION-019 ■ 条件分岐

● 「if」式のコード例

下記のコード例ではオブジェクトIfExamples内にmain()メソッドを定義しています。main()メソッドはコンソールから入力された文字列を受け取り、引数argsに格納します。引数argsはStringクラス型の要素を持つArrayクラス型の配列であり、複数の入力文字列を引数として受け取ることができます。

if式の条件式として引数argsが空かどうかをArrayクラスのisEmptyメソッドで確認しています。isEmptyメソッドは引数argsが空ならばTrueを、空でなければFalseを返します。

この条件式がTrueを返すときにはメソッドnotEnteredが実行されます。また、条件式がFalseを返すときにはメソッドwasInput()が実行されます。wasInput()メソッドにはコンソールから入力された最初の文字列「args(0)」が渡されています。

次に、実行されるメソッドnotEnteredとメソッドwasInput()がそれぞれ定義されています。ここで、メソッドwasInput()は引数として文字列を受け取りprintln()関数で表示しています。

SOURCE CODE ｜ 「if」式のコード例

```
object IfExamples {
  def main( args: Array[ String ] ): Unit = {
    val inputString = if( args.isEmpty ) notEntered
                      else wasInput( args( 0 ) )
  }

  def notEntered = println( "何も入力されませんでした。" )
  def wasInput( input: String ) =
      println( "入力された文字は「" + input + "」です。" )
}
```

● 「if」式のネスト

if式は次に示すように別のif式を**ネスト**していくつでも記述することが可能です。

◉ 「if」式のネスト構文

```
if( 条件式1 ) { 条件式1のTrue処理 }
else if( 条件式2 ){ 条件式2のTrue処理 }
・・・・
else { False処理 }
```

if式のelseキーワードの後ろにさらに別のif式と条件式を記述します。そうして、その条件式がTrueの場合の処理を記述します。この別のif式はいくつでも記述可能です。

これらのif式のどの条件式にも当てはまらなかった場合の処理をelseキーワードの後ろに記述します。このelseキーワードは他の複数のif式よりも後ろ、すなわち最後に記述しないとコンパイルエラーになるので注意が必要です。

「if」式のネストのコード例

下記のコード例ではオブジェクトBMI内にメソッドjudge()を定義しています。メソッドjudge()は引数に身長と体重を表すFloatクラス型のheightとweightを宣言しています。また、戻り値はUnitクラス型なのでありません。

メソッドjudge()内では引数heightとweightを参照してBMI値を計算し、不変変数fatnessに代入しています。

不変変数fatnessの値によって肥満度を判定する処理にif式のネストを使っています。先頭のif式のelseキーワードの後ろに4つ連続で別のif式をネストして付加しています。

最後に上記以外のどれにも当たらない条件の場合はelseキーワードの後ろにif式を付加していません。なお、この最後のelseキーワードの後ろにもif式を付加して、「else if(40.0f <= fatness)」としても同じ結果が得られます。

Mainオブジェクト内でオブジェクトBMIのメソッドjudge()に身長と体重をそれぞれFloatクラス型で与えて呼び出すことによってBMI判定結果を表示しています。

SOURCE CODE 「if」式のネストのコード例

```
object BMI {
  def judge( height: Float, weight: Float ): Unit = {
    val fatness = weight / Math.pow( height / 100, 2 )

    val judgement = if( fatness < 18.5f )              "低体重"
    else if( 18.5f <= fatness && fatness < 25.0f  )    "普通体重"
    else if( 25.0f <= fatness && fatness < 30.0f  )    "肥満(1度)"
    else if( 30.0f <= fatness && fatness < 35.0f  )    "肥満(2度)"
    else if( 35.0f <= fatness && fatness < 40.0f  )    "肥満(3度)"
    else                                               "肥満(4度)"

    println( "あなたのBMI判定は・・「 " + judgement + " 」です！" )
  }
}

object Main extends App {
  BMI.judge( 171.0f, 85.7f )
  BMI.judge( 155.5f, 45.5f )
}
```

■ SECTION-019 ■ 条件分岐

●「match」式

Scalaのmatch式はJavaのswitch文と同じように使われる複数条件の分岐処理を行うために用います。Javaのcaseキーワードにあたるものは Scalaでも同じ caseキーワードになります。

Scalaのmatch式の構文は次のようになります。

●「match」式の構文

```
val 不変変数 = 検査値(セレクター) match {
  case パターン1 => パターン1の処理(戻り値)
  case パターン2 => パターン2の処理(戻り値)
  ....
  case _ => 上記以外のパターンの処理(戻り値)
}
```

match式での条件分岐を行う対象の検査値の後ろにmatchキーワードを記述します。このmatchキーワードの後ろに中括弧「{}」を記述します。ここで、この検査値のことを**セレクター**と呼ぶ場合があります。

中括弧「{}」の中にcaseキーワードを記述し、このcaseキーワードの後に各条件のパターンを記述します。この各条件のパターンの後ろに「=>」記号を記述し、この「=>」の後に各パターンの処理を記述します。

このcaseキーワードから各パターンの処理までが1つのセットになります。このセットを検査する条件の数だけいくつでも記述できます。

これらの条件のいずれにも当てはまらない残りのすべての条件はパターンとしてプレースホルダ「_」を記述する場合があります。これはJavaのswitch文のdefaultキーワードにあたるものです。このプレースホルダによる条件は省略することができます。

match式は「式」なので値を返すことができます。値を返す場合にはvalキーワードで宣言した不変変数などに代入することができます。match式が値を返すためには、各パターンの処理は必ず戻り値を返す必要があります。

ここで、match式が値を返さない場合や返した値を不変変数に代入して使う必要がない場合には、不変変数への代入は省略することができます。

● Scalaの「match」式の特徴

Scalaのmatch式はJavaのswitch文とは異なり、単純な条件判断に留まらない機能を持っています。この機能を利用してScalaのmatch式はパターンマッチングに利用されることが多いのが特徴です。

具体的には、Scalaのmatch式にはさまざまな型の条件式をパターンとして与えることができます。すなわち、比較対象の型が制限されるということが一切なく、より柔軟で強力なパターンマッチングを行うことができます。パラメータ処理やフィルター処理などと組み合わせたパターンマッチングにより、さまざまな条件による条件分岐が可能となっています。

しかし、Javaの「switch」文では条件式には基本的にint型などのプリミティブ型とStringクラス型しか指定できません。そのため、「switch」文をそのまま利用しただけでは複雑なパターンマッチングを行うことはできません。

■ SECTION-019 ■ 条件分岐

match式を用いたパターンマッチングについてはCHAPTER 05で詳しく説明していますので、そちらをご覧ください。

▶「match」式のコード例

ここでは具体例として下記のコード例を見てみましょう。

SOURCE CODE | 「match」式のコード例

```
object Main extends App {
  def judge( anyType: Any ): String = {
    anyType match {
      case int    : Int        => s"$int ⇒ Intクラス型"
      case float  : Float      => s"$float ⇒ Floatクラス型"
      case string : String     => s"$string ⇒ Stringクラス型"
      case array  : Array[Int] =>
                      s"${ array.mkString( "," ) } ⇒ Arrayクラス型"
      case list   : List[_]    => s"$list ⇒ Listクラス型"
      case book   : Book       => s"${book.name} ⇒ Bookクラス型"
      case _                   => "予期せぬ型"
    }
  }

  println( judge( 4568 ) )
  println( judge( 3.14159f ) )
  println( judge( "青は藍より出でて藍より青し" ) )
  println( judge( Array( 100, 200, 300 ) ) )
  println( judge( List( "赤", "青", "黄" ) ) )
  case class Book( name: String )
  println( judge( Book( "基礎からわかるScala" ) ) )
  println( judge( Array( "赤", "青", "黄" ) ) )
}
```

どのようなコードになっているかは以下で説明します。

◆ メソッド「judge()」の定義

オブジェクト**Main**内にメソッド**judge()**を定義しています。メソッド**judge()**は引数に**Any**クラス型の**anyType**を取り、戻り値は**String**クラス型です。

ここで、**Any**クラスはScalaの最上位のルートクラスです。あらゆるScalaのクラスはこの**Any**クラスを継承しています。つまり引数にはあらゆるScalaの型が与えられることを想定しています。

◆「match」式の定義

メソッド**judge()**の引数**anyType**を検査値（セレクター）として、**match**式を定義しています。
そうして**case**キーワードの後ろに条件判断を行うためのパターンを記述しています。それぞれのパターンは検査値の型が**Int**クラス型、**Float**クラス型、**String**クラス型、**Array**クラス型、**List**クラス型、**Book**クラス型のどれかを判断しています。そうして型が一致した場合には、それぞれ変数**int**、**float**、**string**、**array**、**list**、**book**にバインド（183ページ参照）しています。

ここで、Arrayクラス型は「Array[Int]」と記述されています。これは、ArrayクラスがIntクラス型の要素を持つパターンを示しています。

また、どのパターンの型にも当てはまらないパターンとしてプレースホルダ「_」を記述しています。

◆各パターンの処理

各パターンの処理として、検査値を含む文字列をそれぞれのパターンごとに戻り値として生成して返しています。これらの戻り値はメソッドjudge()の戻り値としてそのまま返されます。そのため、このmatch式は戻り値を不変変数に代入する必要がありません。そこで、このmatch式は不変変数に代入する処理を省略しています。

ここで、文字列を生成する処理として**s補間子**を用いています。s補間子は「s」文字の後ろにダブルクォーテーション「"」記号で文字列を囲んで変数を文字列内に補間します。変数は「$」記号の後に変数名を付記して記述することで文字列内に補間されます。

◆「match」式の利用

最後にmatch式を利用するためにメソッドjudge()に引数としてそれぞれIntクラス型、Floatクラス型、Stringクラス型、Arrayクラス型、Listクラス型、Bookクラス型の値またはオブジェクトを与えて呼び出しています。

ここで、唯一、ケースクラスBookだけはScalaのライブラリではない独自のユーザークラスとして定義しています(ケースクラスについては149ページ参照)。

最後のArrayクラス型のオブジェクト「Array("赤", "青", "黄")」は要素としてStringクラス型を指定しています。ところが、Arrayクラス型のパターンの場合には、要素としてIntクラス型を想定しています。そこで、これはプレースホルダ「_」で示されるパターンとして「**"予期せぬ型"**」が返されます。

SECTION-020

省略構文

◉省略構文とは
Scalaでは自明の実装を省略することができます。これを**省略構文**と呼びます。省略構文を使うことによって、コードの冗長さを回避しシンプルな実装が可能となります。

◉関数の省略構文
Scalaの関数定義の基本構文は下記のようになります（詳細は50ページ参照）。これはあくまでも関数定義の基本形です。この基本形から省略可能なものを省略した省略構文で関数を定義することができます。

●関数定義の基本構文（defキーワード）

```
def 関数名( 変数名: 型,・・・): 戻り値の型 = { 処理の記述 }
```

◆代入演算子の省略
関数の結果がUnitクラス型、すなわち戻り値を持たないときには、関数の宣言と処理の記述をつなぐ代入演算子「=」を省略することができます。また、戻り値型も省略することができます。

代入演算子「=」を省略した場合には処理を記述する中括弧「{}」は省略することはできないので注意が必要です。

◆代入演算子を省略したコード例
関数basicFunction()では代入演算子「=」でつないで処理内容を記述しています。また、戻り値型を「String」と明示しています。

関数toOmitEqualNonReturnValue()は戻り値がないUnitクラス型を返す関数です。このように戻り値のない関数の場合には代入演算子「=」を省略しています。さらに戻り値型の「Unit」も明示の必要はなく、省略しています。

SOURCE CODE ｜ 代入演算子を省略したコード例

```
object Main extends App {
  def basicFunction( name: String, greeting: String ): String =
                    { name +" さん、" + greeting + "!" }

  def toOmitEqualNonReturnValue( name: String, greeting: String )
                    { println( name +" さん、" + greeting + "!" ) }

  println( basicFunction( "林 三郎", "お願いがあります" ) )
  toOmitEqualNonReturnValue( "小原 庄助", "踊ってください" )
}
```

◆ 中括弧の省略

　Scalaでは関数やメソッドの処理が1つの場合には、処理を記述する中括弧「{}」を省略することができます。

　ここで、中括弧「{}」を省略した場合には代入演算子「=」は省略することができません。反対に代入演算子「=」を省略した場合には中括弧「{}」は省略することができません。

　つまり、代入演算子「=」または中括弧「{}」は関数定義において必ずどちらか一方が必要になります。

　下記のコード例では、関数omitCurlyBracket()の代入演算子「=」の右辺の処理内容が1つのため、中括弧「{}」が省略されています。

SOURCE CODE ｜ 中括弧を省略したコード例

```
object Main extends App {
  def omitCurlyBracket(
    university: String, department: String ): String =
      "私は " + university +" の " + department + " を卒業しました"

  println( omitCurlyBracket( "青山学院大学","経済学部" ) )
}
```

◆ 括弧の省略

　引数のない関数やメソッドの定義では引数を記述する「()」を省略することができます。これは引数がないのであれば、引数を列挙する括弧は記述しない方がシンプルに実装できるというScalaの基本的な考え方によるものです。

　ここで関数の場合、括弧を省略すると、括弧付きでは呼び出すことができないので注意が必要です。

　下記のコード例では、それぞれdefキーワードによる定義とvalキーワードによる括弧を省略した引数のない関数の例を示しています。

SOURCE CODE ｜ 括弧を省略したコード例

```
object Main extends App {
  def nonArgumentFunc_def = {
    println( "大阪は江戸時代には「大坂」と表記されていました。" )
  }

  nonArgumentFunc_def

  val nonArgumentFunc_val = {
    println( "東京は江戸時代には「江戸」と呼ばれていました。" )
  }

  nonArgumentFunc_val
}
```

▶ 戻り値の型の省略

　Scalaでは、戻り値の型を省略することができます。戻り値の型はScalaのコンパイラが判断し、適切な戻り値の型を当てはめてくれます。このような仕組みを**型推論**といいます。

◆ 戻り値がない関数の定義

　ここで、Scalaでは戻り値自体がない関数を定義することができます。この場合、明示的に戻り値の型を「Unit」と宣言しますが、これも省略が可能です。

　つまり、Scalaでは戻り値の型が定義されていないときには、戻り値の型を省略したか、あるいは、戻り値がない関数のどちらかであるということになります。

◆ 戻り値がない関数の省略

　Scalaでは関数の戻り値が明確である場合には戻り値を宣言するreturn式も省略することが可能です。return式が省略された場合には最後に評価された値が返ります。

　ここで、処理定義部分の中括弧「{}」を省略することもできるのは戻り値がない場合でも同様です。

　さらに、戻り値のない関数では代入演算子「=」をも省略することができます。ただし、この場合には、中括弧「{}」を省略することはできないので注意が必要です。また、代入演算子を省略すると、たとえ戻り値をreturn式で明示的に設定していても戻り値を返さないUnitクラス型の関数になってしまいます。

◆ 戻り値の型を省略したコード例

　下記のコード例では、関数omitReturnType()は戻り値が明確であるため、return文を省略しています。

　関数omitReturnTypeAndCurlyBracket()は戻り値が明確であるため、return文を省略しています。また、処理定義部分の中括弧「{}」を省略しています。

　関数nonReturnValue()は戻り値がない関数です。関数宣言と処理定義部分の中括弧「{}」との間に代入演算子「=」を記述しています。

　関数omitEqualInNonReturnValue()は戻り値がないので、代入演算子「=」を省略しています。

SOURCE CODE　戻り値の型を省略したコード例

```
object Main extends App {
  def omitReturnType( name: String, greeting: String ) =
                    { name +" さん、" + greeting + "!" }
  println( omitReturnType( "青木　隆", "おはようございます" ) )

  def omitReturnTypeAndCurlyBracket(
           name: String, greeting: String ) =
                          name +" さん、" + greeting + "!"
  println( omitReturnTypeAndCurlyBracket(
           "福富　美智子", "ありがとうございました" ) )

  def nonReturnValue( name: String, greeting: String ) =
```

■ SECTION-020 ■ 省略構文

```
                { println( name +" さん、" + greeting + "!" ) }
    nonReturnValue( "中川　智史", "ようこそいらっしゃいました" )

    def omitEqualInNonReturnValue( done: String, matter : String )
                { println( done + " は「" + matter + "」です!" ) }
    omitEqualInNonReturnValue( "きのう見た映画", "ローマの休日" )
}
```

▶ 関数リテラルの省略構文

Scalaでは関数を関数名を表記しないリテラル（即値）形式で表現することができます。これを**関数リテラル**といいます。関数リテラルは関数名を表記しないことから**無名関数**とも呼ばれることがあります。

関数リテラルの基本構文は下記のようになります（詳細は50ページ参照）。

valキーワードを利用した関数の基本構文の後半の無名関数宣言パートと同じです。この関数リテラルにも省略構文があります。

● 関数リテラルの基本構文

```
( 変数名: 型, ・・・ ) => { 処理の記述 }: 戻り値の型
```

◆ 戻り値のない関数リテラルで戻り値を省略

戻り値の型は戻り値がない場合には「Unit」で示します。関数リテラルで戻り値がない場合にもこの「Unit」を省略することができます。

ここで、「Unit」を省略した場合には、関数リテラル全体を括弧「()」で囲って関数とし、引数を括弧「()」の後ろに与える記述方法が可能です。具体的には、下記のような構文で記述できます。

この構文の場合、関数リテラルと処理内容をつなぐ代入演算子「=」も同時に省略することができます。

● 戻り値のない関数リテラルの構文

```
( ( 引数定義 ) => { 処理内容 } )( 引数値 )
```

◆ 関数リテラルで戻り値の型を省略したコード例

下記のコード例では**Long**クラス型を返す関数を代入する不変変数**calcMultiplication**に掛け算を行い積を返す関数リテラルを指定しています。この関数リテラルは戻り値があります。そのため、「=>」記号の後ろに戻り値を**Long**クラス型に指定しています。

最後に記述されている関数リテラルでは**println()**関数で表示するだけです。戻り値がなく**println()**関数で標準出力に表示するだけの関数リテラルでは本来は中括弧「{}」の後ろに「: Unit」を指定します。しかし、この例のように戻り値の型の表記を省略しています。

さらに、戻り値の型を省略したので上記の戻り値のない関数リテラルの構文での記述が可能となっています。そこで、代入演算子「=」も同時に省略しています。

なお、この例では省略していませんが、処理内容を記載する中括弧「{}」も省略することができます。

SOURCE CODE | 関数リテラルで戻り値の型を省略したコード例

```
object Main extends App{
  val calcMultiplication:( Int, Int ) => Long =
                       ( ( x: Int, y: Int ) => { x * y }: Long )

  println(
    "77000 × 77 = " +
    "%,3d".format( calcMultiplication( 77000, 77 ) )
  )

  ( ( x: Int, y: Int ) =>
    { println( x + " x " + y + " = " + "%,3d".format( x * y ) ) }
  )( 99999, 1000 )
}
```

◆引数と戻り値の型が同じ関数リテラルで戻り値の型を省略

　関数リテラルで引数の型と戻り値の型が同じ場合には戻り値の型を省略することができます。このような場合には、さらに処理を記述する中括弧「{}」も省略することができます。

　下記のコード例では関数格納用不変変数nonOmitの代入演算子「=」から右辺が関数リテラルです。引数はStringクラス型で戻り値もStringクラス型なので関数の処理を記述する中括弧「{}」の後ろに戻り値型として「: String」を記述しています。これが標準型の関数リテラルです。

　関数格納用不変変数omitReturnTypeへの代入用の関数リテラルでは引数の型と戻り値の型が同じStringクラス型であるため、戻り値型の記述である「: String」を省略しています。

　さらに関数格納用不変変数omitomitReturnTypeAndCurlyBracketへの代入用の関数リテラルでは戻り値の型に加えて関数の処理を記述する中括弧「{}」も省略しています。

　このようにScalaの関数リテラルでも「よりシンプルにかつ直感的に読める」コードを記述できるようになっているのです。

SOURCE CODE | 引数と戻り値の型が同じ関数リテラルで戻り値の型を省略したコード例

```
object Main extends App{
  val nonOmit: ( String ) => String =
    ( name:  String ) => { "私の名前は " + name + " です。" }: String

  println( nonOmit( "青木　隆" ) )

  val omitReturnType:( String ) => String =
    ( name:  String ) => { "私の名前は " + name + " です。" }

  println( omitReturnType( "鈴木　莉音" ) )

  val omitomitReturnTypeAndCurlyBracket:( String ) => String =
```

■ SECTION-020 ■ 省略構文

```
            ( name: String ) => "私の名前は " + name + " です。"

  println( omitomitReturnTypeAndCurlyBracket( "萩原　欽一" ) )
}
```

◆ 引数の関数リテラルの引数の型を省略

　Scalaでは、メソッドまたは関数の引数として関数を記述する場合がよくあります。引数の関数に関数リテラルを使う場合には、メソッドまたは関数の構造から引数に取る関数の構造が自明に決まってしまうことがあります。

　これには事前に型の定義を行った変数が該当します。このような場合には、通常の関数リテラルよりもさらに省略した記述にすることが可能になります。

　さらに関数リテラルでも処理が1つの場合には処理を記述する中括弧を省略することができるので、より簡潔な記述が実現できます。

　下記の関数リテラルで引数の型を省略したコード例を見てみましょう。

　関数argumentIsFunction()は引数に関数リテラルを取ります。この関数リテラルは関数名が「functionArgument」で、引数にIntクラス型を取り、戻り値にFloatクラス型が返ることを宣言しています。そして、具体的な処理内容として、この引数内の関数リテラルfunctionArgument()の引数として「777」を与えています。

　最初のprintln()関数では、関数argumentIsFunction()の引数の関数リテラルが省略なしに記述されています。具体的には引数integerNumとその型Intが定義されています。そうして「=>」記号の右側にはおよび処理内容が中括弧「{}」内に記述されています。

　2番目のprintln()関数では、関数リテラルの引数の型Intクラスがすでに宣言されていることから省略されています。

　3番目のprintln()関数では、「=>」記号の右側の処理内容が1つしかありません。そこで、省略可能なことからを処理内容記述する中括弧「{}」が省略されています。

SOURCE CODE ｜ 関数リテラルで引数の型を省略したコード例

```
object Main extends App{
  def argumentIsFunction( functionArgument: ( Int ) => Float ) =
                                   { functionArgument( 777 ) }

  println( "省略無し:" +
    argumentIsFunction( ( integerNum: Int ) => { integerNum * 10 } )
  )

  println( "引数の型を省略:" +
    argumentIsFunction( ( integerNum ) => { integerNum * 10 } )
  )

  println( "引数の型と処理の中括弧を省略:" +
    argumentIsFunction( ( integerNum ) => integerNum * 10 )
  )
}
```

◆ 1つしかない関数リテラルの引数の省略

メソッドまたは関数の引数で指定された関数リテラルの引数が1個しかない場合には、引数指定のための括弧「()」を省略することができます。

さらに、同じ変数が引数に複数回現れる場合にはプレースホルダ「_」を使って引数の変数も省略することができます。また、関数リテラルでも処理が1つの場合には処理を記述する中括弧「{}」を省略することができます。

下記のコード例を見てみましょう。

関数argumentIsFunction()は引数に関数リテラルを取ります。この関数リテラルは関数名が「functionArgument」で、引数にIntクラス型を取り、戻り値にStringクラス型が返ることを宣言しています。そして、具体的な処理内容として、この引数内の関数リテラルfunctionArgument()の引数として「22」を与えています。

println()関数が後ろになるほど、不要な記述が次々に省略されています。

最初のprintln()関数では、関数リテラルの引数の括弧「()」とIntクラス型が省略されています。すなわち、「(integerNum: Int)」と記述すべきところを「integerNum」と記述しています。

2番目のprintln()関数では、「=>」記号の右側の処理内容が1つしかありません。そこで、省略可能なことからを処理内容を記述する中括弧「{}」がさらに省略されています。

3番目のprintln()関数では、引数の変数integerNumが引数宣言と、処理内容の中に複数回、現れるため、省略可能です。そこで、引数の変数integerNumと処理内容の間に記述する「=>」記号を両方とも省略しています。

処理内容にあった引数の変数integerNumは省略されたため、プレースホルダ「_」に置き換えられています。

4番目のprintln()関数では、処理内容が1つしかないため、さらに中括弧「{}」が省略されています。

SOURCE CODE　1つしかない関数リテラルの引数の省略のコード例

```
object Main extends App{
  def argumentIsFunction( functionArgument: ( Int ) => String ) =
                               { functionArgument( 22 ) }
  println( "引数の括弧と型を省略:" +
    argumentIsFunction( integerNum =>
       { "犬は " + integerNum + " 回「ワン！」と吠えました。" }
    )
  )

  println( "引数の括弧と処理の中括弧を省略:" +
    argumentIsFunction( integerNum =>
        "犬は " + integerNum + " 回「ワン！」と吠えました。"
    )
  )
```

■SECTION-020 ■ 省略構文

```
println( "引数の変数を省略:" +
    argumentIsFunction(
        { "犬は " + _ + " 回「ワン！」と吠えました。" }
    )
)

println( "引数の変数と処理の中括弧を省略:" +
    argumentIsFunction(
        "犬は " + _ + " 回「ワン！」と吠えました。"
    )
)
}
```

SECTION-021
ヒアドキュメント

● ヒアドキュメントとは
　Javaでは複数行の文字列を定義するときには、改行制御文字「\r\n」などを文末に挿入します。Scalaでは改行制御文字を使わず、複数行を入力したまま設定できる方法として文字列リテラルというものが使えます（68ページ参照）。

　文字列リテラル形式のリテラル文字列を定義するには、ダブルコーテーションが3つ連続した記号「"""」で複数行の文字列を囲って指定します。

　このようなリテラル文字列で構成される文字列ドキュメントはスクリプト言語の「Python」では「ヒアドキュメント」と呼ばれています。Scalaでもこのような見たままに記述できる複数行の文字列を**ヒアドキュメント**といいます。

● ヒアドキュメントの利点
　ヒアドキュメントでは制御文字を使わずに見たままで記述できます。たとえば文字列リテラルで使われる特殊文字であるダブルクォーテーション「"」ですら、そのまま記述できます。通常はこれらの特殊文字は通常はエスケープ文字を添えるなどの必要がありますが、ヒアドキュメントではそのような面倒なことは必要ありません。

　ヒアドキュメントは、たとえば、プログラムのコードをインデント付きで見たままに表示したい場合などに非常に重宝します。

● ヒアドキュメントの特殊機能
　その他、ヒアドキュメントでは**文字列の先頭を自動的に揃える**ことができます。

　具体的には、各行の先頭に縦棒記号「|」を記述します。そうして、ヒアドキュメント全体に行頭のスペースを取り除く**stripMargin()**メソッドを適用します。

　この機能を利用すると、各行の文字列の先頭をどこに記述しても先頭を揃えてくれるので非常に便利です。Webアプリケーションの開発などにおいてはHTMLの**<pre>**タグ要素に値を与える場合など、応用範囲が非常に広い機能です。

● 「stripMargin()」メソッドの機能
　stripMargin()メソッドはデフォルトでは識別記号として縦棒記号「|」の行の先頭の空白を除去してくれます。この識別記号に任意の記号を設定したい場合には**stripMargin()**メソッドの引数に識別記号文字を与えます。たとえば、「**stripMargin('$')**」のように記述します。

● ヒアドキュメントのコード例
　下記のコード例では、**println()**関数にダブルクォーテーションが3つ連続した記号「"""」を使った文字列リテラル形式の文字列を定義しています。

　先頭に縦棒記号「|」を付けた行は**stripMargin()**メソッドを適用して行頭の空白文字を取り除き行頭を揃えたい行になります。

■ SECTION-021 ■ ヒアドキュメント

　最後に文字列リテラル形式のリテラル文字列全体に**stripMargin()**メソッドを適用しています。

SOURCE CODE　ヒアドキュメントのコード例

```
object Main extends App{
  println( """【使い方】
1.アイコンをダブルクリックします。
2.種別を選択します。
3.[実行]ボタンを押下します。""")
    println( """我が家の"ネコ"の名前は"まゆ"と言います。""" )
    println( """|・春:Spring
      |・夏:Summer
|・秋:Autumn
          |・冬:Winter""".stripMargin
  )
}
```

　上記のコードの実行結果は、次のようになります。

```
【使い方】
1.アイコンをダブルクリックします。
2.種別を選択します。
3.[実行]ボタンを押下します。
我が家の"ネコ"の名前は"まゆ"と言います。
・春:Spring
・夏:Summer
・秋:Autumn
・冬:Winter
```

　適用した結果は文字列が記述したまま出力されています。特殊記号であるダブルクォーテーション「"」はそのまま出力されています。縦棒記号「|」を付けた行は先頭が詰められて揃っています。

SECTION-022
パッケージ宣言／利用

● パッケージ宣言
ここではScalaの**パッケージ宣言**の方法について説明します。

◆ Scalaのパッケージ宣言の特徴
Javaでは1つのファイルに1つのパッケージしか宣言できません。しかし、Scalaでは1つのファイルに複数のパッケージを記述することができます。また、パッケージの中にネスト（入れ子）でパッケージを記述することができます。

また、Scalaではクラス内に記述可能なあらゆる定義がパッケージのトップレベル要素として定義することができます。

● パッケージ宣言の種類
Scalaのパッケージ宣言には2つの方法があります。1つはJavaと同じように拡張子「.scala」ファイルの先頭にpackage宣言を行う方法です。もう1つのパッケージの宣言方法は、「.scala」ファイル内にpackage宣言のスコープを中括弧「{}」で囲んで明示する方法です。

◆ 先頭にpackage宣言を行う方法
Javaと同じように拡張子「.scala」ファイルの先頭にpackage宣言を行う方法の場合、パッケージのスコープ（有効範囲）は「.scala」ファイル内のすべてに及びます。これはJavaでパッケージのスコープが「.java」ファイル内のすべてに及ぶのと同じです。

SOURCE CODE　「.scala」ファイルの先頭にpackage宣言を行うコード

```
package touhokuDistrict
object YamagataPref {
  def capital( name: String ): Unit = {
    println( "山形県の県庁所在地は " + name + " です" )
  }
}
```

◆ スコープを中括弧で囲んで明示する方法
「.scala」ファイル内にpackage宣言のスコープを中括弧で囲んで明示する方法の場合、パッケージの有効範囲は中括弧「{}」で囲んだ部分のみとなります。

SOURCE CODE　package宣言のスコープを中括弧で囲んで明示するコード

```
package toukaiDistrict {
  object ShizuokaPref {
    def capital( name: String ): Unit = {
      println( "静岡県の県庁所在地は " + name + " です" )
    }
  }
}
```

■ SECTION-022 ■ パッケージ宣言/利用

◆ 中括弧を使って階層的なpackage宣言をする方法

中括弧「{}」を使って親パッケージ内の子パッケージのように階層的なpackage宣言をするには、スコープを階層的に入れ子で記述します。具体的には、package宣言のスコープの中括弧内に子パッケージのpackage宣言のスコープを中括弧で囲んで記述します。

SOURCE CODE | 階層的なpackage宣言のスコープを中括弧で囲んで記述するコード

```
package countryOfJapan {
  package kyushuDistrict {
    object KagoshimaPref {
      def capital( name: String ): Unit = {
        println( "鹿児島県の県庁所在地は " + name + " です" )
      }

      def touristSpot( name: String ): Unit = {
        println( "鹿児島県の観光地は " + name + " です" )
      }
    }

    object MiyazakiPref {
      def capital( name: String ): Unit = {
        println( "宮崎県の県庁所在地は " + name + " です" )
      }

      def touristSpot( name: String ): Unit = {
        println( "宮崎県の観光地は " + name + " です" )
      }
    }
  }
}
```

◆ ドットを使って階層的なpackage宣言をする方法

ドット「.」を使って親パッケージ内の子パッケージを宣言することができます。この記述方法は、Javaのようにドット区切りで親階層から子階層に順番にパッケージ名を指定します。

SOURCE CODE | 階層的なpackage宣言のスコープを「.」区切りで記述するコード

```
package countryOfJapan.kinkiDistrict
object NaraPref {
  def touristSpot( name: String ): Unit = {
    println( "奈良県の観光地は " + name + " です" )
  }
}
```

● パッケージの利用
　Scalaで定義済みのパッケージを利用するには、`import`句を使います。ここでは`import`句のさまざまな使い方を説明します。

◆ すべてのメンバーを利用する方法
　「`import パッケージ名._`」のようにプレースホルダ「`_`」記号を記述することにより、パッケージ内のクラスやオブジェクトなどのすべてのメンバーを利用することを表します。これは、Javaにおける「`import パッケージ名.*`」と同じような記述方法です。

SOURCE CODE　パッケージ内のクラスやオブジェクトなどのすべてのメンバーを利用するコード例

```
import toukaiDistrict._
object Main extends App{
  ShizuokaPref.capital( "静岡市" )
}
```

◆ 階層構造のパッケージを利用する方法
　親のパッケージ内の子パッケージのように階層構造のパッケージを利用するには「親パッケージ名.子パッケージ名」のようにドット「.」記号で連結して記述します。

SOURCE CODE　階層構造のパッケージを利用するコード例

```
import countryOfJapan.kinkiDistrict._
object Main extends App{
  NaraPref.touristSpot( "不忍池" )
}
```

◆ パッケージ内の特定のメンバーだけを利用する方法
　パッケージ内の特定のメンバーだけを利用するにはパッケージ名の後にメンバー名をドット「.」記号で挟んで記述します。このとき、指定した特定のメンバー以外を利用しようとするとコンパイルエラーになります。これはJavaのパッケージ利用で特定メンバーのみを利用する方法と同じです。

SOURCE CODE　パッケージ内の特定のメンバーだけを利用するコード例

```
import countryOfJapan.kyushuDistrict.KagoshimaPref
object Main extends App{
  KagoshimaPref.capital( "鹿児島市" )
  // MiyazakiPref.capital( "宮崎市" )  // ←コンパイルエラー
}
```

◆ パッケージ内の特定のメンバーの名前を別名で利用する方法
　パッケージ内の特定のメンバーの名前を別名で利用するには中括弧「`{}`」で囲んでメンバー名と別名を「`=>`」記号でつないで記述します。複数の特定メンバーを指定するには、カンマ「`,`」記号で連結します。このとき、指定した特定のメンバー以外を利用しようとするとコンパイルエラーになります。

```
import countryOfJapan.kyushuDistrict.{ MiyazakiPref => Miyazaki }
object Main extends App{
  Miyazaki.capital( "宮崎市" )
  // KagoshimaPref.capital( "鹿児島市" )    // ←コンパイルエラー
}
```

◆パッケージ内の特定のメンバーのみを利用しない方法

　パッケージ内の特定メンバーの別名をプレースホルダ「_」記号にすると、そのメンバーはインポートされなくなります。特定メンバー以外をプレースホルダ「_」記号で指定すると、特定メンバー以外はすべてインポートされて利用することができるようになります。パッケージ内特定メンバーのみを利用したくない場合にはこの記述方法を使います。

SOURCE CODE ｜｜ パッケージ内の特定のメンバーのみを利用しないコード例

```
import countryOfJapan.kyushuDistrict.{ KagoshimaPref => _, _ }
object Main extends App{
  // KagoshimaPref.touristSpot( "鹿児島市" ) // ←コンパイルエラー
  MiyazakiPref.touristSpot( "高千穂峡" )
}
```

SECTION-023
パターンマッチング

● Scalaのパターンマッチング

Scalaでは条件判断・分岐に、if式ではなく、match式を用いた**パターンマッチング**を利用するとコードが簡潔で読みやすい実装が可能です。

ここでは、Scalaで利用される主なパターンマッチングについていくつか紹介します。詳細についてはCHAPTER 05を参照してください。

● Optionクラス型を用いたパターンマッチング

Scalaのコレクションでよく利用されるものの1つがOptionクラス型という型です。Optionクラス型はScala標準ライブラリの中の抽象クラスとして定義されています。Optionクラス型はパターンマッチングでよく利用されます。

◆ Optionクラス型の戻り値による処理の分岐

Optionクラス型を使うと戻ってきた値によって処理を簡単に分岐することができます。そこで、Optionクラス型はパターンマッチングと組み合わせて使うとを効果的であり、非常によく使われます。特にOptionクラス型はMapコレクションと並んで利用すると大変便利なコレクションです。

Optionクラス型からパターンマッチングしたコレクションの値を得るには、get()メソッドを使います。さらに、Optionクラス型はget()メソッドのキーと対になった値が見つかったときにSomeクラス型(107ページ参照)の値を返します。キーが見つからなければNoneオブジェクトを返します。ここで、SomeクラスとNoneオブジェクトはどちらも抽象クラスOptionを継承しています。

◆ マッチしないときの処理方法

Optionクラス型のパターンマッチ時に返る値がSomeクラス型の場合には実際の値が返るので、マッチした値の取得ができます。Noneオブジェクトの場合には例外が発生します。

ここで例外を発生させないためにはgetOrElse()メソッドを使用します。getOrElse()メソッドを使えば対応する値がなくてNoneオブジェクトを返すような場合であっても指定した値を返すことができます。または、match式を使って「case None」でエラーを捕捉し、「=>」記号の後ろにエラー時の処理を記述します。

● Optionクラス型を使ったコード例

ここでは具体例として下記のコード例を見てみましょう。

SOURCE CODE | Optionクラス型を使ったコード例

```
object Main extends App {
  val keepAsPet = Map( "1匹目" -> "犬",
                      "2匹目" -> "猫",
                      "3匹目" -> "ハムスター",
```

■ SECTION-023 ■ パターンマッチング

```
                    "4匹目" -> "熱帯魚" )

  def search( pet: Option[String] ) {
    pet match {
      case Some( name ) =>
        println( "飼っているペットは " + name + " です" )
      case None =>
        println( "そんなペットは飼っていません" )
    }
  }

  search( keepAsPet.get( "4匹目" ) )
  search( keepAsPet.get( "5匹目" ) )
}
```

どのようなコードになっているかは以下で説明します。

◆「Map」コレクションの定義

　上記のコード例ではMapコレクションに4つの要素を格納し、不変変数keepAsPetに代入しています。ここで、要素の指定は「キー -> 値」の形式で、たとえば「"1匹目" -> "犬"」のように行っています。

◆関数「search()」の定義

　次に、関数search()を定義しています。関数search()の引数は要素がStringクラス型であるOptionクラス型のpetとなっています。

◆パターンマッチングの記述

　引数petをmatch式に与えてパターンマッチングを行っています。パターンマッチングで一致した場合にはSomeクラス型の値が返ります。Someクラスの引数nameにマッチした値が入るのでこれを捕捉し、「=>」記号以下で利用しています。

　パターンマッチングで不一致の場合にはNoneオブジェクトが返るので、「=>」記号以下でエラーメッセージを出力しています。

◆パターンマッチングの利用

　関数search()を利用してパターンマッチングを行うために、引数にMapコレクションを格納した不変変数keepAsPetのget()メソッドを呼び出しています。get()メソッドの引数にはMapコレクションのキーである「"4匹目"」などの値を与えています。

　なお、不変変数keepAsPetのget()メソッドを呼び出しはドット記号「.」の代わりに半角空白「 」を使って、「keepAsPet get("4匹目")」のように記述することもできます。

■ SECTION-023 ■ パターンマッチング

●Someクラス型を用いたパターンマッチング

　Someクラス型はOptionクラス型を使用したとき、何らかの一致した値が存在するときに利用します。

◆Someクラス型とは

　ここで、Someクラス型はケースクラスです。ケースクラスはclassキーワードの前に「case」を付けて定義するクラスです。

　ケースクラスで自動生成されるコンパニオンオブジェクトのメソッドを用いるとパターンマッチングに利用することができます。詳細は本書のCHAPTER 05を参照してください。

◆ケースクラスで自動生成されるもの

　ケースクラスは次のようなメソッドがクラス定義時に自動生成されます。

- valフィールド

　基本コンストラクターの全引数に「val」を付けてフィールドが自動的に定義されます。

- ユーティリティメソッド

　フィールドの内容を比較するequals()メソッドや自クラスのクラス名とフィールドの内容を出力するtoString()メソッド、さらには自クラスをコピーしてインスタンスの複製を生成するcopy()メソッドなどがあります。

- コンパニオンオブジェクト

　注入子apply()メソッドや抽出子unapply()メソッドなどがあります。

　ここで、コンパニオンオブジェクトはパターンマッチングで用いることができます。apply()メソッドであらかじめ注入(設定)したデータをunapply()メソッドでパターンマッチングで抽出するイメージです。

●「unapply()」メソッドを用いたパターンマッチング

　Optionクラス型を用いたパターンマッチングでは、オブジェクトをcase式に指定していました。ここで自分で定義したクラスもcase式に指定できます。ただし、そのままではパターンマッチングの対象になりません。

　unapply()メソッドを定義することで、自分で定義したクラスのオブジェクトを直接、case式に指定することができます。ここで、unapply()メソッドは**抽出子**とも呼ばれ、インスタンスの構成要素を抽出するためのメソッドです。unapply()メソッドを定義することで、さらにパターンマッチが便利になります。

■ SECTION-023 ■ パターンマッチング

▶「unapply()」メソッドを用いたパターンマッチングを使ったコード例

下記のコード例で具体的に見ていきましょう。

SOURCE CODE　「unapply()」メソッドを用いたパターンマッチングを使ったコード例

```scala
class Student( val name: String, val schoolyear: Int,
               val schoolclass: String, val age: Int )

object Student {
  def apply( name: String, schoolyear: Int,
             schoolclass: String, age: Int ): Student
    = new Student( name, schoolyear, schoolclass, age )

  def unapply( student: Student )
    = Some( student.name, student.schoolyear,
            student.schoolclass, student.age )
}

object Main extends App {
  val student = Student( "一条新之助", 2, "C組", 20 )

  val consistency = student match {
    case Student( name, schoolyear, schoolclass, age )
      => println(
           "生徒名 = %s, 学年 = %s年生, 学級 = %s, 年齢 = %s才"
           format( name, schoolyear, schoolclass, age ) )
    case _ => println( "一致しませんでした " )
  }
}
```

どのようなコードになっているかは以下で説明します。

◆クラス「Student」の定義

まず、クラス**Student**を定義しています。クラス**Student**はコンストラクタの引数の宣言のみを行っています。具体的な処理は**Student**オブジェクトで行っています。

◆オブジェクト「Student」の定義

次に、オブジェクト**Student**を定義しています。**Student**オブジェクト内では**Student**クラスの具体的な処理を定義しています。具体的には、注入子**apply()**メソッドや抽出子**unapply()**メソッドを定義しています。

ここで、**unapply()**メソッドはパターンマッチングでマッチしたときに**Some**クラス型の引数としてマッチした値を参照することを定義しています。このことを**Someクラス型でラップする**といいます。これで、クラス**Student**はパターンマッチングに利用できるようになりました。

◆ パターンマッチング

このStudentクラスをインスタンス化し、不変変数studentに代入しています。この不変変数studentをmatch式でパターンマッチングしています。

パターンマッチング時にcaseキーワードでStudentクラスのオブジェクトと一致したときに定義していたunapply()メソッドが呼ばれます。unapply()メソッドはSomeクラス型でラップされたタプル（複数のデータのかたまり）を返しています。

具体的にはタプル「("一条新之助", 2, "C組", 20)」が返されています。これらの各値はそれぞれ、name、schoolyear、schoolclass、ageの各変数に割り当てられ（バインドされ）、「=>」記号の右で出力時に利用されています。

● パターンマッチングを用いた一括代入

ケースクラスによるパターンマッチングを代入に用いるとコードをシンプルに実装することができます。ケースクラスを用いるとケースクラスの提供する機能を利用できるため簡単にパターンマッチングを行うことができます。

◆ 実現方法と利点

具体的には、Scalaのパターンマッチングでよく用いられるインスタンス化が不要なケースクラスを利用します。

あるケースクラスから生成されたインスタンスは、同じケースクラスのコンストラクタの引数が変数であるようなインスタンス化において、ケースクラスのインスタンスで**一括して代入**することができます。

具体的には、下記のような代入を行います。

● パターンマッチングを用いた代入の方法

```
val コンストラクタ( 引数変数, ・・・ ) = ケースクラスのインスタンス
```

このような代入ができるおかげでケースクラスの個々のフィールドに個別に値を設定することなく、インスタンス生成時にコンストラクタの引数変数に一括して値を代入することができます。

◆ 一括代入が可能な理由

一括代入は、コンストラクタがインスタンスが生成されたケースクラスと同じかどうかをパターンマッチングしていて、同一であるなら、そのまま代入できるという性質を利用したものです。

なお、ケースクラスについてはCHAPTER 04のケースクラスの説明を参照してください。

■ SECTION-023 ■ パターンマッチング

●パターンマッチングを用いた代入のコード例

下記のコード例で具体的な例を見てみましょう。

SOURCE CODE | パターンマッチングを用いた代入のコード例

```
case class PersonalInfo(
            fullName: String, birthplace: String, age: Int )

object Main extends App {
  val person = PersonalInfo( "鳩山 英輝", "新潟県", 25 )

  val PersonalInfo( fullName, birthplace, age ) = person

  println( "ようこそ！" + age + "才の " + fullName + "さん" )
  println( birthplace + " のご出身ですね！" )
}
```

どのようなコードになっているかは以下で説明します。

◆ケースクラス「PersonalInfo」の宣言とインスタンス化

まずパターンマッチングに使うケースクラス`PersonalInfo`を宣言しています。そして、この`PersonalInfo`をインスタンス化し、インスタンス`person`を生成しています。

なお、インスタンス生成は、正確には「`val person: PersonalInfo = PersonalInfo( 引数, ・・・ )`」と記述します。しかし、冗長なので、コード例のように「`val person = PersonalInfo( 引数, ・・・ )`」と記述しています。

◆ケースクラスのインスタンス「person」の一括代入

このケースクラス`PersonalInfo`のインスタンス`person`ですが、直接、これを`PersonalInfo`のインスタンス化時において、変数として代入することができます。

具体的には、次のようにケースクラスのフィールドを1つずつ記述しなくても大丈夫です。

●ケースクラスのフィールドの個別設定

```
person.fullName = "鳩山 英輝"
person.birthplace = "新潟県"
person.age = 25
```

次のように、1行で記述することができます。

●ケースクラスのフィールドの一括代入

```
val PersonalInfo( fullName, birthplace, age ) = person
```

◆ケースクラス利用による利点

このようにケースクラスによるパターンマッチングを利用すると、いちいち冗長に引数ごとに代入を行わなくてもよいため、コードがシンプルになり見通しが良くなります。

SECTION-024

カーリング（Currying）

● カーリングとは

カーリングは**カリー化**とも呼ばれ、38ページで概要について触れましたが、**部分適用**と密接な関係があります。ここでは部分適用とカーリング（カリー化）について少し掘り下げて説明します。

● 関数の適用とは

Scalaは関数型プログラミング言語であり、関数を中心にプログラムを実装します。関数型プログラミング言語における関数とは「適用されるモノ」という側面を持ちます。Scalaにおける関数もこの考え方にのっとっています。

Scalaにおける関数とはJavaのメソッドのように「呼び出されるモノ」だけではありません。また、関数の引数もScalaでは「与えるモノ」ではなく、「適用されるモノ」という考え方になります。部分適用とはこの「適用されるモノ」としての引数を実現したものです。

さらに、この関数の部分適用を実現するための仕組みがScalaにおけるカーリング（カリー化）です。これは、Javaなどの他のプログラミング言語にはないScala独自の特徴的な仕組みです。

● 部分適用

関数の複数ある引数のうち、一部の引数だけを適用した状態で変数に代入することを**部分適用**といいます。

そうして、この変数が一部の引数だけ引数の値が適用された新たな関数として利用できます。この新たな関数は、適用されていない残りの引数だけに値を適用すればよくなります。

なお、Javaにはこのような部分適用の考え方はありません。Javaで部分適用を実現しようとするとトリッキーな実装を強いられます。

◆ 部分適用のコード例

下記のコード例では関数schoolNameFixingGreet()は引数としてschoolNameとhumanNameを持っています。通常は例の「greet("千葉市立千葉小学校", "鈴木 玲於奈")」のようにこれらの引数を両方とも適用して関数を呼び出します。

ここで、例の関数schoolNameFixingGreet()のように引数schoolNameを固定にした関数を新たに定義することができます。固定にする引数schoolNameのみに「schoolName = "歴史小学校"」のように固定値を代入して部分適用します。

この部分適用された関数schoolNameFixingGreet()は引数schoolNameが固定です。そのため、もう1つの引数humanNameのみを適用して呼び出すことができます。

このように部分適用とは引数の一部をあらかじめ代入して適用した状態で不変変数schoolNameFixingGreetに**適用**することで新しい引数が部分適用された新しい関数schoolNameFixingGreet()を定義することができるのです。

■ SECTION-024 ■ カーリング(Currying)

| SOURCE CODE | 部分適用のコード例 |

```scala
object Main extends App {
  def greet( schoolName: String, humanName: String ): Unit =
    println(
      schoolName + " の " + humanName + " ちゃん！こんにちわ！" )

  greet( "千葉市立千葉小学校", "鈴木 玲於奈" )

  val schoolNameFixingGreet =
      greet( schoolName = "歴史小学校" , _:String )

  schoolNameFixingGreet( "明智 光秀" )
  schoolNameFixingGreet( "紫 式部" )
}
```

▶ カリー化

カリー化(Currying)とは部分適用をもう一歩進めたものということができます。複数の引数を持つ関数を「部分的に引数を適用できる関数に変換する」ことを**カリー化**または**カーリング**といいます。関数がカリー化されることによって関数の引数の一部が部分適用された関数に生まれ変わります。カリー化による引数の部分適用は引数の単なる部分適用とは異なる実装方法で実現します。

カリー化するためには引数を部分適用する引数とそうでない一般的な引数に分けて宣言します。具体的には引数を部分適用する引数宣言の括弧「()」をまず宣言し、そうでない一般的な引数言の括弧「()」をその後に並べて記述します。

◆ カリー化による引数の部分適用

複数の引数のうち、部分適用する1つ以上の引数の引数宣言「**(引数名： 型， …)**」の後ろにそうでない一般の1つ以上の引数を「**(引数名： 型，・・・)**」のように宣言することでカリー化を記述することができます。

なお、部分適用する引数の数は必ず1つであることが必要です。いわゆる部分適用する引数とそれ以外の引数という感じになります。

ここで、部分固定する以外の引数を部分固定して与える引数の後ろに連続してプレースホルダ「_」として付記します。

◆ 2引数1固定のカリー化のコード例

下記のコード例では、部分適用する引数schoolNameを「(schoolName: String)」で宣言し、その後に部分適用しない一般的な引数humanNameを「(humanName: String)」で宣言しています。

そして、引数schoolNameを部分適用した不変変数schoolNameFixingGreetに「greet("歴史小学校"   )_」のように後ろにプレースホルダ「_」を付けて代入します。このプレースホルダは引数schoolNameのみに引数の値「**"歴史小学校"**」を部分適用し、引数humanNameは部分適用せずに後から与えることを意味します。このようにすることで関数

schoolNameFixingGreet()は引数schoolNameが固定され、引数humanNameのみを指定するだけでいい関数になります。

ここで、この例のように部分固定を宣言された場合には「greet("歴史小学校", "小野 小町")_」のように複数の引数を部分指定することはできませんので注意が必要です。

SOURCE CODE ｜ 2引数1固定のカリー化のコード例

```
object Main extends App {
  def greet( schoolName: String )
           ( humanName: String ): String =
    schoolName + " の " + humanName + " ちゃん！" + "はじめまして！"

  val schoolNameFixingGreet = greet( "歴史小学校" )_

  println( schoolNameFixingGreet( "小野 小町" ) )
}
```

◆ 3引数1固定のカリー化のコード例

下記のコード例でも上記のコード例と同じように部分適用する引数schoolNameとそうでない引数humanNameとgreetingを引数schoolNameの後ろに「(humanName: String, greeting: String)」のように宣言しています。

SOURCE CODE ｜ 3引数1固定のカリー化のコード例

```
object Main extends App {
  def greet( schoolName: String)
           ( humanName: String, greeting: String ): String =
    schoolName + " の " + humanName + " ちゃん！" + greeting

  val schoolNameFixingGreet = greet( "歴史小学校" )_

  println( schoolNameFixingGreet( "清少 納言","さようなら！" ) )
}
```

◆ 3引数2固定のカリー化のコード例

下記のコード例では部分適用する引数schoolNameとhumanNameを「(schoolName: String, humanName: String)」のように2つ宣言しています。そうして、不変変数schoolNameFixingGreetに代入してカリー化した関数を生成する際に「greet("歴史小学校", "濃姫")_」のように2つの引数を適用して固定しています。

SOURCE CODE ｜ 3引数2固定のカリー化のコード例

```
object Main extends App {
  def greet( schoolName: String, humanName: String )
           ( greeting: String ): String =
    schoolName + " の " + humanName + " ちゃん！" + greeting

  val schoolNameFixingGreet = greet( "歴史小学校","濃姫" )_
```

■ SECTION-024 ■ カーリング(Currying)

```
    println( schoolNameFixingGreet( "お出かけしましょう！" ) )
  }
```

◆ 順次連続して部分適用するカリー化

　カリー化による引数の部分適用では引数を前から順番に部分適用していって、最終的にすべての引数を与えることができます。具体的には引数を宣言する括弧の中に「(引数名: 型)」のように1つだけ引数を宣言します。この1つだけの引数宣言のカッコを順番に並べて引数宣言します。

　そして、引数宣言の一番最初の引数を「関数名(部分適用する引数の値)_」のように引数の部分適用を行います。これを変数に代入することにより関数を宣言します。

　この宣言した関数に次の引数を同じように部分適用します。これを繰り返すことによって前から順次連続して部分適用を行うカリー化が実現できます。

◆ 順次連続して部分適用するカリー化のコード例

　下記のコード例では関数greet()の3つの引数をそれぞれ別々に「(schoolName: String)(humanName: String)(greeting: String)」のように宣言しています。そして、一番最初の引数schoolNameを部分適用するために「greet("歴史小学校")_」として、不変変数schoolNameFixingGreetに代入することで、部分適用した関数schoolNameFixingGreet()を生成しています。

　ここで、プレースホルダ「_」により引数schoolName以外の後の引数は部分適用されず、任意であることを宣言しています。次に、引数schoolNameが部分適用された関数schoolNameFixingGreet()に引数humanNameを部分適用して関数schoolAndHumanNameFixingGreet()を生成しています。

　println()関数内では、最後の引数greetingのみ部分適用されていないので、関数の呼び出し時にこれを指定しています。これで関数greet()の3つの引数が前から順番に連続して適用されました。

SOURCE CODE | 順次連続して部分適用するカリー化のコード例

```
object Main extends App {
  def greet( schoolName: String)
           ( humanName: String)
           ( greeting: String ): String =
  schoolName + " の " + humanName + " ちゃん！ " + greeting

  val schoolNameFixingGreet = greet( "歴史小学校" )_
  val schoolAndHumanNameFixingGreet = schoolNameFixingGreet( "鶴姫" )

  println(
    schoolAndHumanNameFixingGreet( "お友達になりましょう！" ) )
}
```

CHAPTER 03
Javaとの連携

SECTION-025
JavaプログラムとScalaの相互連携

▶既存のJavaシステムへのScalaの取り込み
　ScalaはコンパイルされるとJavaのバイトコードになります。JavaのバイトコードはJVM（Java仮想マシン=Java Virtual Machine）上で動作します。すなわち、**ScalaはJVMで動作するJavaプログラムと同じ環境で動作可能**です。同じJVMで動作するので、Scalaプログラムは既存のJavaプログラムに簡単に組み込むことが可能です。

　現在、エンタープライズ向けシステムではデファクトスタンダードなプログラミング言語としてJavaが利用されています。このような既存のJavaシステムにScalaをシームレスに取り込むことが可能です。たとえば、既存のJavaプログラムで構築されたレガシーシステムにScalaで新規開発した機能をクラスとして組み込むことが可能です。

▶Scalaプログラムに既存のJavaプログラムを組み込む
　上記とは逆に、Scalaプログラムに既存のJavaプログラムを組み込むことが可能です。
　Scalaにない機能はJavaの豊富な標準ライブラリをインポートして利用するというのはScalaとJavaの相互運用として非常に有効です。エンタープライズシステム開発の現場ではごく普通に行われています。

▶ScalaはJava実行環境JVMで動作
　Scalaのコンパイルは Scala標準の対話型実行環境「REPL」、または、より高機能なビルドツール「sbt」（Simple Build Tool）により行うことができます。
　Scalaはコンパイルされることにより、Javaバイトコードに変換されます。生成されたJavaバイトコードは上記で述べたようにJava実行環境であるJVM上で実行可能です。

▶相互連携にビルドツールを活用
　ビルドツール「sbt」は必要なパッケージやライブラリを併合してJVM上で実行可能なバイトコードを生成するツールです。また、「sbt」はScalaとJavaの両方で利用することができます。
　Scalaの標準実行環境であるREPLで使えるコンパイルコマンド**scalac**はコンパイル速度があまり速くありません。その点、「sbt」のコンパイルコマンド**compile**は速度も問題のないレベルです。
　また、多数のオブジェクトライブラリを連携して大規模なシステムを効率よくビルドするにはsbtが最適です。特にScalaとJavaのそれぞれを連携させるような用途には「sbt」の利用を検討するとよいでしょう。
　なお、「sbt」のインストール方法については47ページで簡単に紹介しているので参照してください。

SECTION-026
ScalaにJavaのクラスライブラリをインポートする（Java資産の活用）

▶ JavaクラスをインポートするメリT

ScalaからJavaをインポートすると、Scalaでは未提供の豊富なJavaのクラスライブラリを利用することが可能になります。たとえば、Javaの「Swing」ライブラリなどの豊富なGUIライブラリが利用可能になります。

また、Javaには熟練しているけれどもScala未経験のメンバーとチームを組んでシステム開発を行うことが可能になります。Scalaでの実装をメインにしつつも、**Javaで実装したクラスをScalaからインポートして利用する**ことができます。

▶ Javaクラスのインポート方法

ScalaにJavaのクラスライブラリをインポートするには`import`キーワードを使います。

インポートにはさまざまな形式があり、Javaのimport宣言よりも柔軟なインポート指定が可能です。以下にScalaからJavaクラスのインポート方法を紹介します。

◆ パッケージ全体をインポート

Javaのパッケージ名を親パッケージから順番にドット「.」で区切って記述することでScalaにインポートすることができます。

該当するパッケージ下のすべてのクラスを利用することを明示するためには「_」（アンダーライン）記号をドットの後ろに記述します。

●パッケージ全体のインポート
```
import javax.swing._
```

◆ 特定のクラスをインポート

Javaの特定のクラスをインポートするには、「`import`」に続いてパッケージ名の後ろに「.」で区切ってクラス名を記述します。

また、複数のクラスをインポートするには、特定のクラスのインポートを複数行、記述します。

さらに、複数のクラスをインポートするには中括弧「{}」の中に複数のクラスをカンマ「,」で区切って記述する方法もあります。この複数のクラスをカンマ「,」で区切って記述する方法を使うとクラス名に別名を付けることができます。別名を付けるには、別名インポート記号「=>」を用います。

●特定のクラスのインポート
```
import javax.swing.JFrame
import javax.swing.ButtonGroup
import javax.swing.{JFrame, ButtonGroup}
import javax.swing.{JFrame => Frame, ButtonGroup, JPanel => Panel}
```

◆ import宣言を行わずに直接、指定する方法

import宣言を行わずに直接、Javaオブジェクトをドット区切りのフルパス指定で利用することができます。

下記のコード例ではJavaの**System.out.println()**メソッドを**import**宣言せずに直接、指定して利用しています。なお、**java.lang**オブジェクトは暗黙的にインポートされています。そのため、これを省略して「**java.lang.System.out.println**」は「**System.out.println**」と記述することができます。

また、同じ階層パスにコンパイル後のJavaクラスファイルを置いている場合にも**import**宣言やパッケージのパス指定なしに直接、JavaクラスをScalaで利用することが可能です。同じコード例の**JavaClass**クラスは利用するScalaのオブジェクトと同じ階層パスにJavaクラスファイルが置いてあるので直接、利用しています。

SOURCE CODE ｜ import文を使わずに直接、指定するコード例

```
object Main extends App {
  java.lang.System.out.println("Javaのprintln文を利用1")
  System.out.println("Javaのprintln文を利用2")
  JavaClass.JavaMethod()
}
```

● インポートしたJavaクラスの利用方法

インポートしたJavaクラスは**new**演算子によりインスタンス化することによってScalaから利用することが可能です。これはJava同士でクラスをインポートして利用する場合と同じです。

◆ インポートしたJavaクラスを利用するコード例

下記のコード例では**java.util**ライブラリの**HashMap**クラスをインポートしています。これはJavaからJavaのクラスライブラリをインポートするのと同じです。

Javaの**HashMap**クラスのようなコレクションクラスをScalaで利用しやすいように**scala.collection.JavaConversions**ライブラリ下のすべてのクラスを同時にインポートしています。

なお、**scala.collection.JavaConversions**クラスライブラリはJavaのコレクションクラスをScalaで利用できるようにするためにインポートしています。**HashMap**などのJavaコレクションクラスをScalaで利用する際にはよく利用されます。JavaのコレクションをScalaで利用するためには必須ともいえるライブラリなので必ずインポートしておきましょう。

SOURCE CODE ｜ インポートしたJavaクラスを利用するコード例

```
object Main extends App {
  import java.util.HashMap
  import scala.collection.JavaConversions._

  val hsetColor = new HashMap[Int, String]
  hsetColor.put( 1, "Orange" )
  hsetColor.put( 2, "Green" )
  hsetColor.put( 3, "Red" )
```

■ SECTION-026 ■ ScalaにJavaのクラスライブラリをインポートする（Java資産の活用）

```
hsetColor.foreach {
    case (no, color) => println( no + ":" + color )
  }
}
```

◆Staticクラスのインポート

JavaのStaticクラスをScalaからインポートするとnew演算子を使ってインスタンス化することなく直接、利用することができます。これはJavaのstaticメソッドを同じJavaで利用する場合と同じです。

下記のコード例では数学クラスライブラリ**java.lang.Math**に属するすべてのクラスをインポートしています。

ライブラリに属する**sin()**メソッドや**cos()**メソッドといったJavaのStaticクラスをそのまま利用しています。

なお、**import**宣言がない場合はコンパイルエラーになるので注意が必要です。

SOURCE CODE ┃ Staticクラスをインポートしたコード例

```
object Main extends App {
  import java.lang.Math._
  val x = sin( 1.0 ); println( "x = " + x )
  val y = cos( 1.0 ); println( "y = " + y )
}.
```

SECTION-027
Scalaプログラムで Javaオブジェクト・メソッドを利用する

▶ Javaメソッドの利用方法

ScalaからJavaオブジェクトをインポートしたら、Javaオブジェクトに含まれる各種メソッドを利用することができます。

◆ Scala独自の記法でJavaメソッドを利用する

ScalaでJavaメソッドを利用するにはJavaでJavaオブジェクトを利用する場合とまったく同じです。オブジェクト変数の後ろにメソッド名をドット「.」記号でつないで記述します。

メソッドに引数を渡す方法はJavaのメソッドであってもJavaの文法にとらわれる必要はありません。Scala独自の記法を用いることができます。

たとえば、引数が1つのときには括弧「()」の代わりに中括弧「{}」を使うことができます。

また、ドット「.」と括弧「()」を省略した**中置記法**を用いることもできます。中置記法は引数が1つのメソッドにのみに適用可能で「**オブジェクト名　メソッド名　引数**」のように半角スペースで区切って記述します。

◆ Javaメソッドを利用したコード例

下記のコード例では、`java.util`パッケージをインポートしています。インポートしたライブラリの`ArrayList`クラスをインスタンス化し、`list`オブジェクトに格納しています。この`list`オブジェクトの`add()`メソッドを利用するために「`list.add( 1 )`」と記述しています。

このメソッドの引数は1つなので、Scala独自の記法を利用しています。具体的には「`list.add{ 2 }`」のように中括弧「{}」を使ったり、「`list add 3`」のようにドット「.」と括弧「()」を省略しています。

さらに、Javaのコンソール出力である`System.out`フィールドの`println()`メソッドを使って`list`オブジェクトを表示させています。この`println()`メソッドも引数が1つなのでScala独自の記法である中括弧「{}」を使っています。

SOURCE CODE | Javaメソッドを利用したコード例

```
object Main extends App {
  import java.util._
  val list = new ArrayList[Int]
  list.add( 1 )
  list.add{ 2 }
  list add 3

  System.out.println{ list }
}
```

▶ Javaクラスの継承方法

　ScalaからJavaクラスを**継承**して利用することが可能です。Javaクラスを継承するにはScalaクラスを継承するのと同じようにextendsキーワードを使います。

　ここで、スーパークラス内で定義されているstaticなメソッドやプロパティなどのメンバーを利用するには必ずスーパークラスのクラス名を指定する必要があるので注意してください。

◆ Scalaで継承するためのJavaクラスのコード例

　下記のコード例では「Cat.java」ファイル内にファイル名と同じ名前のクラスCatを定義しています。

　クラスCat内にはコンストラクタCatとメソッドgetNickName()が定義されています。

SOURCE CODE　Scalaで継承するためのJavaクラスのコード例（Cat.java）

```java
public class Cat {
  private String nickName;

  public Cat( String nickName ) {
    this.nickName = nickName;
  }

  public String getNickName() {
    return this.nickName;
  }
}
```

◆ Javaクラスを継承したコード例

　下記のコード例ではファイル「Cat.scala」ファイル内にMainオブジェクトを定義しています。

　Mainオブジェクト内では、ScalaのクラスMyCatをJavaのクラスCatを継承して定義しています。

　また、Javaクラスのコンストラクタの引数nickNameを継承しています。さらに引数にcryを追加しています。

　このJavaのクラスCatを継承した新しいクラスクラスMyCatをインスタンス化して、メソッドgetNickName()を呼び出したり、クラスフィールドcryを参照したりしています。

SOURCE CODE　Javaクラスを継承したコード例（Cat.scala）

```scala
object Main extends App {
  class MyCat( nickName: String, val cry: String )
                            extends Cat( nickName )

  val mycat = new MyCat("まゆにゃん", "ごろにゃん")

  println( "私のペットの猫の名前は「" +
          mycat.getNickName() + "」です。")
  println( "いつも " + mycat.cry + " となきます。")
}
```

◆コンパイル&実行手順

Javaのクラスを継承してScalaで実行するためには次のような手順と実行順序で行います。

❶ Javaのソースコードをコンパイルします。

```
> javac Cat.java
```

❷ Scalaのソースコードをコンパイルします。

```
> scalac Cat.scala
```

❸ Scalaを実行します。

```
> scala Main
```

まず、継承元のJavaファイルをコンパイルします。続いて継承する側のScalaファイルをコンパイルし、最後にScalaを実行します。

このコンパイルと実行の順序を守らないとうまく継承できないので注意が必要です。

▶ Javaインタフェースの実装方法

ここではScalaからJavaインターフェースを継承し、Scalaの抽象メソッドを実装して実装クラスを作成する方法について説明します。

◆ScalaからJavaインターフェースを継承

ScalaからJavaで定義されたインタフェース(interface)を継承し、抽象メソッドを実装するためには、**extends**キーワード、または**with**キーワードを用います。

これは、ScalaでJavaのインターフェースに相当するトレイト(trait)をミックスイン(mixin)する場合に**extends**キーワード、または**with**キーワード用いるのとまったく同じです。

◆複数のインタフェースの継承

複数の継承するべきインタフェースがある場合には、**extends**キーワードと**with**キーワードの両方を併記します。具体的には、下記の構文のように記述します。

ここで、**with**キーワードはいくつでも記述可能ですので、Javaのインタフェースをいくつでも継承することができます。

●複数のJavaインタフェースを継承する構文

```
class クラス名 extends インタフェース名1 with インタフェース名2 ・・・
```

◆Javaインタフェースの実装時の注意点

ここで、ScalaではJavaと同じく多重継承が許されておらず、その代わりにトレイトをミックスインする点に注意しましょう。

Javaでは多重継承の代わりに複数のインタフェースを実装します。これと同じように、Scalaでは多重継承の代わりに複数のトレイトをミックスインします。ScalaからJavaのインタフェースを実装する場合にはScalaのトレイトをミックスインするのと同様の記述を行います。

◆Javaインタフェース「Calling 」のコード例

下記のコード例では「Calling.java」ファイル内に同名のJavaのインターフェースCallingを定義しています。

インターフェースCallingには、Stringクラス型の引数sombodyを持つ抽象メソッドsaySomebody()が定義されています。

SOURCE CODE | Javaインタフェース「Calling 」のコード例(Calling.java)

```
interface Calling {
    void saySomebody( String sombody );
}
```

◆Javaインタフェース「Greeting 」のコード例

下記のコード例では「Greeting.java」ファイル内に同名のJavaのインターフェースGreetingを定義しています。

インターフェースGreetingには、引数を持たない抽象メソッドsayGoodMorning()が定義されています。

SOURCE CODE | Javaインタフェース「Greeting」のコード例(Greeting.java)

```
interface Greeting {
    void sayGoodMorning();
}
```

◆Javaインタフェースを実装したコード例

下記のコード例では「ImplGreeting.scala」ファイル内にImplGreetingクラスとMainオブジェクトを定義しています。

ImplGreetingクラスではextendsキーワードとwithキーワードを使って、JavaのインターフェースCallingとGreetingを両方とも継承しています。

そして、インターフェースCallingの抽象メソッドsaySomebody()を実装しています。同じように、インターフェースGreetingの抽象メソッドsayGoodMorning()を実装しています。

Mainオブジェクト内では、ImplGreetingクラスをインスタンス化し、インスタンス変数myGreetingに代入しています。そうして、インスタンス変数myGreetingを介して実装メソッドsaySomebody()およびsayGoodMorning()を呼び出して実行しています。

実行結果は「**柏木 洋子さん！おはようございます！**」のように出力されます。

SOURCE CODE | Javaインタフェースを実装したコード例(ImplGreeting.scala)

```
class ImplGreeting extends Calling with Greeting {
  def saySomebody( sombody: String ) = {
    print( sombody + "さん！" )
  }

  def sayGoodMorning() = {
    println( "おはようございます！" )
  }
```

```
}

object Main extends App {
  val myGreeting = new ImplGreeting()

  myGreeting.saySomebody( "柏木 洋子" )
  myGreeting.sayGoodMorning()
}
```

◆コンパイル&実行手順

Javaのインターフェースを継承してScalaで実行するためには次のような手順と実行順序で行います。

❶ Javaのソースコードをコンパイルします。

```
> javac Calling.java
> javac Greeting.java
```

❷ Scalaのソースコードをコンパイルします。

```
> scalac ImplGreeting.scala
```

❸ Scalaを実行します。

```
> scala Main
```

まず、継承元のJavaファイルをコンパイルします。続いて継承する側のScalaファイルをコンパイルし、最後にScalaを実行します。

このコンパイルと実行の順序を守らないとうまく継承できないので注意が必要です。

SECTION-028
Scalaでコンパイルして生成したクラスをJavaプログラムから利用する

▶ ScalaクラスをJavaから利用

ここではScalaで作成したクラスをJavaから利用する方法について説明します。

◆ インスタンス化の方法

JavaからScalaのコンパイル済みのクラスを呼び出して利用するためにはnew演算子でインスタンス化します。これはJavaからJavaクラスを利用する場合とまったく同じです。

◆ Javaで利用するScalaクラスのコード例

下記のコード例では「CalcScala.scala」ファイル内にCalcScalaクラスを定義しています。

ScalaクラスCalcScala内では、1から任意の数字までの総和を求めるメソッドsumFrom1toNum()を定義しています。このメソッド内に再帰ループメソッドrecursionLoop()を定義し、再帰的に呼び出して総和を計算しています。

SOURCE CODE | Javaで利用するScalaクラスのコード例(CalcScala.scala)

```
class CalcScala {
  def  sumFrom1toNum( num : Int ) : Int = {
    def recursionLoop( intVal : Int ) : Int = {
      if( intVal < num )
        intVal + recursionLoop( intVal + 1 )
      else
        intVal
    }
    recursionLoop( 0 )
  }
}
```

◆ ScalaクラスをJavaから利用するコード例

下記のコード例では「CalcJava.java」ファイル内にファイル名と同名のJavaクラスCalcJavaを定義しています。

JavaクラスCalcJavaでは、ScalaクラスCalcScalaをnew演算子でインスタンス化し、インスタンス変数calcに格納しています。

そしてこのインスタンス変数calcのメソッドsumFrom1toNum()を呼び出しています。このメソッドsumFrom1toNum()はScalaクラスで定義したメソッドです。

SOURCE CODE | ScalaクラスをJavaから利用するコード例(CalcJava.java)

```
public class CalcJava  {
  public static void main(String[] args) {
    CalcScala calc = new CalcScala();

    System.out.println(
```

■ SECTION-028 ■ Scalaでコンパイルして生成したクラスをJavaプログラムから利用する

```
		"1 から 10 までの総和 = " + calc.sumFrom1toNum( 10 ) );
	}
}
```

◆ コンパイル&実行手順

Scalaでコンパイルして生成したクラスをJavaから利用するにはコンパイルの順序に注意が必要です。次の手順で実行します。

❶ Scalaのソースコードをコンパイルします。

```
> scalac CalcScala.scala
```

❷ Javaのソースコードをコンパイルします。

```
> javac CalcJava.java
```

❸ Javaを実行します。

```
> java CalcJava
```

まず、利用される側のScalaからコンパイルを行い、Scalaのクラスファイルを作成します。次に利用する側のJavaをコンパイルします。このとき、Scalaクラスが読み込まれて実行形式のJavaバイトコードに変換されます。**このコンパイルと実行の順序を誤ると整合性が取れなくなり、コンパイルエラーや実行時エラーが発生する可能性**があります。

なお、Javaクラスファイル「CalcJava.java」をコンパイルするときに、次のような警告メッセージが出ます。

```
警告: タイプ'ScalaSignature'内に注釈メソッド'bytes()'が見つかりません: scala.reflect.
ScalaSignatureのクラス・ファイルが見つかりません
```

これはScalaオブジェクト独自の識別属性**ScalaSignature**の注釈メソッドがJava側では認識できないという警告メッセージです。

しかし、この識別属性**ScalaSignature**はJavaでScalaのオブジェクトを実行する際には不必要な情報です。そのため、この警告メッセージは無視しても特に問題はありません。

● ScalaオブジェクトをJavaから利用

ScalaのオブジェクトをJavaから呼び出して利用することができます。ScalaクラスをJavaから呼び出して利用するときには**new**演算子を使ってインスタンス化していましたが、ScalaオブジェクトをJavaから呼び出して利用する場合にはインスタンス化は不要です。

なぜなら、ScalaオブジェクトはコンパイルするとJavaオブジェクトと同じ形式のバイトコードになります。Javaから利用するときも、オブジェクトなので**new**演算子でインスタンス化する必要はありません。

◆Javaから利用するScalaオブジェクトのコード例

下記のコード例では、ScalaオブジェクトColorConvertを定義しています。

Scalaオブジェクト「ColorConvert」内には色名の英語表記を引数に持つconvertメソッドが定義されています。これはコンパイルするとそのままJavaのオブジェクトとして利用できます。

SOURCE CODE | Javaから利用するScalaオブジェクトのコード例（ColorConvert.scala）

```scala
object ColorConvert {
  def convert( colorName: String ) = {
    colorName match {
      case "red"    => "赤色"
      case "yellow" => "黄色"
      case "green"  => "緑色"
      case _        => "変換不能"
    }
  }
}
```

◆ScalaオブジェクトをJavaから利用するコード例

下記のコード例では、ScalaオブジェクトColorConvertを利用するJavaクラスColorを定義しています。

JavaクラスColorではScalaオブジェクトColorConvertを直接、呼び出して、Scalaクラスで定義したメソッドconvert()を利用しています。

SOURCE CODE | ScalaオブジェクトをJavaから利用するコード例（Color.java）

```java
public class Color{
  public static void main(String args[]){
    System.out.println( "red : " +
                       ColorConvert.convert( "red" ) );
    System.out.println( "yellow : " +
                       ColorConvert.convert( "yellow" ) );
    System.out.println( "green : " +
                       ColorConvert.convert( "green" ) );
    System.out.println( "purple : " +
                       ColorConvert.convert( "purple" ) );
  }
}
```

■ SECTION-028 ■ Scalaでコンパイルして生成したクラスをJavaプログラムから利用する

▶ ScalaのケースクラスをJavaから利用

Scala独自の**ケースクラス**もJavaから呼び出して利用することができます。ここでは、Scalaのケースクラスをjavaから利用する方法について説明します。

◆ ケースクラスの特徴

ScalaのケースクラスをScalaから利用する場合は、インスタンス生成は**new**演算子は不要です。明示的にインスタンス化するための**apply()**メソッドが自動生成されるので、これを利用して行います。

Scalaのケースクラスでは、コンストラクタの引数に**val**キーワードを付けなくてもすべての引数が**val**キーワードの付いた状態、すなわちイミュータブル(同一性担保、変更不可)になります。

さらに、コンストラクタの引数が自動的にクラスのプロパティとなります。Javaのようにコンストラクタの引数をプロパティに設定するプライベートメソッドは実装不要です。ケースクラスが自動的に設定してくれます。

その他、ケースクラスをパターンマッチに使えたり、前述の**apply()**メソッドのような各種ユーティリティメソッドが自動生成されます。

◆ ケースクラスのJavaでのインスタンス化

ScalaのケースクラスをJavaでインスタンス化するためには、Javaのインスタンス化で使う**new**演算子を使います。

また、Scalaのケースクラスが自動生成したインスタンス化のための**apply()**メソッドを使ってインスタンスを生成することもできます。

また、Javaから利用する場合でもケースクラスのコンストラクタで与えられた引数はイミュータブルとなります。Scalaと同じく一度、設定したら変更はできなくなり、不変性が保証されます。

◆ ケースクラスのユーティリティメソッドのJavaでの利用

ケースクラスが自動的に生成したユーティリティメソッドはJavaでもScalaと同じように利用することができます。

さらに、ケースクラスのオブジェクトをコピーする**copy()**メソッドが使えます。

また、ケースクラスのオブジェクト同士の比較に「==」演算子や「!=」演算子だけでなく、**equals()**メソッドなどが使えます。

なお、ケースクラスについては、CHAPTER 02、CHAPTER 04でも解説しています。合わせて参照してください。

◆ Javaから利用するScalaのケースクラスのコード例

下記のコード例では、「PlayingCards.scala」ファイル内にケースクラス**PlayingCards**を定義しています。

ケースクラス**PlayingCards**のコンストラクタ引数**number**と**symbol**は共に**val**キーワードは指定していませんが、イミュータブルとなります。

また、この引数**number**と**symbol**が自動的にクラスのプロパティになります。

SOURCE CODE | Javaから利用するScalaのケースクラスのコード例(PlayingCards.scala)

```scala
case class PlayingCards( number: Int, symbol: String ){
  def getCard(): String = {
    number match {
      case  1 => "Ace"   + " : " + symbol
      case  2 => "Deuce" + " : " + symbol
      case  3 => "Trey"  + " : " + symbol
      case  4 => "Cater" + " : " + symbol
      case  5 => "Cinque"+ " : " + symbol
      case  6 => "Sice"  + " : " + symbol
      case  7 => "Seven" + " : " + symbol
      case  8 => "Eight" + " : " + symbol
      case  9 => "Nine"  + " : " + symbol
      case 10 => "Ten"   + " : " + symbol
      case 11 => "Jack"  + " : " + symbol
      case 12 => "Queen" + " : " + symbol
      case 13 => "King"  + " : " + symbol
      case _  => number.toString() + " : " + symbol
    }
  }
}
```

◆ ScalaのケースクラスをJavaから利用するコード例

下記のコード例では「ShowCards.java」ファイルに同名のクラス**ShowCards**を定義しています。

Scalaのケースクラス**PlayingCards**を**new**演算子でJavaと同じようにインスタンス化しています。

また、ケースクラスが自動生成した**apply()**メソッドを使ってインスタンス化しています。同じように、ケースクラスが自動生成した**copy()**メソッドを使ってケースクラスオブジェクト**pc1**から**pc2**へのコピーを行っています。

さらに、ケースクラスオブジェクト**pc1**と**pc2**同士の比較に「**==**」演算子や「**!=**」演算子を使っています。同じようにケースクラスオブジェクト**pc1**と**pc3**の比較にはケースクラスが自動生成した**equals()**メソッドを使っています。

SOURCE CODE | ScalaのケースクラスをJavaから利用するコード例(ShowCards.java)

```java
public class ShowCards {
  public static void main( String[] args ) {
    System.out.println(
      ( new PlayingCards( 12, "SPADE" ) ).getCard() );

    PlayingCards pc1 = PlayingCards.apply( 7, "CLUB" );
    System.out.println( pc1.getCard() );

    PlayingCards pc2 = pc1.copy( 8, "DIAMOND" );
```

■ SECTION-028 ■ Scalaでコンパイルして生成したクラスをJavaプログラムから利用する

```
    if ( pc1 == pc2 )
      System.out.println(
        pc1.getCard() + "  equal to   " + pc2.getCard() );
    if ( pc1 != pc2 )
      System.out.println(
        pc1.getCard() + "  be different from   " + pc2.getCard() );

    PlayingCards pc3 = PlayingCards.apply( 7, "CLUB" );

    if ( pc3.equals( pc1 ) )
      System.out.println(
        pc3.getCard() + "  equal to   " + pc1.getCard() );
  }
}
```

▶ ScalaクラスをJavaBeansとして利用

ここではScalaクラスをJavaBeansとして利用する方法について説明します。

◆ ScalaクラスをJavaBeans化するメリット

サーバーサイドJavaにおいてはSpringなどのWebアプリケーションフレームワークを使うことが一般的です。**JavaBeans**はこのようなWebアプリケーションフレームワーク内でデータベースのデータを一時的に格納したり(**DAO:Data Access Object**)、画面入力情報をビジネスロジックに移送するデータオブジェクト(**DTO:Data Transfer Object**)として多用されます。

そのため、このJavaBeansをScalaで実装して既存のWebアプリケーションフレームワーク内で利用できることには大きなメリットがあります。なぜなら、Scalaのクラスの方がJavaよりも簡潔・明瞭にロジックを実装することが可能であり、開発と保守のコストを軽減することに貢献することが期待できるからです。

◆ ライブラリのインポート

ScalaとJavaの相互利用性は非常に高くScalaのクラスをJava側でJavaBeansとして利用することができます。ScalaをJavaBeansとして定義し、Javaから利用するためには、Scala側のクラス定義で**scala.beans.BeanProperty**クラスライブラリをインポートします。JavaBeansはJavaの仕様なので、Scalaのこのクラスライブラリは主にScalaとJavaの相互運用のために開発されたものといえるでしょう。

なお、Scala2.11よりも前のバージョンでは**scala.reflect.BeanProperty**クラスライブラリをインポートする必要があるので注意してください。

◆ アノテーションの付加

次に、Scalaのケースクラスのプロパティ(クラスフィールド)宣言の先頭に**@BeanProperty**アノテーションを付加します。そうすると、このクラスプロパティへのアクセサメソッド、すなわちsetter/getterを自動的に生成することが可能になります。

さらに引数宣言の先頭に@BeanPropertyアノテーションを付加することで**自動的にJava Beans形式のアクセッサメソッドを生成**してくれます。単純明快な記述で簡単にScalaのJava Beansが実装可能になるのです。

◆ ScalaクラスでJavaBeansを作成するコード例

下記のコード例では「VideoScala.scala」ファイルにケースクラス**VideoScala**を定義しています。

ケースクラス**VideoScala**のコンストラクタ引数に**String**クラス型の**title**や**genre**、**Int**クラス型の**price**、**Boolean**クラス型の**outofprint**を宣言しています。

この宣言の先頭にこれらの引数をJavaBeans化するために**@BeanProperty**アノテーションを付加しています。たったこれだけでScalaのケースクラスをJavaBeans化することができています。

SOURCE CODE | ScalaクラスでJavaBeansを作成するコード例（VideoScala.scala）

```
import scala.beans.BeanProperty  // Scala2.11以降で有効

case class VideoScala(
    @BeanProperty var title     : String,
    @BeanProperty var genre     : String,
    @BeanProperty var price     : Int,
    @BeanProperty var outofprint: Boolean
)
```

◆ JavaからScalaで作成したJavaBeansの利用方法

このScalaクラスをJavaから呼び出して利用するときには、Scalaクラスをいったんインスタンス化してインスタンス変数に代入します。

このインスタンス変数を介して、Scalaのケースクラスの各プロパティにアクセスできるようになります。アクセスの方法はJavaBeans形式で行います。

プロパティに値を設定するには「setterメソッド」（**setXXX()**）で行います。プロパティの値を参照するには「getterメソッド」（**getXXX()**）で行います。

◆ ScalaクラスをJavaBeansとして利用するコード例

下記のコード例では「VideoJava.java」ファイルにファイル名と同名の**VideoJava**クラスを定義しています。

このクラス内ではScalaで作成したJavaBeansである**VideoScala**クラスをインスタンス化し、インスタンス変数**video**に代入しています。

このインスタンス化されたJavaBeansのプロパティ**title**、**genre**、**price**、**outofprint**の設定・参照をインスタンス変数**video**を介して行っています。

それぞれゲッターである**getTitle()**、**getGenre()**、**getPrice()**、**getOutofprint()**の各メソッドで参照しています。また、セッターである**setPrice()**、**setOutofprint()**の各メソッドで設定しています。

■ SECTION-028 ■ Scalaでコンパイルして生成したクラスをJavaプログラムから利用する

| SOURCE CODE | ScalaクラスをJavaBeansとして利用するコード例（VideoJava.java）|

```java
public class VideoJava {
  public static void main( String[] args ) {
    VideoScala video = new VideoScala(
                "Prity Women SeasonII", "Dorama", 1200, true );

    System.out.println( "TITLE : " + video.getTitle() );
    System.out.println( "GENRE : " +  video.getGenre() );

    video.setPrice( 1500 );
    video.setOutofprint( false );

    System.out.println( "PRICE : " + video.getPrice() +" yen" );
    System.out.println( "OUT-OF-PRINT : " + video.getOutofprint() );
  }
}
```

●「@BeanProperty」アノテーション利用時の注意点

　ScalaクラスをJavaBeans化するときに使う@BeanPropertyアノテーション利用時の注意事項について説明します。

◆ 論理型のクラスプロパティについて

　@BeanPropertyアノテーションを利用する際、論理型（Booleanクラス型）のクラスプロパティは残念ながらisXXX()形式として生成されません。

　すなわち、論理型以外の型の場合と同じく、setXXX()およびgetXXX()にしか変換されないので注意が必要です。

◆ ケースクラスのコンストラクタ引数について

　また、ケースクラスのコンストラクタ引数には普通、varキーワードまたはvalキーワードは付加しません。

　しかし、@BeanPropertyアノテーションを利用する場合にはvarキーワードを付加しないと利用する側のJavaでコンパイルエラーとなるので注意が必要です。

　なぜなら、ケースクラスであってもJavaBeansとして利用するのでアクセッサメソッドによりコンストラクタで与えられた引数は変更可能であり、可変変数を表すvarキーワードが必要になるからです。

◆ 依存ライブラリの必要性

　ちなみに、JavaBeansアーキテクチャの仕様を満たすためにScalaおよびJavaの両方でさまざまな依存ライブラリが必要です。

　たとえば、ScalaのProductトレイトやJavaのSerializable（直列化可能）インタフェースなどを実装する必要があります。これらの依存関係を含めたコンパイルおよびビルドをScala標準の対話型実行環境「REPL」で行うのは非常に面倒です。

◆ビルドツール「sbt」の利用

　そこで、@BeanPropertyアノテーションを使ったScalaのJavaBeans化とJavaからの利用はScalaのコンパイルおよびビルドツール「sbt」を利用することをお勧めします。

　「<sbt実行ディレクトリ>/src/main/scala」にScalaのソースファイルを、「<sbt実行ディレクトリ>/src/main/java」にJavaのソースファイルを配備すると、sbtの**compile**コマンド、**assembly**コマンドで容易に必要な依存ライブラリを収集してコンパイルおよびビルドすることが可能です。

　sbtによるコンパイルおよびビルドに関しては135ページを参照してください。

▶ 複数のScalaファイルをJARファイルにパッケージ化してJavaから利用

　既存のJavaベースのアプリケーションにScalaベースで新規機能を追加する場合にはライブラリ化してJavaからインポートして行います。Javaでのライブラリ化とはJAR(Java ARchive)ファイルにまとめることに他なりません。規模が大きくなった場合には必要に応じてJARファイルをさらにまとめて**WAR(Web Application Resources)**ファイルや**EAR(Enterprise ARchive)**ファイルにすることもあります。

　ここではWindows環境でWindows 7以降で標準で使える本格的なシェル環境である「Windows PowerShell」上での手順を紹介します。Windows上でのsbtの利用は従来の「コマンドプロンプト」よりも高機能な「Windows PowerShell」をお勧めします。

◆jarコマンドによるJARファイルの作成

　まずScalaのソースコードをコンパイルしてJavaのクラスファイルを生成します。次に**jar**コマンドを利用して、生成したJavaのクラスファイルをScalaのライブラリファイルと一緒にJARファイルにまとめます。

　具体的には以下の手順を実行します。

❶ 作業に必要なディレクトリを作成します。ここでは、「C:¥Dev¥scala¥DisplayMessage」ディレクトリ上で作業するものとします。

```
> New-Item C:¥Dev¥scala¥DisplayMessage -ItemType Directory
> Set-Location C:¥Dev¥scala¥DisplayMessage
```

❷ Scalaのソースファイル作成します。ここではカレントディレクトリに作成するものとします。

SOURCE CODE | DisplayMessage.scala

```
object DisplayMessage extends App {
    println( Message.sayMessage( "早朝" ) )
    println( Message.sayMessage( "昼" ) )
}
```

SOURCE CODE | Message.scala

```
object Message{
  def sayMessage( timeName: String ) : String = {
    timeName match {
```

■ SECTION-028 ■ Scalaでコンパイルして生成したクラスをJavaプログラムから利用する

```
      case "早朝" => "おはようございます！お早いですね。"
      case "朝"   => "皆さん、おはようございます！"
      case "昼"   => "皆さん、こんにちは！"
      case "夕方" => "皆さん、こんばんは！"
      case "夜"   => "皆さん、おやすみなさい！"
      case _      => "早朝/朝/昼間/夕方/夜を指定してください。"
    }
  }
}
```

❸ Scalaのソースファイルを次のコマンドでコンパイルします。なお、利用される「Message.scala」を先にコンパイルする必要があるので注意してください。

```
> scalac .\Message.scala
> scalac .\DisplayMessage.scala
```

❹ コンパイル結果が実行できるかを確認します。ただし、Scalaのソースファイルが実行結果を得られない場合はこの操作は必要ありません。

```
> scala DisplayMessage
```

❺ Scalaライブラリファイル「scala-library.jar」をScalaのインストール・ディレクトリからコピーします。下記はScalaのインストールディレクトリが「C:¥Dev¥scala」の場合の例です。

```
> Copy-Item C:\Dev\scala\lib\scala-library.jar .\
```

❻ Scalaライブラリファイルを展開します。展開の結果、「scala」ディレクトリが作成され展開された各種ファイルが格納されます。

```
> jar xf .\scala-library.jar
```

❼ 実行可能なJARファイルの設定を行うためにマニフェストファイルを作成します。Javaではmain()メソッドを持ったソースファイルからのみ実行可能なJARファイルが作成できます。しかし、Scalaではclassではなく、object形式のソースファイルはすべて実行可能形式のJARファイルを作成できます。ここで、「Manifest-Version」はマニフェストファイルのバージョンです。また、「Main-Class」は実行可能なobjectファイルを指定します。また「Main-Class」指定の行末には必ず改行が必要なので注意してください。

```
> New-Item .\manifest.mf
```

SOURCE CODE | manifest.mf

```
Manifest-Version: 1.0
Main-Class: DisplayMessage
```

❽ jarコマンドによりScalaクラスをアーカイブし、JARファイルを作成します。このコマンドにより、カレントディレクトリ内のコンパイル済みのすべてのクラスファイルとscalaディレクトリ内の必要なライブラリがアーカイブされます。なお、パラメーター「cfm」の「c」はJARファイルの作成を、「f」はJARファイル名を指定することを、「m」はマニュフェストファイルを指定することをそれぞれ示します。

```
> jar cfm DisplayMessage.jar manifest.mf .\*.class .\scala
```

❾ JARファイルを実行して確認します。ただし、Scalaのソースコードが実行形式でない場合にはこの操作は不要です。

```
> java -jar DisplayMessage.jar
```

◆ sbtによるJARファイルの作成

sbtによるJARファイルの作成はScala標準の対話型実行環境「REPL」よりも高速にコンパイル、ビルドを実行できます。また、依存関係にある複数のScalaソースファイルのコンパイル順を気にする必要もありません。多数のScalaソースファイルのビルドが非常に簡単に行えます。

以下の手順でsbtによりScalaのソースコードからJARファイルを作成することができます。

❶ sbtを最新版にアップデートします。

```
> sbt update
```

❷ 適当なsbt実行ディレクトリの下図のようなディレクトリとファイルを作成します。ここでは実行ディレクトリを「C:¥Dev¥scala¥MyProject」とします。実行すると「sbt実行ディレクトリ/project」ディレクトリの直下に「taget」ディレクトリが作成されます。この中にsbtにより作成された各種ディレクトリやファイルが格納されます。

```
C:¥Dev¥scala¥MyMessage   // sbt実行ディレクトリ
├── build.sbt      // sbtプロジェクトの設定ファイル
├── project
│   ├── plugins.sbt
│   └── project
└── src
    └── main
        ├── scala      // Scalaのソースコード
        │   ├── DisplayMessage.scala
        │   └── Message.scala
        └── java       // Javaのソースコード
```

Windows PowerShellでのディレクトリ作成例は次のようになります。

```
> Set-Location C:\Dev\scala\
> New-Item .\MyMessage\project -ItemType Directory
> New-Item .\MyMessage\src\main\scala -ItemType Directory
> New-Item .\MyMessage\src\main\java -ItemType Directory
```

■ SECTION-028 ■ Scalaでコンパイルして生成したクラスをJavaプログラムから利用する

❸ sbtプロジェクトの設定ファイル「build.sbt」に次のコードを記述します。各行間には必ず1行の空行を挿入する必要があるので注意してください。ここで、「jarName in assembly」はJARファイルを作成する「assembly」コマンドで作成されるJARファイルの命名規則を設定しています。具体的には、JARファイル名は「MyMessage-」に続いて「version」で設定したバージョンが付記され、拡張子を「.jar」にするように指定しています。

SOURCE CODE | build.sbtのコード例

```
name := "MyMessage"

version := "1.0"

scalaVersion := "2.11.5"

jarName in assembly <<= (version) map { (version) => "MyMessage-" + version + ".jar" }
```

❹ JARファイルの作成に必要な「sbt-assembly」プラインの設定ファイル「plugin.sbt」を次のように記述します。

SOURCE CODE | plugin.sbtのコード例

```
addSbtPlugin("com.eed3si9n" % "sbt-assembly" % "0.14.4")
```

なお、最新の「sbt-assembly」プラインの設定内容については次のGitHubにアクセスし、「README.md」ファイル内の「Using Published Plugin」を参照してください。
- sbt-assemblyのGitHub URL

  URL https://github.com/sbt/sbt-assembly

❺ sbt実行ディレクトリに移動します。

```
> Set-Location C:\Dev\scala\MyMessage
```

❻ sbtの対話モードを実行します。

```
> sbt
```

❼ sbtを使ってソースファイルをコンパイルします。

```
> compile
```

❽ sbtを使ってコンパイル後のクラスファイルを実行します。実行できるScalaソースコードはcompileコマンドを省略し、直接、runコマンドを実行することができます。なお、クラスライブラリなど、実行できないScalaソースコードは実行できません。

```
> run
```

❾ sbtを使ってJARファイルを作成します。assemblyコマンドで、「build.sbt」内の「jarName in assembly」で定義したJARファイル名が作成されます。

```
> assembly
```

❿ sbtを終了します。

```
> exit
```

⓫ JARファイルを実行して確認します。ただし、Scalaのソースコードが実行形式でない場合にはこの操作は不要です。また、GUI形式の実行ファイルの場合にはJARファイル名のアイコンをダブルクリックすることでアプリケーションのように実行することが可能になります。

```
> java -jar C:\Dev\scala\MyMessage\target\scala-2.11\MyMessage-1.0.jar
```

SECTION-029
JavaとScalaの相互運用について

▶システム開発におけるJavaとScalaの相互運用の必要性

　現在、エンタープライズ系を中心にシステム開発の中心的プログラミング言語としてJavaが非常に多用されています。システム開発のデファクトスタンダードといってもよいでしょう。しかし、レガシーなJavaシステムを中心に保守・運用の困難さが年々、蓄積されてきて閉塞感を持って日々、保守・運用に当たっている現場も多いものと思われます。そのため、ScalaをJavaに代わる新しいエンタープライズシステムの開発言語に採用する必要性は年々、高まっているといえるでしょう。

　このような状況下であってもScalaで既存のシステムを丸ごと置き換えたり、新規のシステムをScalaですべて開発するというのはなかなか難しいものがあります。そこで、ScalaがJavaと同じプラットフォーム非依存のJVM（Java仮想マシン）上で動作するという特性を生かして、JavaとScalaの相互運用が現実解として採用される最も多いケースだと思われます。すなわち、既存のJavaシステムにScalaで一部の機能を実装して、既存のJavaプログラムと共存利用して運用する方法が今、世界中で必要になってきているともいえると思います。

　ここでは、既存のJavaシステムにScalaで新機能を追加する方法のパターンをいくつか紹介します。いずれの場合も本章で解説した方法を組み合わせれば実現可能です。特に既存のJavaシステムはフレームワークを使っているものが多いので、JavaBeanをScalaで置き換える手法は参考になると思います。

▶パターン1：Scalaを新機能として追加

　既存のJavaシステムの機能拡張の要求が上がったときに、拡張機能だけをScalaで実装してJava側でそれを取り込みます。または、これには本章で述べたJARファイルの作成方法を用いて、Scalaの実行可能ライブラリを作成します。JavaシステムからこのScalaのライブラリを実行する機能を実装します。

　新機能といっても既存の機能とは無関係に独立して動作させることは現実的に不可能でしょう。Scalaで実装した新機能と既存のJavaとの連携が必要な場合には、新規のScalaプログラムからJavaのクラスを利用することで解決します。そのため、新規機能としてはできるだけ既存の機能と独立したものがよいでしょう。できれば、サブシステムのような機能的独立性が高いものがよいと思われます。

▶パターン2：一部機能をScalaで置き換え

　保守が非常に困難になったレガシーなJavaプログラムの場合に、最も影響の少ない既存の周辺機能をそっくりそのままScalaで開発した機能に置き換えます。置き換えた状態でリリースし、問題点などを蓄積しつつしばらく運用します。こうして次々に周辺機能からコアな機能を置き換えていきます。最終的にはJavaシステムのすべてをScalaに置き換えます。

実はこれが最も現実的でシステムの運用上の影響が少ない方法です。なぜなら、置き換えたScalaの機能に問題が発生した場合には既存のJavaの機能に戻すことが可能だからです。新規開発は一切なく、システムの利用者から見ると何ら変哲がないのですが、実はScalaに置き換えることで保守性（メンテナンスビリティ）が良くなっています。

▶ パターン3：コア機能をScalaで実装

コア機能をScalaで実装し、既存のJavaの機能は必要に応じてScalaに取り込みます。すなわちScalaが主、Javaを従として既存のシステムを置き換える方法です。この場合、既存のJavaの機能はScalaへの移行が困難だと思われるものが中心になるでしょう。あるいは、予算の関係ですべてをScalaに移行できない場合の現実解として、予算の範囲内でScalaで置き換え、置き換えから漏れたものはそのまま運用する方法です。

この方法を実現するためには本章で紹介したScalaからJavaをインポートして利用する方法を使います。

CHAPTER 04

Scala独自の クラスとオブジェクト

SECTION-030
シングルトンオブジェクト

▶ シングルトンオブジェクトとは
あるクラスからインスタンス化されて生成されるオブジェクトが常に1つの場合、そのオブジェクトを**シングルトンオブジェクト**といいます。

オブジェクト指向設計の有名なデザインパターンの1つに**シングルトン**があります。このデザインパターンは**インスタンスが常に1つしか存在しないクラス**を実現させるためのものです。シングルトンオブジェクトはこのシングルトンデザインパターンをScalaで具現化したものといえます。

▶ 動的なプログラミング言語Scalaの特徴
Scalaは動的なプログラミング言語です。したがって、ScalaにはJavaの**static**のようなnew演算子なしに利用可能な静的な型付けを行うキーワードは存在しません。そこでScalaでは静的な定義を行うときにはobjectキーワードによるシングルトンオブジェクトを宣言するのです。

objectキーワードはJavaにはないScala独自のものであり、特徴をよく理解して使うことが必要です。

▶「object」キーワード
Scalaで最も簡単なシングルトンオブジェクトの定義方法は**object**キーワードでオブジェクトを宣言することです。objectキーワードで宣言したオブジェクトはnew演算子なしで直ちにインスタンス化され、シングルトンオブジェクトとなります。

ここで、宣言時に指定した名前がそのままインスタンス変数名になります。また、オブジェクトに公開されているフィールドやメソッドなどのメンバーは宣言するだけで即座にアクセス可能となります。

▶ Scalaのシングルトンオブジェクト
Scalaのシングルトンオブジェクトは、まずJavaのクラス定義の中で**static**キーワードにより静的な宣言をされているフィールドやメソッドを**object**キーワードで宣言します。そして、それ以外のフィールドやメソッドを**object**キーワードで宣言したのと同じ名前で今度は**class**キーワードで宣言します。

後述するコード例（144ページ）では**object**キーワードと**class**キーワードの両方で同じ名前である**Factorial**が定義されています。この**Factorial**がシングルトンオブジェクトです。

ここで、フィールド**power**とメソッド**sayMessage()**は**object**として定義されています。フィールド**baseNum**とメソッド**setBaseNum()**、メソッド**calcFactorial()**は**class**として定義されています。

■ SECTION-030 ■ シングルトンオブジェクト

▶ フィールドの宣言

　Scalaのシングルトンオブジェクトのフィールド宣言は変更できないことを明示するために不変変数キーワード**val**を使います。これはJavaの場合に**static final**キーワードで宣言したのと同じです。

　ここでフィールドを変更するようなコードはコンパイルエラーとなります。

　また、フィールドのアクセス修飾子として非公開を表す**private**キーワードを先頭に付加することができます。しかし、**private**キーワードは省略しても問題ありません。この場合には、クラスまたはオブジェクト内限定でアクセスできるフィールドとなります。

　なお、Scalaではフィールドはデフォルトで**public**であり、公開権限を示すキーワードは存在しません。Javaのようにアクセス修飾子として公開権限を表す**public**キーワードをフィールド宣言の先頭に付加することはできないので注意が必要です。

▶ メソッドの宣言

　Scalaのシングルトンオブジェクトにはメソッドを宣言することができます。シングルトンオブジェクトのメソッド宣言は**def**キーワードによる通常のScalaのメソッド宣言と同じになります。

▶ シングルトンオブジェクトのコード例

　次ページのコード例を見てみましょう。

　Factorialにはフィールド**power**とメソッド**sayMessage()**が定義されています。ここで、フィールド**power**は変更できないことを明示的に宣言するために不変変数**val**キーワードが使われています。

　このオブジェクトは宣言しただけでインスタンス化されています。しかも、シングルトンオブジェクトなので、一度、インスタンス化されると一切、変更できません。たとえば、「**Factorial.power = 7**」のようにフィールドを変更するコードはコンパイルエラーとなります。

　ここでフィールド**power**を可変変数キーワード**var**を使って宣言するとコンパイルエラーにはなりません。しかし、「**Factorial.power = 7**」のようにフィールドを変更するコードは有効とならず無視されます。

　また、フィールド**power**を**private**キーワードでアクセス修飾して、外部から変更できないことを明示的に示すことも可能です。しかし、Scalaのオブジェクトは外部からの変更ができないので省略しても問題ありません。

　ここで**public**キーワードはScalaには用意されていないので、使うとコンパイルエラーとなります。

　シングルトンオブジェクトのメソッドは「**def sayMessage()**」と定義されています。これはフィールドの場合と同じく、Javaの場合では**static final**キーワードで宣言したのと同じことになります。

SECTION-030 シングルトンオブジェクト

SOURCE CODE | シングルトンオブジェクトのコード例

```
object Factorial{
  val power: Double = 5
  def sayMessage(): String = {
    return power + "乗 = "
  }
}

class Factorial{
  private var baseNum: Double = 0

  def setBaseNum( num: Double ): Unit = {
    baseNum = num
  }

  def calcFactorial(): Double = {
    return Math.pow( baseNum, Factorial.power )
  }
}

object Main extends App {
  print( "7 の " + Factorial.sayMessage() )
  var fact = new Factorial()
  fact.setBaseNum( 7 )
  println( fact.calcFactorial() )
}
```

▶ Javaのシングルトンオブジェクト

　Scalaのシングルトンオブジェクトはjavaの**static**なフィールドとメソッドをまとめたものであるいえます。

　Javaでシングルトンオブジェクトを実現するためには少々、技巧が必要です。まず、インスタンス用の変数を**private**なフィールドとして宣言します。次にこのフィールドにアクセスするための**private**なコンストラクタを記述します。デフォルトコンストラクタを定義してしまうといくつでもインスタンス化することができてしまいます。さらにインスタンス取得用の**getter()**メソッドを用意しておく必要があります。

　しかし、ScalaではJavaのような手順は不要です。単に**object**キーワードでオブジェクトを記述するだけでシングルトンオブジェクトが定義できます。

◆ Javaのシングルトンオブジェクトのコード例

　上記のScalaによるシングルトンオブジェクトをJavaで実装したものが下記のコード例です。Scalaの**object**キーワードで定義されている部分はJavaでは**class**キーワードで定義した**Factorial**クラス内の**static final**キーワードで定義します。たとえば、フィールド**power**やメソッド**sayMessage()**などです。

■ SECTION-030 ■ シングルトンオブジェクト

　さらに、Scalaでclassキーワードで定義されている部分はキーワードstatic final以外のフィールドやメソッドで定義します。たとえば、フィールドbaseNumやメソッドsetBaseNum()、メソッドcalcFactorial()などです。

SOURCE CODE ┃ Javaのシングルトンオブジェクトのコード例

```java
public class Factorial{
  private  Double baseNum;
  private static final double power = 5;

  public static final String sayMessage(){
    return power + "乗 = ";
  }

  public void setBaseNum( double BaseNum ){
    this.baseNum = BaseNum;
  }

  private int calcFactorial(){
    return Math.pow( this.baseNum, this.power );
  }
}

public class App{
  public static void main( String args[] ){
    System.out.println( "7の" + Factorial.sayMessage() );
    Factorial fact = new Factorial();
    fact.setBaseNum( 7 );
    System.out.println( fact.calcFactorial() );
  }
}
```

SECTION-031
コンパニオンクラス／コンパニオンオブジェクト

▶ コンパニオンクラス／コンパニオンオブジェクトとは

　同じソースファイル内や同じパッケージ内、または同じクラス内で定義された同じ名前のクラスとオブジェクトをそれぞれ**コンパニオンクラス**、**コンパニオンオブジェクト**といいます。

　コンパニオンクラスとコンパニオンオブジェクトお互いにプライベートなメンバーにアクセス可能です。コンパニオンオブジェクトには、クラスの共通の操作や処理を定義します。

▶ コンパニオンクラス／コンパニオンオブジェクトの必要性

　Scalaにはコンパニオンクラス、コンパニオンオブジェクトと呼ばれるクラスとオブジェクトが存在します。これらが必要な理由は主に2つあります。

◆ staticなクラスメンバーを生成

　1つ目は、`static`なクラスメンバーを持たせるためです。ScalaにはJavaのように静的変数を定義するための`static`キーワードがありません。そのため、Scalaのクラスには`static`なメンバー（フィールドやメソッド）を持たせることができません。代わりにScalaにはコンパニオンオブジェクトというものを定義して`static`なクラスメンバー変数を持たせることができます。

◆ クラスのインスタンス生成

　2つ目は`new`演算子を使うことなく関数の呼び出しのようにクラス名を直接、指定してクラスのインスタンス化を行うためです。Scalaは関数型プログラミングを指向しています。そのため、Javaのようにクラスのインスタンスを生成するのに`new`演算子を使わなくても済むような仕組みが必要だったからと考えられます。

　クラスのインスタンスをクラス名だけで生成するというのはJavaScriptなどの動的プログラミング言語では当たり前のこととなっています。Scalaでも動的プログラミング言語では当たり前のことができる仕組みが提供されているわけです。

▶ 特徴

　コンパニオンオブジェクトはコンパニオンクラスに対して唯一無二のオブジェクト、すなわちシングルトンオブジェクトとなります。**シングルトンオブジェクト**とは、あるクラスで必ず1つしか作成できない唯一無二のインスタンスのことをいいます。

　コンパニオンクラスはコンパニオンオブジェクトを介してインスタンスを生成します。すなわち、コンパニオンオブジェクトはデザインパターンでいうところのファクトリーとして機能していることになります。

　コンパニオンクラスとコンパニオンオブジェクトは同一スコープに定義することによって、オブジェクトからコンパニオンクラスの`private`なメンバーに対してアクセスできるようになります。逆にコンパニオンクラスからコンパニオンオブジェクトの`private`なメンバーにアクセスすることが可能です。すなわち、Javaの`static`なクラスメンバーを定義したのと同じことがScalaでもできるようになるわけです。

■ SECTION-031 ■ コンパニオンクラス／コンパニオンオブジェクト

● 定義の仕方

　Scalaではクラス名と同じ名前のオブジェクト宣言することができます。このようなオブジェクトのことをScalaでは**コンパニオンオブジェクト(Companion Object)**と呼びます。また、このようなクラスのことを**コンパニオンクラス(Companion Class)**といいます。

　このとき、コンパニオンクラスとコンパニオンオブジェクトは同一スコープ（同一ソースファイル・同一パッケージ）内で、それぞれ同じ名前で定義されている必要があります。

　コンパニオンクラスはデフォルトコンストラクタのアクセス制御キーワードを必ず**private**とします。そうして、デフォルトコンストラクタの引数と内部処理を定義しておきます。

　コンパニオンオブジェクトは、オブジェクト内で**apply()**メソッドを定義します。そうして、apply()メソッド内にコンパニオンクラスのインスタンス生成を定義します。

　ここでコンパニオンオブジェクトはJavaの**static**キーワードで行う静的宣言と同じことを行っているのだと理解してください。また、利用時はこのコンパニオンオブジェクトを呼ぶことで、インスタンス生成時の**new**演算子を隠蔽していることにも注目してください。

● 利用の仕方

　コンパニオンオブジェクトを利用するには、コンパニオンオブジェクトのデフォルトコンストラクタに所定の引数を渡して直接、呼びます。

　あるいはコンパニオンオブジェクトに所定の引数を渡したものをいったんオブジェクト変数に格納してから利用します。

● コンパニオンクラス／オブジェクトのコード例

　具体例として下記のコード例を見てみましょう。

SOURCE CODE ｜ コンパニオンクラス／オブジェクトのコード例

```
class KinderGarten private
    ( className: String, pupilName: String, age: Int ){
  override def toString =
    "★%s 組★%s ちゃん★%d 才"format( className, pupilName, age )
}

object KinderGarten {
  def apply( className: String, pupilName: String, age: Int) =
                new KinderGarten( className, pupilName, age )
}

object Main extends App{
  println( KinderGarten( "さくら", "久保田 渚", 4 ) )
  val kg = KinderGarten( "さざんか", "明石 莉音", 5 )
  println( kg )
}
```

　どのようなコードになっているかは以下で説明します。

■ SECTION-031 ■ コンパニオンクラス／コンパニオンオブジェクト

◆ コンパニオンクラスの定義

「KinderGarten.scala」ファイルの中にコンパニオンクラスとコンパニオンオブジェクトをそれぞれ同じ名前**KinderGarten**で定義しています。

コンパニオンクラス**KinderGarten**のデフォルトコンストラクタのアクセス制御キーワードを**private**とし、引数**className**、**pupilName**、**age**をそれぞれ定義しています。

◆ コンパニオンオブジェクトの定義

コンパニオンオブジェクト**KinderGarten**内では**apply()**メソッドの引数**className**、**pupilName**、**age**をそれぞれ定義しています。この引数はコンパニオンクラスとまったく同じ定義としています。

さらにコンパニオンオブジェクト内でコンパニオンクラス**KinderGarten**を**new**演算子を使ってインスタンス化しています。

◆ コンパニオンオブジェクトの利用

コンパニオンオブジェクト**KinderGarten**に引数を指定してそのまま呼び出して**println()**関数でコンソールに表示させています。また、いったんオブジェクト変数**kg**に格納してから、**println()**関数でコンソールに表示させています。

SECTION-032
ケースクラス

●ケースクラスとは
ケースクラスとはクラス宣言の**class**キーワードの先頭に**case**キーワードを付けるScala独自のクラスです。クラスの作成にあたり、事前に想定されるデフォルト処理をあらかじめ定義するための仕組みを提供します。ケースクラスは関数型プログラミング言語であるScalaを特徴付ける関数とクラスの両方の特徴を合わせ持つ非常に便利なクラスです。

●ケースクラスの宣言方法

```
case class クラス名( 引数: 型, ・・・)
```

●ケースクラスの特徴
Scalaのケースクラスには次のような特徴があります。
- インスタンス化でnew演算子が不要
- イミュータブルなフィールドの自動生成
- コンパニオンオブジェクトの自動生成
- パターンマッチとの組み合わせ
- 各種ユーティリティメソッドの自動生成
- ラムダ式の項の設定に利用可能

●インスタンス化の方法
ケースクラスはnew演算子なしでインスタンス化して使用できます。Javaでは、「**クラス名 オブジェクト名 = new クラス名(引数, ・・・);**」と記述するところをScalaのケースクラスでは「**クラス名 オブジェクト名 = クラス名(引数, ・・・)**」と記述することができます。
ケースクラスはあたかも関数のように取り扱うことが可能なクラスです。

●ケースクラスのインスタンス化のコード例
下記のコード例ではケースクラス**MailGreeting**を宣言しています。このケースクラスの引数として、**sender**、**receiver**、**message**を宣言しています。

次にこのケースクラスを**new**演算子を使わずにインスタンス化しています。ここで、インスタンス化したオブジェクトを**val**キーワードで宣言した不変変数**mg**に代入しています。**var**キーワードで宣言した可変変数に代入しようとするとコンパイルエラーとなるので注意が必要です。

このケースクラスのフィールドを参照するため、「**mg.message**」のようにオブジェクト変数とフィールドをドット「**.**」でつないでいます。このようにケースクラスではクラスフィールドの宣言なしにコンストラクタの引数宣言がそのままフィールドの宣言も兼ねています。

■ SECTION-032 ■ ケースクラス

| SOURCE CODE | ケースクラスのインスタンス化のコード例 |

```
case class MailGreeting(
    sender: String, receiver: String, message: String )

object Main extends App {
    var mg = MailGreeting(
      "Hanako@akita.tohoku.jp",
      "Taro@tsugaru.tohoku.jp",
      "こんぬづわ。まんず、よろすぐお願げえするっす。" )

  println( mg.message )
}
```

▶コンストラクタ引数のフィールド化

　ケースクラスのデフォルトコンストラクタ、すなわちケースクラスと同じ名前のコンストラクタの引数はそのままクラスのフィールドとして設定されます。

　ケースクラスはデフォルトコンストラクタの引数がそのままのフィールドとなります。すなわち、クラス内にフィールドの宣言は不要です。

　また、デフォルトコンストラクタの宣言も不要です。さらに、コンストラクタ引数のフィールドへの設定も不要です。

▶Javaのクラスフィールド設定のコード例

　下記のコード例では、**public**で**static**なクラスフィールドとして**fromStation**と**toStation**を宣言しています。そうして、デフォルトコンストラクタ**Train**の引数で受け取った値をクラスフィールドに設定しています。

　このようにデフォルトコンストラクタを宣言することによって、このクラス**Train**をデフォルトコンストラクタでインスタンス化するときにデフォルトコンストラクタの引数がクラスフィールドに代入されることになります。

| SOURCE CODE | Javaのクラスフィールド設定のコード例 |

```java
class Train{
  public static String fromStation;
  public static String toStation;

  Train(String fromStation, String toStation){
    this.fromStation = fromStation;
    this.toStation = toStation;
  }
}

class Main{
  public static void main (String[] args) throws java.lang.Exception{
    Train train = new Train( "函館", "札幌" );
```

■SECTION-032■ ケースクラス

```
    System.out.println(
      train.toStation + " から " + train.fromStation + " まで" );
  }
}
```

● Scalaのクラスフィールド設定のコード例
　上記のコード例と同じ機能をScalaで実装したものが下記のコード例です。Javaに比べてコード量が少なくなっているのがおわかりいただけると思います。ScalaではJavaであったクラスフィールドの宣言やデフォルトコンストラクタの宣言がなくなっています。

　Javaの「`public static String fromStation;`」のようなクラスフィールドの宣言はScalaでは必要なく、「`fromStation: String`」のように単にケースクラスの引数宣言だけになっています。

　さらに、Javaのデフォルトコンストラクタ宣言「`Train(String fromStation, String toStation)`」やデフォルトコンストラクタ内のクラスフィールドへの引数の設定「`this.fromStation = fromStation;`」などがScalaでは不要となっています。

SOURCE CODE ‖ Scalaのクラスフィールド設定のコード例

```
case class Train( fromStation: String, toStation: String )

object Main extends App{
  var train = Train( "函館", "札幌" )
  println(
    train.fromStation + " から " + train.toStation + " まで" )
}
```

● フィールドのイミュータブル化
　前述のようにケースクラスのクラスフィールドはコンストラクタの引数宣言により、自動生成されます。そして、このフィールドは書き換え不能な形、すなわちpublicでstaticな形で外部に公開されます。すなわち、ケースクラスのフィールドはコンストラクタの引数で設定されたものを変更することはできません。

　ここで、クラスフィールドが書き換え不能となることを**イミュータブル**といいます。このケースクラスのフィールドがイミュータブルで公開される性質はちょうど、コンストラクタ内で不変変数宣言用の**val**キーワードを指定してフィールド宣言したのと同じです。また、Javaではpublicでstaticなフィールドで宣言したのと同じです。

● フィールドがイミュータブルなコード例
　下記のコード例ではケースクラス**FullName**を宣言しています。コンストラクタの引数は**firstName**と**secondName**です。この引数がイミュータブルで公開されます。

　下記のコード例で、すでにケースクラスをインスタンス化したオブジェクト**fullName**のフィールドはイミュータブルです。そのため、これを変更するような代入「`fullName.secondName = "大森"`」はコンパイルエラーになります。

151

■ SECTION-032 ■ ケースクラス

　なお、このケースクラス**FullName**をインスタンス化した変数は可変変数キーワード**var**でも不変変数キーワード**val**でもどちらでも宣言可能です。
　しかし、クラスフィールドは不変変数キーワード**val**で宣言した方がよいでしょう。なぜならば、ケースクラスの性質であるイミュータブルであることを明示した方がよいからです。

SOURCE CODE ｜ フィールドがイミュータブルなコード例

```
case class FullName( firstName: String, secondName: String )

object Main extends App{
  var fullName = FullName( "賢治", "高橋" )
  val fn = FullName( "賢治", "高橋" )

  println( "姓名:" + fullName.secondName + fullName.firstName )
  println( "姓名:" + fn.secondName + fn.firstName )

  fullName.secondName = "大森"   // コンパイルエラー
}
```

▶ コンパニオンオブジェクトの自動生成

　ここではケースクラスで自動生成されるコンパニオンオブジェクトについて説明します。

◆ コンパニオンオブジェクトの自動生成とは

　ケースクラスはコンパニオンオブジェクトが自動的に生成されます。すなわち、ケースクラスと同じ名前のオブジェクトが自動的に作成されるのです。そこで、コンパニオンオブジェクトの各種メソッドを利用することができます。
　コンパニオンオブジェクトのメソッドには次のようなものがあります。

- ファクトリー ： apply()
- クラス名出力 ： toString()
- パターンマッチング ： unapply()、unapplySeq()
- Functionトレイトメソッド ： curried、tupled

◆ 「apply()」メソッド

　ケースクラスは自動生成されたコンパニオンオブジェクトのファクトリーメソッドである**apply()**メソッドを利用することができます。この**apply()**メソッドを利用すると**new**演算子なしでクラスからインスタンスを生成することができます。
　すなわち、クラス名のみでインスタンス化が可能なファクトリーとして動作させることができます。

◆ 「apply()」メソッドのコード例

　下記のコード例ではケースクラス**Number**のデフォルトコンストラクタに**Float**クラス型の**num**を引数として宣言しています。そうして、この引数を**protected**なフィールド**pi**に設定しています。

SOURCE CODE | 「apply()」メソッドの自動生成のコード例

```
case class Number ( num: Float ) {
  protected var pi = num
  println( pi )


}


object Main extends App {
  Number( 3.14F )
}
```

このとき、下記のコンパニオンオブジェクトNumberが自動生成されています。

●自動生成されるコンパニオンオブジェクト

```
object Number {
  def apply( num: Float ) = {
    new Number( num )
  }
}
```

　そうして、コンパニオンオブジェクトのメソッドであるapply()メソッドが利用可能になっています。apply()メソッドのFloatクラス型の引数numに与えられた値をケースクラスNumberのデフォルトコンストラクタの引数にそのまま与えています。

　そのため、ケースクラスNumberをインスタンス化する際にはnew演算子なしで「Number.apply(3.14F)」のように呼び出すことが可能です。ここで、apply()メソッドは省略可能なので、「Number(3.14F)」のようにケースクラス名を直接、呼び出して引数を与えているような使い方ができるわけです。

◆「toString()」メソッド

　ケースクラスから自動生成されるコンパニオンオブジェクトのメソッドとしてtoString()メソッドが利用できます。toString()メソッドはクラス名を文字列で出力します。

　なお、ケースクラスのtoString()メソッドはクラス名とデフォルトコンストラクタの引数の値を返します。しかし、コンパニオンオブジェクトのtoString()メソッドはクラス名以外は返されないので注意が必要です。

　使い方は「コンパニオンオブジェクト名.toString()」のようになります。なお、plintln()関数の引数など、文字列を取り扱うことが明らかな場合にはtoString()メソッドは省略することができます。

◆「toString()」メソッドのコード例

　次ページのコード例ではケースクラスStockを定義しています。デフォルトコンストラクタの引数はbrandとstockPriceです。ケースクラスStockはクラス名と同じ名前のコンパニオンオブジェクトStockが自動生成されています。

■ SECTION-032 ■ ケースクラス

　そこで、このコンパニオンオブジェクトStockのtoString()メソッドを呼び出してprintln()関数で出力しています。ここで、toString()メソッドは省略可能なのでコンパニオンオブジェクトStockを直接、println()関数の引数に与えています。
　どちらの出力結果も共にコンパニオンオブジェクト名であるStockが返ります。

SOURCE CODE | 「toString()」メソッドのコード例

```
case class Stock( brand: String, stockPrice: Int )

object Main extends App {
  println( "コンパニオンオブジェクト名:" + Stock.toString() )
  println( "コンパニオンオブジェクト名:" + Stock )
}
```

◆Functionトレイトメソッドとは

　ケースクラスのコンパニオンオブジェクトにはFunctionトレイトメソッドが実装されています。具体的にはcurriedメソッドとtupledメソッドです。
　ここでFunctionトレイトとは引数の個数に応じたscala.runtime.AbstractFunctionN抽象クラス(Nは引数の数)を継承したトレイトのことをいいます。ケースクラスのデフォルトコンストラクタの複数の引数からケースクラスのインスタンスを生成することができるようになります。この機能を実現するのがcurried、tupledの各メソッドというわけです。

◆「curried」メソッド

　curriedメソッドは複数の引数をまとめてカリー化した関数を返します。
　カリー化することによってケースクラスのデフォルトコンストラクタの複数ある引数を小分けに設定し、それぞれの引数を少なくすることができます。
　引数が多い場合に引数の種類ごとにまとめて設定するなどの記述を行うことができるので見通しの良い実装が可能となります。

◆「curried」メソッドのコード例

　具体的な例として下記のコード例を見てみましょう。
　ケースクラスPersonInfoはデフォルトコンストラクタの引数としてfirstName、secondName、address、age、idNoの5つを持っています。
　まず、このケースクラスPersonInfoのデフォルトコントラクタにcurriedメソッドを適用してカリー化したものをcurriedPersonに格納します。
　次に、このcurriedPersonに5つある引数のうち、最初の3つのfirstName、secondName、addressを先に設定して値を決めてしまいます。こうしてできたインスタンスをさらにfunctionPersonに格納します。
　最終的にfunctionPersonにはage、idNoの2つの引数を設定すればよいようになりました。functionPersonのインスタンスをインスタンス変数person1に格納します。

PersonInfoのインスタンスには5つのフィールドに値がちゃんと設定されているかを出力しています。そのため、インスタンス変数person1のproductIteratorメソッドでいったん5つのフィールドすべてを取り出しています。そうしてforeach()メソッドでこれらを1つずつ順番に取り出しています。

SOURCE CODE 「curried」メソッドのコード例

```
case class PersonInfo(
  firstName: String, secondName: String,
  address: String, age: Int, idNo: String
)

object Main extends App {
  val curriedPerson = PersonInfo.curried
  val functionPerson =
    curriedPerson( "柳沢" )( "真一" )( "滋賀県草津市野路町" )

  val person1 = functionPerson( 21 )( "4582-11-2" )

  person1.productIterator foreach println
}
```

◆「tupled」メソッド

tupledメソッドはケースクラスのデフォルトコンストラクタの複数の引数をタプル化するためのメソッドです。ここでタプルとは、型が異なる複数の値をまとめて格納することのできる値リストです。

tupledメソッドによってケースクラスのデフォルトコンストラクタの複数のさまざまな型の引数をまとめることで、引数をシンプルに1つにしてしまうことができます。

引数が多い場合に引数をひとまとめに設定する記述を行うことができるのでシンプルな実装が可能となります。

◆「tupled」メソッドのコード例

具体的な例として下記のコード例を見てみましょう。

ケースクラス**Weather**はデフォルトコンストラクタの引数として**region**、**temperature**、**humidity**、**rainyPercent**の4つを持っています。

まず、このケースクラス**Weather**のデフォルトコントラクタに**tupled**メソッドを適用してタプル化したものを不変変数**weatherTupled**に格納しています。

次に、デフォルトコントラクタの4つの引数をまとめてタプル化しています。具体的にはまとめるべき4つの引数を括弧「()」内にそれぞれカンマ「,」で区切っています。こうしてできたタプルを不変変数**toyamaData**に格納しています。

■ SECTION-032 ■ ケースクラス

　最後に先ほどタプル化したデフォルトコンストラクタweatherTupledの引数に引数をまとめたタプルtoyamaDataを与えています。これで4つあった引数がたった1つのタプルになっています。こうしてできたインスタンスをインスタンス変数weatheToyamaに格納しています。
　Weatherのインスタンスには4つのフィールドに値がちゃんと設定されているかを出力するために、インスタンス変数weatheToyamaをproductIteratorメソッドでいったん4つのフィールドを全部取り出しています。そうしてforeachメソッドでこれらを1つずつ順番に取り出しています。

SOURCE CODE | 「tupled」メソッドのコード例

```
case class Weather(
  region: String, temperature: Float,
  humidity: Float, rainyPercent: Int
)

object Main extends App {
  val weatherTupled = Weather.tupled

  val toyamaData = ( "富山県", 20.2F, 45.5F, 20 )

  val weatheToyama = weatherTupled( toyamaData )

  weatheToyama.productIterator foreach println
}
```

パターンマッチングとの組み合わせ

　ここではケースクラスをパターンマッチングと組み合わせて使う方法について説明します。なお、ここではケースクラスとパターマッチングの関係を述べるに留めています。パターンマッチングの詳細についてはCHAPTER 05で詳細に解説しているので、そちらを参照してください。

◆「unapply()」メソッドの利用
　ケースクラスにより自動生成されるコンパニオンオブジェクトにはunapply()メソッドが含まれます。このunapply()メソッドを利用することでmatch式によるパターンマッチングを行うことができます。
　このパターンマッチングはオブジェクトのパターン識別も行うことができるため、非常に強力な条件分岐を行うことが可能になります。

◆パターンマッチングの仕組み
　match式のcaseキーワードに引数のあるオブジェクトを指定した場合、自動的にunapply()メソッドが呼ばれます。つまり、unapply()メソッドはcaseキーワードの後ろでは省略することができるのです。
　そのため、あたかもケースクラスのデフォルトコンストラクタを直接、match式に与えるかのような記述が可能で、非常に見通しの良い実装が可能です。

■ SECTION-032 ■ ケースクラス

ここで、unapply()メソッドによるパターンマッチングは戻り値に抽象クラスであるOptionクラス型が返ります。Optionクラスの子クラスにはSomeクラスとNoneオブジェクトがあります。条件判断が一致したときにはSomeクラスが返り、不一致のときにはNoneオブジェクトが返ります。

◆「unapply()」メソッドによるパターンマッチングのコード例
具体的な例として下記のコード例を見てみましょう。

ケースクラスIntNumberとFloatNumberはそれぞれデフォルトコンストラクタの引数が整数と浮動小数点を持ちます。どちらも、抽象クラスNumberを継承しています。

これらのケースクラスにはそれぞれ対応するケースオブジェクトが自動生成されており、unapply()メソッドを利用することができます。

MainオブジェクトのprintNumber()メソッドは引数に抽象クラスNumber型のオブジェクトnumを受け取ります。受け取ったオブジェクトnumをmatch式のcaseキーワードで条件分岐しています。

最初の条件分岐はオブジェクトがケースクラスIntNumberの引数にIntクラス型の引数num1、num2を指定して生成されるオブジェクトです。次の条件分岐はオブジェクトがケースクラスFloatNumberの引数にFloatクラス型の引数num1、num2を指定して生成されるオブジェクトです。どちらも、自動的にunapply()メソッドが呼び出されて、戻り値にOptionクラス型が返ることでパターンマッチングを行っています。

SOURCE CODE ｜「unapply()」メソッドによるパターンマッチングのコード例

```
abstract class Number()
case class IntNumber ( num1: Int, num2: Int   ) extends Number
case class FloatNumber ( num1: Float, num2: Float  ) extends Number

object Main extends App {
  def printNumber( num: Number ) =
    num match {
      case IntNumber( num1, num2 ) =>
            println( num1 + " x " + num2 + " = " + num1 * num2 )
      case FloatNumber( num1, num2 ) =>
            println( num1 + " + " + num2 + " = " + num1 + num2 )
      case _ =>
  }

  val intNum = IntNumber( 22, 77 )
  printNumber( intNum )
  val floatNum = FloatNumber( 123.2F, 77.9F )
  printNumber( floatNum )
}
```

■ SECTION-032 ■ ケースクラス

各種ユーティリティメソッドの自動生成

ここではケースクラスで自動生成される各種ユーティリティメソッドについて説明します。

◆ 各種ユーティリティメソッドの自動生成とは

ケースクラスは各種ユーティリティメソッドが自動生成されます。これらのユーティリティメソッドを利用することでケースクラスのフィールドやクラス、インスタンスに対するさまざまな操作を行うことが可能になります。

ケースクラスのユーティリティメソッドには次のようなものがあります。

- 等価比較 : equals()、canEqual()
- コピー : copy()
- クラス名とフィールド情報の出力 : toString()
- Productトレイト : productPrefix、productElement()、productIterator、productArity
- ハッシュ値出力 : hashCode()

この中でよく使われるものを以下で説明します。

◆ 「equals()」メソッド

ケースクラスの各フィールドの内容を比較するメソッドがequals()メソッドです。コンストラクタの引数がすべて同じ場合にケースクラスのオブジェクトが等価となります。そのため、ケースクラスが等価かどうかを比較するメソッドがequals()メソッドだともいえます。

使い方は次のようになります。

◉「equals()」メソッドの構文

比較元インスタンス.equals(比較先インスタンス)

◆ 「equals()」メソッドのコード例

下記のコード例では、ケースクラスHumanをデフォルトコンストラクタ引数nameで定義しています。

そして、このケースクラスをクラス名だけでインスタンス化し、インスタンス変数human1、human2、human3にそれぞれ格納しています。

これらはケースクラスのインスタンス変数ですから、ユーティリティメソッドとしてequals()メソッドが利用可能です。

ここでは、「human1.equals(human2)」でインスタンス変数human1とhuman2が等価かどうかをequals()メソッドを使って調べています。equals()メソッドの戻り値はBooleanクラス型なのでif式で判断しています。

SOURCE CODE | 「equals()」メソッドのコード例

```
case class Human( name: String )

object Main extends App {
  val human1 = Human( "青山 隆" )
  val human2 = Human( "アンドロイド No.3" )
```

```
  val human3 = Human( "青山 隆" )

  if( human1.equals( human2 ) ) println( human1 + " = " + human2 )
  else                          println( human1 + " ≠ " + human2 )
  if( human1.equals( human3 ) ) println( human1 + " = " + human3 )
  else                          println( human1 + " ≠ " + human3 )
}
```

◆「canEqual()」メソッド

canEqual()メソッドは生成されたインスタンスが同じケースクラスから生成されたのかどうかを調べてその結果をBooleanクラス型で返します。使い方は次のようになります。

◉「canEqual()」メソッドの構文

比較元インスタンス.canEqual(比較先インスタンス)

◆「canEqual()」メソッドのコード例

下記のコード例ではケースクラスHumanとAnimalを定義しています。どちらもデフォルトコンストラクタの引数はnameです。

ケースクラスHumanをインスタンス化し、インスタンス変数human1とhuman2に格納しています。さらに、ケースクラスAnimalをインスタンス化し、インスタンス変数animal1に格納しています。

まず、インスタンス変数human1とanimal1が同じケースクラスから生成されているかを調べるためにhuman1のcanEqual()メソッドを「human1.canEqual(animal1)」のように呼び出しています。canEqual()メソッドの戻り値はBooleanクラス型であるため、if式内にこれを指定しています。

さらに、インスタンス変数ではなくケースクラス名を直接、記述した「Human("佐々木 幸三")」からもcanEqual()メソッドを利用できます。

SOURCE CODE　「canEqual()」メソッドのコード例

```
case class Human( name: String )
case class Animal( name: String )

object Main extends App {
  val human1 = Human( "佐々木 幸三" )
  val animal1 = Animal( "フェイフェイ" )
  val human2 = Human( "楢崎 美智子" )

  println( human1 + " と " + animal1 + " は")
  if( human1.canEqual( animal1 ) )
    println( "同じケースクラスから生成されています" )
  else
    println( "違うケースクラスから生成されています" )

  println( human1 + " と " + human2 + " は")
```

■ SECTION-032 ■ ケースクラス

```
    if( Human( "佐々木 幸三" ).canEqual( Human( "楢崎 美智子" ) ) )
      println( "同じケースクラスから生成されています" )
    else
      println( "違うケースクラスから生成されています" )
}
```

◆「copy()」メソッド

copy()メソッドは既存インスタンスをコピーして新しいインスタンスを生成するメソッドです。使い方は次のようになります。

●「copy()」メソッドの構文

コピー元インスタンス.copy(コピー先インスタンス)

　具体的にはデフォルトコンストラクタと同じ引数を受け取ってインスタンス化します。このとき、copy()メソッドから返されるのはコピー元のクラスと同じクラスのインスタンスです。

　copy()メソッドの引数は可変長です。引数の中で不足しているものはコピー元のインスタンスの値が使われます。

　また、名前付き引数を使って引数名を明示することができます。名前付き引数は「**引数名 = 値**」の形式で指定します。

◆「copy()」メソッドのコード例

　下記のコード例では、ケースクラスAndroidをデフォルトコンストラクタ引数modelとproductionを指定して宣言しています。

　そしてこのケースクラスをクラス名だけでインスタンス化し、インスタンス変数chisto3に格納しています。このchisto3はケースクラスのインスタンス変数なのでユーティリティメソッドとしてcopy()メソッドが使えます。copy()メソッドを利用してインスタンス変数chisto3のコピーを作成し、別のインスタンス変数chisto4に格納しています。

　ここではcopy()メソッドの引数としてコンストラクタ引数のうち、modelだけを名前付き引数で明示的に設定しています。この場合、もう1つのコンストラクタ引数productionはコピー元のインスタンス変数chisto3のものが使われます。

SOURCE CODE ｜｜「copy()」メソッドのコード例

```
import java.util.Date
case class Android( model: String, production: Date )

object Main extends App {
  val chisto3 = Android( "千聖3号", new Date() )
  val chisto4 = chisto3.copy( model = "千聖4号" )

  printf( "%s : %tF 製造", chisto4.model, chisto4.production )
}
```

■ SECTION-032 ■ ケースクラス

◆「toString()」メソッド
　ケースクラスのユーティリティメソッドの1つである**toString()**メソッドはクラス名とフィールドの情報を文字列で返すメソッドです。
　文字列との結合やprintln()関数によるコンソール出力などを行うときには、toString()メソッドが文字列を返すのが自明なので、toString()メソッドは省略することができます。
　なお、ケースクラスにより自動生成されるコンパニオンオブジェクトのtoString()メソッドはクラス名のみしか返しませんが、ユーティリティメソッドのtoString()メソッドはクラス名とフィールドの情報を返します。

◆「toString()」メソッドのコード例
　下記のコード例ではケースクラス**CommuterPass**を定義しています。デフォルトコンストラクタの引数は**from**と**to**です。
　最初の例ではケースクラス**CommuterPass**に直接、引数「"蒲田"」と「"田町"」を渡してインスタンスを生成し、それをインスタンス変数**myCP**に格納しています。
　ここでインスタンス変数**myCP**にtoString()メソッドを適用して、「myCP.toString()」と指定しています。これをprintln()関数で表示させるとインスタンス変数**myCP**のクラス名「CommuterPass」とフィールドの値「蒲田」と「田町」をセットで「CommuterPass(蒲田,田町)」のように文字列で返します。
　同じようにインスタンス変数**yourCP**をprintln()関数で表示させています。今度はtoString()メソッドを省略していますが、やはり「CommuterPass(渋谷,三軒茶屋)」のようにクラス名とフィールドの値がセットで表示されます。
　さらに、インスタンス変数に格納せずに、ケースクラス名にデフォルトコンストラクタ引数を与えた「CommuterPass("センター北", "センター南")」に対して直接、toString()メソッドを適用しています。この場合もインスタンス変数にいったん格納した場合と同じように「CommuterPass(センター北,センター南)」のようにクラス名とフィールドの値がセットで表示されます。また、「CommuterPass("大井町", "旗の台")」のようにtoString()メソッドを省略しても、println()関数に与えると「CommuterPass(大井町,旗の台)」のようにクラス名とフィールドの値がセットで表示されます。

SOURCE CODE ||「toString()」メソッドのコード例

```
case class CommuterPass( from: String, to: String )

object Main extends App {
  val myCP = CommuterPass( "蒲田", "田町" )
  println( "私の定期券 :" + myCP.toString() )

  val yourCP = CommuterPass( "渋谷", "三軒茶屋" )
  println( "あなたの定期券 :" + yourCP )

  println( CommuterPass( "センター北", "センター南" ).toString() )
  println( CommuterPass( "大井町", "旗の台" ) )
}
```

■ SECTION-032 ■ ケースクラス

◆ Productトレイトの各メソッド

　ケースクラスはProductトレイトが自動的にミックスインされます。このProductトレイトにはproductPrefix、productArity、productElement()、productIteratorの各メソッドが定義されており、これらを利用することができます。

　productPrefixメソッドによりケースクラス名を文字列で得ることができます。

　productArityメソッドによりデフォルトコンストラクタの引数の個数を得ることができます。ケースクラスではデフォルトコンストラクタの引数は自動的にクラスフィールドに設定されるので、これはクラスフィールドの個数を返すともいえます。

　productElement()メソッド、またはproductIteratorメソッドでデフォルトコンストラクタの引数、すなわちクラスフィールドに与えられた値を取得できます。これらのメソッドはデフォルトコンストラクタのパラメータをエクスポートしたいときに使えます。

　productElement()メソッドは引数にデフォルトコンストラクタの何番目の引数の値を得たいかを指定します。この引数は0が1番目の引数を示しますので注意が必要です。

　また、productIteratorメソッドはデフォルトコンストラクタの全引数の列挙をイテレータオブジェクトscala.collection.Iteratorの形式で得ることができます。foreach()メソッドなどイテレータの値取り出しの通常の方法でデフォルトコンストラクタの引数の値をすべて取り出すことができます。

◆ Productトレイトの各メソッドのコード例

　それでは具体的に下記のコード例を見てみましょう。

　まず、デフォルトコンストラクタの引数を5つ持つケースクラスMemberIDを定義しています。そうしてケースクラスMemberIDをインスタンス化し、インスタンス変数member1に格納しています。これで準備は整いました。

　まず、インスタンス変数member1のproductPrefixメソッドを呼び出しています。これで、ケースクラス名「MemberID」を取得してprintln()関数で出力しています。

　次にインスタンス変数member1のproductArityメソッドを呼び出してデフォルトコンストラクタの引数の数「5」を取得してprintln()関数で出力しています。

　また、インスタンス変数member1のproductElement()メソッドでデフォルトコンストラクタの3番目の引数の値を得てprintln()関数で出力しています。ここで、引数の順番は0番から始まりますので、3番目の引数の場合にはproductElement()メソッドの引数に「2」を与えています。

　最後にインスタンス変数member1のproductIteratorメソッドを呼び出すことでデフォルトコンストラクタの全引数の列挙したものを得ています。全引数の内容をprintln()関数で出力するためにforeach()メソッドを用いています。

　なお、「foreach println」は「foreach(println)」の省略記法です。

SOURCE CODE | Productトレイトの各メソッドのコード例

```
case class MemberID(
  firstName: String, secondName: String,
  address: String, age: Int, sex: String
)

object Main extends App{
  var member1 = MemberID(
                "高橋", "綾香", "千葉県習志野市", 40, "女" )

  println( "ケースクラス名 :" + member1.productPrefix )
  println( "引数(フィールド)数 :" + member1.productArity )
  println( "3番目の引数の値 :" + member1.productElement( 2 ) )
  println( "引数の値の列挙" )
  member1.productIterator foreach println
}
```

◆ ケースクラス名から直接、Productトレイト各メソッドを呼び出す

なお、上記の例ではいったんケースクラスをインスタンス化してインスタンス変数に格納していました。他の方法としてインスタンス変数に格納せずにケースクラス名から直接、Productトレイト各メソッドを呼び出すことができます。

たとえば、次のように記述できます。

◉ケースクラス名から直接、Productトレイト各メソッドを呼び出す例
```
MemberID( "高橋", "綾香", "千葉県習志野市", 40, "女" ).productPrefix
```

ケースクラスというものは、クラス名の後ろに引数の値を設定することでデフォルトコンストラクタが呼び出されます。そうして、デフォルトコンストラクタの引数を元にフィールドに値がセットされ、直ちにインスタンス化されるのです。そのため、上記のような記述ができるわけです。

ラムダ式の項の設定

ケースクラスはラムダ式の項の設定が可能です。ここで、ラムダ式とは式の右辺に引数を持つ関数のことをいいます。

具体的には、代入演算子「=」の左辺が型宣言パートで、右辺が無名関数宣言パートです。通常の関数宣言では左辺で行う引数の定義を右辺で行うのが特徴です。詳しくは51ページをご参照ください。

SECTION-033
ケースオブジェクト

ケースオブジェクトとは

ケースクラスと同じように`object`キーワードで定義されるオブジェクトでも`case`を付けたものを**ケースオブジェクト**と呼びます。また、ケースクラスをインスタンス化したものもケースオブジェクトです。

ケースオブジェクトの特徴

ケースオブジェクトもケースクラスと同じような性質を持ちます。ケースオブジェクトは`public`で`static`となり、`new`演算子なしに利用できます。

ただし、オブジェクトはコンストラクタに引数を取ってフィールドに設定することができません。したがって、ケースオブジェクトはフィールドを自動生成することはできません。

さらにケースオブジェクトはScalaの一般的なオブジェクトと同じようにシングルトン、すなわち唯一無二の単一オブジェクトとなります。そのため、自分をコピーして複製を作る`copy()`メソッドは生成されません。

また、ケースオブジェクトはオブジェクトなので、`apply()`メソッドのようなコンパニオンオブジェクトも生成されません。

ケースオブジェクトのコード例

下記のコード例ではScalaのオブジェクト`FullName`の定義の前に`case`キーワードを置いてケースオブジェクトを定義しています。ケースオブジェクトはフィールドを自動生成できません。そこで、フィールド`firstName`と`secondName`を定義し、それぞれに直接、値を代入しています。

ケースオブジェクトにアクセスするには、`new`演算子なしに直接、ケースオブジェクト名「FullName」を指定しています。「FullName」の後ろにドット「.」でつないでフィールド名「firstName」や「secondName」にアクセスしています。

SOURCE CODE | ケースオブジェクトのコード例

```
case object FullName {
  val firstName = "洋子"
  val secondName = "荻野目"
}

object Main extends App{
  println( FullName.secondName + " " + FullName.firstName )
}
```

SECTION-034

値クラス

● 値クラスとは

値クラス(Value Class)はScala2.10以降で利用可能になったクラスのインスタンス化に伴う実行速度を上げるための新しい仕組みです。

具体的には、値クラスは**AnyVal**抽象クラスを継承したサブクラスによって実現されます。**AnyVal**抽象クラスとはJavaのプリミティブ型に当たる**Short**クラス型、**Int**クラス型、**Long**クラス型、**Double**クラス型などのクラスの親クラスにあたるクラスです。

値クラスはコンパイル時にインスタンス化された状態がインライン展開されます。実行時に**new**演算子によるインスタンスが必要な場合に新規オブジェクトの割り当てを行ないません。クラス内部でインライン展開で保持した値を直接、使うことができます。そのため、効率が良くオブジェクト化できるため、実行速度が速くなります。

● 定義方法

値クラスは**AnyVal**抽象クラスを継承(extends)することによって定義します。このとき、デフォルトコンストラクタ(基本コンストラクタ)の引数を、公開範囲が**public**な不変変数**val**として、必ず1つ指定します。複数個の引数を指定することはできないので注意してください。

また、クラス本体のメンバーとして**def**キーワードで定義したメソッドのみを持つことができます。クラス内部にはメンバーとして、不変変数キーワード**val**、または可変変数キーワード**var**で定義されるクラスフィールドを指定することはできません。また、クラス内に入れ子になったクラス、オブジェクト、トレイトなどを定義することもできません。

● 値クラスのコード例

次ページのコード例では値クラス**CatMewing**を定義しています。デフォルトコンストラクタの引数、すなわちクラス**CatMewing**の引数は**cry**の1つだけです。また、**AnyVal**抽象クラスを**extends**キーワードで継承しています。

クラス内部にはフィールドを持たず、**def**キーワードによってメソッドを定義しています。以上で値クラスの条件を満たします。

値クラスの利用にあたっては普通のクラスと同じように**new**演算子でインスタンス化しています。このインスタンス化したオブジェクトをインスタンス変数**tama**に代入しています。値クラスのオブジェクトを利用するため普通のクラスと同じように「**tama.mew()**」としています。

SECTION-034 値クラス

SOURCE CODE | 値クラスのコード例

```
class CatMewing( val cry: String ) extends AnyVal {
  def mew(): Unit = println( "猫は「" + cry + "」と鳴きます。" )
}

object Main extends App{
  val tama = new CatMewing( "なお～～ん！" )
  tama.mew()
}
```

SECTION-035 値オブジェクト

●値オブジェクトとは
値オブジェクト(Value Object)とはフィールドに値を設定したり、何らかの操作を行うためのメソッドを1つも持たず、イミュータブルな値だけを持ったオブジェクトです。値オブジェクトはデザインパターンの「ファクトリーパターン」に対応するオブジェクトということができます。

●値オブジェクトの実現方法
値オブジェクトを実現するためには色々な実装方法が考えられます。ここでは、シールドトレイトをケースクラスで拡張する方法を紹介します。

ケースクラスは149ページで説明したように、ファクトリーパターンに対応したScalaのクラスです。そのため、ケースクラスを使うと値オブジェクトをスマートかつ的確に定義することができます。

●ケースクラスの利用
値オブジェクトの定義にケースクラスを利用するのはなぜでしょうか。それは、149ページで説明したようにケースクラスのフィールドが**public**で**static**で、かつイミュータブルであることを保証しているからです。また、コンパニオンオブジェクトとして**apply()**メソッドが自動生成されるため、ファクトリーパターンをスマートに定義できます。

●シールドクラス／トレイト
同一ファイル内に定義されたクラスからのみ継承可能なクラスまたはトレイトを、**シールドクラス**または**シールドトレイト**といいます。シールドクラス／トレイトは**sealed**キーワード（修飾子）を**class**または**trait**の前に付加することで宣言します。

値オブジェクトの定義では値オブジェクト専用のシールドトレイトを宣言し、これをケースクラスで継承して利用します。

●値オブジェクトのコード例
値オブジェクトの定義方法を下記のコード例で具体的に説明します。

SOURCE CODE | 値オブジェクトのコード例

```scala
sealed trait FullName {
  def firstName: String
  def lastName: String
}

private case class NameImpl(
  firstName: String, lastName: String
) extends FullName {
  println( lastName + " " + firstName )
```

■ SECTION-035 ■ 値オブジェクト

```
}

object FullName {
  def apply(
    firstName: String, lastName: String
  ): FullName = NameImpl( firstName, lastName )
}

object Main extends App {
  // FullName.apply( "純一", "鈴木" )
  FullName( "純一", "鈴木" )
}
```

◆シールドトレイトの定義

まず、シールドトレイトFullNameを定義します。このシールドトレイトには、引数のないメソッドfirstNameとlastNameと戻り値のStringクラス型のみを定義します。このメソッド名が値オブジェクトのイミュータブルな値と対応しています。

◆ケースクラスの定義

次にシールドトレイトFullNameをextendsキーワードで継承したケースクラスNameImplを定義します。このクラスのデフォルトコンストラクタの引数をシールドトレイトFullNameで定義したメソッド名と戻り値に対応させます。ここでは引数名がfirstName、lastNameで型はどちらもStringクラス型です。

◆値オブジェクト本体の定義

次に値オブジェクトの本体としてobjectキーワードでオブジェクトFullNameを定義します。オブジェクト名はシールドトレイトと同じFullNameとします。オブジェクトFullName内にはapply()メソッドを定義します。apply()メソッドの引数はシールドトレイトFullName内のメソッド名と戻り値、およびケースクラスNameImplのデフォルトコンストラクタの引数名と型に合わせます。

apply()メソッドの戻り値はシールドトレイトFullNameとします。さらに、apply()メソッドの内容はケースクラスNameImplとします。ケースクラスNameImplのデフォルトコンストラクタの引数にapply()メソッドをそのまま当てはめます。

◆値オブジェクトの利用

値オブジェクトFullNameはnew演算子を必要とせず、staticに利用できます。

すなわち、値オブジェクトFullNameを直接、指定してapply()メソッドを呼びます。このとき、apply()メソッドの引数に値オブジェクトで保持したいイミュータブルな引数firstName、lastNameとしてそれぞれ「"純一"」「"鈴木"」を設定しています。これで、値オブジェクトは唯一無二のイミュータブルなオブジェクトとして保持されます。

ここで、メソッド名が「apply」のときには呼び出し時にこれを省略することができます。したがって、「FullName("純一", "鈴木")」のように、あたかもオブジェクト名をそのまま指定して値を設定しているように利用することが可能です。

SECTION-036

汎用トレイト

● 汎用トレイトとは

汎用トレイト(Universal Trait)とはAny抽象クラスを継承するトレイトです。値クラスは汎用トレイトでのみ拡張(ミックスイン)することができます。

汎用トレイトは値クラスと同じくメンバーとしてdefキーワードで定義されるメソッドのみを持つことが可能です。内部にはメンバーとして、不変変数val、または可変変数varキーワードで定義されるクラスフィールドを指定することはできません。また、クラス内に入れ子になったクラス、オブジェクト、トレイトなどを定義することもできません。これらはすべてコンパイル時にエラーとなります。

また、汎用トレイトはトレイトのメソッドを使用するときにはじめてインスタンスを作成します。さらに、初期化は一切、行わないので、デフォルトコンストラクタへの引数設定ができないので注意してください。

● 汎用トレイトのコード例

汎用トレイトの定義方法を下記のコード例で具体的に説明します。

まず、Any抽象クラスをextendsキーワードで継承して、汎用トレイトCatNameを定義しています。

次に、extendsキーワードでAnyVal抽象クラスを継承した値クラスCatMewingを定義しています。値クラスCatMewingは汎用トレイトでのみ拡張(ミックスイン)できるので、withキーワード使って、汎用トレイトCatNameを拡張(ミックスイン)しています。

値クラスCatMewingはインスタンス化されて、インスタンス変数tamakichiに代入されています。このインスタンス変数を介して、値クラスCatMewingで定義したメソッドmew()と、汎用トレイトから継承しメソッドshowName()をそれぞれ呼び出して実行しています。

SOURCE CODE 汎用トレイトのコード例

```
trait CatName extends Any {
  def showName(): Unit = println( "猫の名前は「 タマ吉 」です。")
}

class CatMewing( val cry: String ) extends AnyVal with CatName {
  def mew(): Unit = println( "猫は「" + cry + "」と鳴きます。" )
}

object Main extends App{
  val tamakichi = new CatMewing( "なお～～ん！" )
  tamakichi.mew()
  tamakichi.showName()
}
```

CHAPTER 05

パターンマッチング
による条件分岐

SECTION-037
「match」式の利用

▶「match」式とは
　Scalaのパターンマッチングの基本的な構文はmatch式を利用して行います。
　match式は与えられた値に応じて処理を分岐させるScalaの式であり、値を返すこともできます。値に応じて処理を分岐させるのはJavaではswitch文やif文が相当します。
　しかし、Scalaのmatch式はJavaのswitch文やif文のように単に値が一致するかどうかというだけの判断をするわけではありません。パラメータ処理やフィルター処理などと組み合わせたパターンマッチングにより、さまざまな条件による条件分岐が可能となっています。
　Scalaのmatch式によるパターンマッチングには比較対象の型が制限されたりということは一切ありません。そのため、より柔軟で強力なパターンマッチングを行うことができます。

▶「match」式の利用方法
　match式でさまざまな入力値に対してパターンマッチングを行うにはmatchキーワードを記述します。ここで、matchキーワードに与える入力値のことを**セレクター**といいます。
　各パターンごとにcaseキーワードに続いてパターンを記述します。パターンの後ろに「=>」記号を記述し、「=>」記号の後ろに各パターンの処理または戻り値を記述します。想定されるパターン以外のすべてのパターンはアンダースコア記号「_」(プレースホルダ)で表します。

◆ 各パターンごとに処理を記述する場合
　各パターンのcaseキーワードの「=>」記号の後に処理を記述する場合には、複数行にわたり複数の処理を記述することが可能です。Scalaでは、次のパターンのcaseキーワードが現れるまでは一連の処理に関する記述であるとみなされます。
　そのため、Javaのswitch文のように各caseの終わりごとにbreakキーワードを挿入して処理の終わりであることを明示する必要はありません。

●各パターンごとに処理を記述する場合の利用方法
```
セレクター match {
  case パターン1 => パターン1の処理
  case パターン2 => パターン2の処理
  ・・・・・・・
  case _ => 上記以外のパターンの処理
}
```

◆ 各パターンごとに戻り値を記述する場合の利用方法
　「=>」記号の後ろに各パターンの戻り値を指定する場合にはmatch式が戻り値を持ったものとみなされます。すなわち、match式全体を変数に代入することが可能です。

●各パターンごとに戻り値を記述する場合の記述方法

```
val 変数 = セレクター match {
  case パターン1 => パターン1の戻り値
  case パターン2 => パターン2の戻り値
  ・・・・・・・
  case _ => 上記以外のパターンの戻り値
}
```

◆ メソッドの処理本体を「match」式とする利用方法

　上記の変数の代わりにメソッドを定義します。メソッドの処理の本体をそっくりmatch式とします。こうすることで、match式の戻り値をそのままメソッドの戻り値として返すという利用の仕方ができます。

　このとき、メソッドの引数をそのままmatch式のセレクターとして指定します。

　また、メソッドの戻り値の型はmatch式が値を返さない場合もあることから省略することもできます。これはScalaの型推論を利用するものです。

　このように記述するとmatch式をメソッドのように利用できて非常に便利です。この利用方法は比較的よく使われます。

●メソッドの処理本体を「match」式とする利用方法

```
def メソッド( 引数名: 引数の型 ): 戻り値の型 = 引数名 match {
  case パターン1 => パターン1の戻り値
  case パターン2 => パターン2の戻り値
  ・・・・・・・
  case _ => 上記以外のパターンの戻り値
}
```

パターンマッチングの種類

　match式による条件分岐パターンにはさまざまな種類があります。match式による条件分岐パターンを下表に示します。これらの具体的な利用法については本章で説明します。

●「match」式による条件分岐パターン

パターン名	case式の例
ワイルドカードパターン	case _
定数パターン	case 定数
変数パターン	case 変数
変数束縛パターン	case パターン変数 @ (束縛条件)
条件束縛パターン	case パターン変数 if 束縛条件
型付きパターン	case X: 型
固定長シーケンスパターン	case List(X, X, X)
任意長シーケンスパターン	case List(X, _*)
タプルパターン	case (X, X)
コンストラクタパターン	case Some(引数)
抽出子パターン	case 抽出子(引数)

※Xにはパターン変数、固定値またはプレースホルダ「_」を記述します。パターン変数の場合にはマッチした値をパターン変数に束縛できます。プレースホルダ「_」の場合はすべてオブジェクトのパターンを表します。

■ SECTION-037 ■ 「match」式の利用

「match」式のコード例

ここではmatch式の理解を深めるため、match式を使ったパターンマッチングの代表的な使い方の具体例として下記のコード例を見てみましょう。下記のコード例は各パターンごとに戻り値を記述する例です。

SOURCE CODE ｜｜ 「match」式のコード例

```
object Main extends App {
  def numPattern( number: ( Int, String ) ): String = number match {
    case ( 1, _ ) => "壱"
    case ( 2, _ ) => "弐"
    case ( 3, _ ) => "参"
    case ( 4, numberStr ) => numberStr
    case ( 5, numberStr ) => numberStr
    case ( 10, _ ) => "拾"
    case ( numberInt, _ ) => numberInt.toString
    case _ => "不明"
  }

  println( numPattern( 1, "三" ) )
  println( numPattern( 4, "四" ) )
  println( numPattern( 10, "十" ) )
  println( numPattern( 22, "二十二" ) )
}
```

どのようなコードになっているかは以下で説明します。

◆ 「match」式の入出力

メソッドnumPattern()の内部処理として、match式を記述しています。メソッドnumPattern()は1番目がIntクラス型、2番目がStringクラス型の値のセットであるnumberを引数に持ちます。

match式ではこの引数numberをセレクターとして入力値にし、パターンマッチングの結果をStringクラス型で返しています。このmatch式が返した値はそのままメソッドnumPattern()の戻り値としています。

◆ 抽出条件の部分適用

「case (1, _)」は、引数numberの1番目のIntクラス型の値のみをパターンマッチングの抽出条件にすることを示しています。このように抽出条件を部分的に適用することができます。「case (1, _)」は1番目のIntクラス型の値が「1」であることをパターンマッチングの抽出条件にしています。

「case (1, _) => "壱"」は上記の条件を満たす場合には、Stringクラス型の戻り値「"壱"」を返します。返された「"壱"」はそのままメソッドnumPattern()の戻り値となります。

■ SECTION-037 ■ 「match」式の利用

◆ 入力パターンの変数への代入

「case (4, numberStr)」は、1番目のIntクラス型の値が「4」で固定で、2番目のStringクラス型の値は任意で変数numberStrで受け取ることを示しています。たとえば、入力パターンが「(4, "四")」の場合、変数numberStrには「"四"」が代入されます。

「case (4, numberStr) => numberStr」は上記の条件を満たす場合、Stringクラス型の「"四"」が代入され、戻り値numberStrを返します。

「case (numberInt, _)」は1番目のIntクラス型の値は任意で、変数numberIntに代入します。1番目のIntクラス型の値のみを抽出条件に部分適用し、2番目のStringクラス型の値を抽出条件から除外することを示すためにプレースホルダ「_」が記述されています。

SECTION-038
ワイルドカードパターン

● ワイルドカードパターンとは
ワイルドカードパターンはmatch式によるパターンの1つで、すべてのオブジェクトにマッチするパターンのことをいいます。

すべてのオブジェクトにマッチするので他のマッチングパターンと併用し、「その他すべて」の意味合いで利用することが多いです。ちょうど、Javaの**switch**文における**default**キーワードと同じような位置付けです。

もしも、ワイルドカードパターンを記述しなかった場合、セレクターにパターンにマッチしない値が入ってきたときに実行時にエラー**MatchError**が発生してしまいます。

● ワイルドカードパターンの記述方法
ワイルドカードパターンは**case**キーワードの後ろのパターンとしてワイルドカード記号であるプレースホルダ「**_**」を記述します。

● ワイルドカードパターンのコード例
具体例として下記のコード例を見てみましょう。

SOURCE CODE ｜ ワイルドカードパターンのコード例

```
object Main extends App {
  def decisionString( anyValue: Any ): String = anyValue match {
    case  str: String => str + " は文字列です"
    case  _ => "文字列ではありません"
  }

  println( decisionString(  List( 13, 14, 15, 16 ) ) )
  println( decisionString(  "你好！" ) )
  println( decisionString(  3.14F ) )
}
```

どのようなコードになっているかは以下で説明します。

◆ メソッド「decisionString()」の定義

Anyクラス型の**anyValue**を引数に持つメソッド**decisionString()**を定義しています。ここで、**Any**クラスはScalaのすべてのクラスのスーパークラスであり、すべてのクラスは**Any**クラスの派生クラスです。

メソッド**decisionString()**の処理の本体は**match**式です。**match**式のセレクターとして、引数**anyValue**与えています。セレクターが文字列型かどうかを型付パターンで**String**クラス型かどうかを判断しています。

■SECTION-038■ ワイルドカードパターン

◆ワイルドカードパターンの記述

　文字列でないと判断された場合は、Stringクラス型以外のすべての型の値を「case _」と記述することでワイルドカードパターンでの処理に委ねています。セレクターとしてAnyクラス型の値が入力されますので、すべてのオブジェクトにマッチするワイルドカードパターンを利用しているわけです。

◆メソッド「decisionString()」の呼び出し

　メソッドdecisionString()に文字列の引数を与えた「decisionString("你好！")」の場合には「**你好！ は文字列です**」と表示されます。

　しかし、「decisionString(List(13, 14, 15, 16)))」のように文字列以外の引数を与えた場合には、ワイルドカードパターンの「case _」でパターンマッチングが行われ、「**文字列ではありません**」と表示されます。

SECTION-039
定数パターン

▶定数パターンとは
match式による条件抽出を定数によって行うパターンマッチングが**定数パターン**です。Javaのswitch文でもおなじみのパターンです。

定数の種類には数字、真偽値(true、false)、文字列、空リスト(Nil)などがあります。

▶複数の定数のマッチング
複数の定数のマッチングに対して同じ値を返したり、同じ処理を行いたい場合には、OR記号「|」で複数の定数を複数の定数を列挙します。このようにすることで同じ戻り値や処理を重複して繰り返し記述することを避けることができ、シンプルに実装することが可能です。

▶定数パターンのコード例
下記のコード例を見てみましょう。この例は定数として数字をパターンマッチグの対象にしています。

SOURCE CODE | 定数パターンのコード例

```
object Main extends App {
  def trackNumberKyoto( trackNo: Int ): String = trackNo match {
    case  0 => "草津線、湖西線、北陸線"
    case  2 | 3 => "湖西線、琵琶湖線"
    case  4 | 5 | 6 | 7 => "JR京都線"
    case  8 | 9 | 10 => "奈良線"
    case 30 => "山陰線"
    case 31 | 32 | 33 => "嵯峨野線"
  }

  println( trackNumberKyoto(  0 ) )
  println( trackNumberKyoto(  2 ) )
  println( trackNumberKyoto(  7 ) )
  println( trackNumberKyoto(  9 ) )
  println( trackNumberKyoto( 32 ) )
}
```

どのようなコードになっているかは以下で説明します。

◆ メソッド「trackNumberKyoto()」の定義

メソッドtrackNumberKyoto()はIntクラス型の引数trackNoを持ち、Stringクラス型を返します。

メソッドtrackNumberKyoto()の処理の本体はmatch式です。引数trackNoをセレクターとしてmatch式に与えて条件分岐を行っています。

◆ 定数パターン

　match式のパターンマッチングの条件分岐を定数パターンで行っています。

　trackNoが「0」の場合は文字列「"**草津線、湖西線、北陸線**"」を返すように「case　0 => "**草津線、湖西線、北陸線**"」としています。これが定数のマッチングの基本的な記述方法です。

　複数の定数「2」「3」に対して同じ値を返すために定数をOR記号「|」でつないで「2 | 3」を抽出条件として与えています。これで、定数「2」または「3」という条件でパターンマッチングを行っています。

◆ メソッド「trackNumberKyoto()」の呼び出し

　メソッドtrackNumberKyoto()の引数に整数値を与えて呼び出しています。

　たとえば、引数が「2」の場合にはmatch式の定数パターン「2 | 3」にマッチし「**湖西線、琵琶湖線**」が出力されます。

SECTION-040

変数パターン

▶ 変数パターンとは

match式による条件抽出を変数によって行うパターンマッチングが**変数パターン**です。

ワイルドカードパターンとほぼ同じパターンマッチングの方法であり、すべての値やオブジェクトを抽出対象にしています。ワイルドカードパターンとの違いは変数パターンマッチした値を変数に代入してしまいます。このことをScalaでは**変数に束縛する**といいます。

このような変数パターンにおいて束縛される変数のことを**パターン変数**といいます。

▶ 変数パターンの注意点

Scalaのコンパイラによる字句解析では先頭が小文字の場合にはパターン変数で、それ以外の場合は定数とみなします。そのため、変数パターンによるパターンマッチングを行うためには必ず先頭を小文字にする必要があるので注意してください。

また、変数パターンはパターン変数によってすべての値にマッチさせることができます。したがって、すべてのオブジェクトにマッチするプレースホルダ「_」をcaseキーワードの後ろに記述しても無視されて評価されないので注意が必要です。

さらにパターン変数は変数パターンの中で一度しか登場させることができません。このようにパターン変数には**二度書き禁止ルール**が存在します。こちらも注意しましょう。

▶ 変数パターンのコード例

具体例として下記のコード例を見てみましょう。

SOURCE CODE | 変数パターンのコード例

```
object Main extends App {
  final val HitNumber = 777

  def numbersRacket( betNumber: Int ): String = betNumber match {
    case HitNumber =>
           "「" + HitNumber + "」は「当たり」です！"
    case somthingElseNumber =>
           "「" + somthingElseNumber + "」は「ハズレ」です・・"
    case _ => "ハズレました"   // 無視されます
  }

  println( numbersRacket( 99 ) )
  println( numbersRacket( 777 ) )
  println( numbersRacket( 11111 ) )
}
```

どのようなコードになっているかは以下で説明します。

◆ メソッド「numbersRacket()」の定義

　Intクラス型の引数betNumberとStringクラス型の戻り値を持つメソッドnumbersRacket()が定義されています。

　メソッドnumbersRacket()の処理の本体はmatch式です。引数betNumberがmatch式のセレクターとしてパターンマッチングを行っています。

◆ 変数パターンの記述

　あらかじめ定数HitNumberが定義されているので、「case HitNumber」は定数パターンのパターンマッチングとなっています。

　次の「case somthingElseNumber」が変数パターンです。match式に与えられたセレクターの値を変数somthingElseNumberに束縛しています。戻り値の文字列にこの束縛された変数を結合してmatch式を返しています。

◆ メソッド「numbersRacket()」の呼び出し

　このメソッドnumbersRacketに引数として整数を適当に設定して呼び出し、結果をprintln()関数で表示しています。たとえば、「println(numbersRacket(777))」の結果は「「777」は「当たり」です！」と表示されます。

SECTION-041

変数束縛パターン

▶ 変数束縛パターンとは

変数束縛パターンとは、パターン内にある変数を特定の条件で束縛するパターンです。

束縛した変数は条件束縛パターンで使う`if`式や「`=>`」記号の後ろに記述する`match`式の戻り値設定や処理記述で使うことができます。

▶ 変数束縛パターンの記述方法

変数束縛パターンは次のように記述します。

● 変数束縛パターンの記述方法

```
パターン変数 @ ( 束縛条件 )
```

条件を付けたいパターン変数の後ろに「`@`」記号を置き、「`@`」記号の後ろにパターン変数を束縛する条件を記述します。パターン変数を束縛する条件は括弧「`()`」内に指定することができます。

この条件指定ですが、たとえば、OR条件であれば、縦棒「`|`」記号で区切って複数の値を指定することができます。あるいは複数の値セットに合致することを条件とする場合には、タプル形式でカンマ「`,`」記号で区切って指定することができます。

ちなみに、変数束縛パターンは純粋関数型プログラミング言語であるHaskellで「as Pattern」と呼ばれているもので、Scalaと同じように「`@`」記号を使います。

▶ 変数束縛パターンのコード例

下記のコード例で、具体例を見てみましょう。

SOURCE CODE 変数束縛パターンのコード例

```scala
object Main extends App {
  def accountsTitle( account: String ): String = account match {
    case acc @ ( "受取手形" | "売掛金" | "電子記録債権" )
        => acc + " → " + "売上債権"
    case acc @ ( "電話加入権" | "ソフトウェア" | "借地権" | "特許権" )
        => acc + " → " + "無形固定資産"
    case _ => "勘定科目不明"
  }

  println( accountsTitle( "電子記録債権" ) )
  println( accountsTitle( "ソフトウェア" ) )
  println( accountsTitle( "開発費" ) )
}
```

どのようなコードになっているかは以下で説明します。

■ SECTION-041 ■ 変数束縛パターン

◆ メソッド「accountsTitle()」の定義

メソッドaccountsTitle()はStringクラス型の引数accountを持ち、Stringクラス型を返します。このメソッドの戻り値の設定にmatch式が使われています。

メソッドaccountsTitle()の処理の本体はmatch式です。match式はメソッドの引数accountをセレクターとしてパターンマッチングを行っています。

◆ 変数束縛パターンの記述

最初のcaceキーワードの後ろのパターンはセレクターとして入力された値をパターン変数accに束縛しています。束縛条件は「@」記号の後ろの括弧「()」内に記述されています。具体的には、「"受取手形" | "売掛金" | "電子記録債権"」というようにOR記号「|」で3つの文字列のどれか1つに合致することを束縛条件にしています。

次のcaceキーワードの後ろのパターンも同じようにOR記号を使って4つの文字列のどれか1つに合致することを束縛条件にしています。

さらに、これらのパターン以外のすべてのパターンを「case _」のように記述しています。ここで、プレースホルダ「_」はすべてのオブジェクトにマッチするワイルドカードパターンです。

◆ メソッド「accountsTitle()」の呼び出し

メソッドaccountsTitle()に引数として文字列を設定して呼び出し、結果をprintln()関数で表示しています。たとえば、「println(accountsTitle("ソフトウェア"))」の結果は「**ソフトウェア → 無形固定資産**」と表示されます。

COLUMN
束縛とは何か

束縛は、**バインディング(Binding)**、または**バインド(Bind)**とも呼ばれ、「割り当てる」「縛りを与える」といった意味で使われます。代入がガチガチに値を決めてしまうのに比べ、束縛は代入よりも、もう少しゆるい意味で使われます。

別の言い方をすると、変数を箱として、箱にオブジェクトを入れて保管するのが代入です。箱とオブジェクトに荷札(タグ)を付けるのが束縛です。ここでオブジェクトは変数に束縛され、変数はオブジェクトを束縛しています。

なお、Scalaでは束縛と代入という用語を明確に区別して使っているので注意が必要です。

具体的には、「match」式によるパターンの記述内で変数に入力されたセレクターの値を割り当てることは束縛といいます。条件抽出しているときにパターンによって動的に変数に値を「割り当てている」ので、代入とは違った動作を行っています。そこで、代入と明確に区別する必要があることから、束縛という用語を使って使い分けているのです。

SECTION-042
条件束縛パターン

▶条件束縛パターンとは
match式のパターンに変数を束縛する条件として if 式を付加するパターンを**条件束縛パターン**といいます。この if 式による条件のことを**ガード条件**といいます。

▶条件束縛パターンの記述方法
条件束縛パターンは次のように記述します。

●条件束縛パターンの記述方法

```
変数 if 束縛条件
```

if 式に変数を束縛するための条件を記述します。この if 式は必ず変数の後ろに記述する必要があるので注意してください。

▶条件束縛パターンのコード例
下記のコード例で、具体例を見てみましょう。

SOURCE CODE | 条件束縛パターンのコード例

```scala
object Main extends App {
  def heightRequirements( height: Int ): String = {
    val message = height match {
      case cm if ( 100 < cm ) && ( cm <= 120 )
        => "「ミニコースター」に乗れるよ!"
      case cm if cm > 120
        => "「スカイコースター」には乗れるよ!"
      case _ => "残念ながら何も乗れないよ・・"
    }

    return "身長 " + height + " センチの君は " + message
  }

  println( heightRequirements( 145 ) )
  println( heightRequirements( 112 ) )
  println( heightRequirements(  90 ) )
}
```

どのようなコードになっているかは以下で説明します。

■ SECTION-042 ■ 条件束縛パターン

◆ メソッド「heightRequirements()」の定義

　メソッドheightRequirements()はIntクラス型の引数heightを持ち、Stringクラス型を返します。このメソッドの戻り値の設定にmatch式が使われています。

　match式はメソッドの引数heightをセレクターとしてパターンマッチングを行っています。

　match式が返した文字列は変数messageに代入された後、「"身長 " + height + " センチの君は　"」といいう文字列を付加した後、メソッドheightRequirements()の戻り値として返されます。

◆ 条件束縛パターンの記述

　最初のcaseキーワードの後ろのパターンはセレクターとして入力された値を変数cmに束縛しています。ガード条件として、if式で「if (100 < cm) && (cm <= 120)」のように記述しています。

　次のcaseキーワードの後ろのパターンも同じようにif式でガード条件を指定し、変数cmがセレクターとして入力された値に束縛される条件を指定しています。

　さらに、これらのパターン以外のすべてのパターンを「case _」のようにワイルドカードパターンで記述しています。

◆ メソッド「heightRequirements()」の呼び出し

　メソッドheightRequirements()に引数として整数を設定して呼び出し、結果をprintln()関数で表示しています。

　たとえば、「println(heightRequirements(145)　)」の結果は「**身長 145 センチの君は「スカイコースター」には乗れるよ！**」と表示されます。

SECTION-043

型付きパターン

●型付きパターンとは
match式に与えられるセレクターの型を抽出条件にしてパターンマッチングを行うのが**型付きパターン**です。

●型付きパターンの記述方法
型付きパターンは、caseキーワードの後ろに「**パターン変数: 型**」のように記述します。ここでパターン変数の束縛の対象は、すべてのオブジェクトとなります。そうして、束縛されたパターン変数はパターンマッチングの結果として参照することができます。

なお、パターン変数をプレースホルダ「_」で置き換えることもできます。この場合には、パターンマッチング結果としてパターン変数を利用することができなくなります。

ここで、パターンにマッチした場合の処理にセレクターの値が必要な場合、パターン変数に束縛します。

たとえば、Stringクラス型の型付きパターンの場合には「str: String」のように記述します。ここで、strがパターン変数です。このパターン変数はStringクラス型にマッチした場合のみ値が束縛され利用することができます。

●Mapトレイト型の型付きパターン
Mapトレイト型を型付きパターンでパターンマッチングさせるには、「Map[_, _]」のように記述します。Mapはキーと値のセットからなるリストですので、「[]」の中の最初のワイルドカード「_」がキーで後ろのワイルドカード「_」が値を表します。

●型付きパターンのコード例
具体例として下記のコード例を見てみましょう。

SOURCE CODE | 型付きパターンのコード例

```
object Main extends App {
  def printContents( anyVal: Any ): Unit = anyVal match {
    case str: String => println( "Stringクラス型:" + str )
    case flt: Float => println( "Floatクラス型:" + flt )
    case map: Map[ _, _ ] => print( "Map型:" ); map.foreach( print )
    case _ =>
  }

  printContents( "源氏物語" )
  printContents( 2.718281828459F )
  printContents( Map( 1->'壱', 2->'弐', 3->'参') )
}
```

どのようなコードになっているかは以下で説明します。

◆メソッド「printContents()」の定義

　Anyクラス型の引数anyValを持つメソッドprintContents()が定義されています。このメソッドは戻り値を持たないので、Unit型としています。

　ここで、メソッドprintContents()の処理の本体はmatch式です。

◆型付きパターンの記述

　match式の最初のパターンはStringクラス型との型付きパターンです。このパターンはセレクターがStringクラス型の場合にパターン変数strを束縛しています。

　次のパターンも型付きパターンで、今度はFloatクラス型とのパターンマッチングを行っています。

　3番目のパターンはMapトレイト型との型付きパターンです。Mapのキーと値をそれぞれワイルドカード「 _ 」で記述し、「Map[_, _]」のようになっています。このパターンもセレクターの値がMapクラス型の場合にパターン変数mapに束縛しています。このパターン変数mapのキーと値のセットをforeach()メソッドですべて取り出し表示しています。

◆メソッド「printContents()」の呼び出し

　メソッドprintContents()を呼び出すとき、引数がMapトレイト型の場合は、「Map(1->'壱', ・・・)」のように「キー->値」をセパレーター「,」で区切って複数、指定しています。

SECTION-044
固定長シーケンスパターン

● 固定長シーケンスパターンとは
　Seqトレイトを継承したListコレクションや配列Arrayクラスなどのリスト型クラスの要素の個数を固定するパターンマッチングのパターンを**固定長シーケンスパターン**といいます。

● 固定長シーケンスパターンの記述方法
　固定長シーケンスパターンでは、「**リストクラス名（ 値1， 値2， 値3， ・・・ ）**」のように、各要素に値をカンマ「，」で区切ってパターンを記述します。ここで、値が決まっている要素には直接、値を記述し、値が決まっていない要素はプレースホルダ「_」で記述します。これはワイルドカードという意味で、任意のオブジェクトが要素として当てはめられる可能性があることを示しています。

　なお、プレースホルダ「_」をパターン変数で置き換えると、パターン変数に要素の値を束縛し、パターマッチング結果として利用することができます。たとえば、Listクラスで要素の個数が3つの固定長シーケンスパターンは「List(値1， 値2， 値3)」のように記述します。

　ここで、たとえば1番目の要素と3番目の要素の値が決まっていて、2番目の要素は値が決まっていない場合には、プレースホルダ「_」を当てはめて、「Seq(値1， _， 値3)」のように記述します。

● 固定長シーケンスパターンのコード例
　具体例として下記のコード例を見てみましょう。

SOURCE CODE ｜｜ 固定長シーケンスパターンのコード例
```
object Main extends App {
  def brotherMatch( brother: List[ String ] ):Unit = brother match {
    case List( _, "次郎", _ ) =>
      println( "3人兄弟の2番目は「次郎」です" )
    case _ => println( "2番目の兄弟は「次郎」ではありません" )
  }

  brotherMatch( List( "一郎", "二郎", "三郎" ) )
  brotherMatch( List( "太郎", "次郎", "花子" ) )
}
```

　どのようなコードになっているかは以下で説明します。

■SECTION-044■ 固定長シーケンスパターン

◆メソッド「brotherMatch()」の定義

　メソッドbrotherMatch()の引数brotherがStringクラス型を要素に持つListクラス型です。このメソッドには戻り値はないのでUnit型としています。

　メソッドbrotherMatch()の処理の本体はmatch式です。この引数brotherをセレクターとしてmatch式が受け取り、パターンマッチングを行っています。

　match式の戻り値はなくUnit型となるので、これをそのままメソッドbrotherMatch()の戻り値としてます。

◆固定長シーケンスパターンの記述

　パターンマッチングのパターンは「List(_, "次郎", _)」となっています。これはListコレクションの要素の個数が3つで固定長となっており、2番目の要素が「"次郎"」で1番目と3番目は任意の要素であるパターンを表しています。

　ここでは、セレクターが「List("一郎", "二郎", "三郎")」のときはマッチしませんが、「List("太郎", "次郎", "花子")」のときはデータが3つで2番目が「"次郎"」なのでマッチします。

◆メソッド「brotherMatch()」の呼び出し

　メソッドbrotherMatch()の引数に3つの要素を持つ「List("一郎", "二郎", "三郎")」を与えた場合には、2つ目の要素が「"次郎"」ではないので固定長シーケンスパターンにマッチしません。

　同じように「List("太郎", "次郎", "花子")」を引数に与えた場合には、3つの要素があり、2つ目の要素が「"次郎"」なのでマッチし、「3人兄弟の2番目は「次郎」です」と出力されます。

SECTION-045
任意長シーケンスパターン

●任意長シーケンスパターンとは
　要素の個数を固定しないで任意の要素に対して行うパターンマッチングのパターンを**任意長シーケンスパターン**といいます。

　ここで、要素の個数を固定しない対象として、Seqトレイトを継承したコレクションであるListクラス、あるいは配列Arrayクラスなどのリスト型クラスが挙げられます。

●任意長シーケンスパターンの記述方法
　すべての要素を確定させる必要がなく任意の要素を持つ任意長シーケンスパターンは、「リストクラス名(_, _*)」と記述します。ここで、プレースホルダ「_」は任意のオブジェクトを表します。また、プレースホルダ「_」の後ろにアスタリスク「*」を付加した「_*」記号は、要素の個数を固定しない、すなわち任意長であることを示します。

　また、任意長シーケンスパターンには、「リストクラス名(値, _*)」のように1つ目の要素に直接値を記述し、カンマ「,」で区切って、2番目の要素を「_*」記号にする場合があります。この場合には、1番目の要素が確定していて、2番目以降が任意の個数の要素を持つ任意長シーケンスパターンを表すことができます。

　たとえば、Listクラスで要素が任意の任意長シーケンスパターンは「List(_, _*)」のように記述します。ここで、「_」はワイルドカードなので、すべてのオブジェクトを表します。また、「*」は任意の要素の個数を表します。

　さらに、任意長パターンにおいてマッチした値をすべて取り出すためには「@」を「_*」の前に置いて、「@_*」と記述します。

●任意長シーケンスパターンのコード例
　具体例として下記のコード例を見てみましょう。

SOURCE CODE ｜ 任意長シーケンスパターンのコード例

```
object Main extends App {
  def brotherMatch( brother: List[ String ] ):Unit = brother match {
    case List( "一郎", _* ) =>
      println( "兄弟の長男は「一郎」です" )
    case List( list @_* ) =>
      println( "兄弟の全員名簿：" + list )
    case _ =>
  }

  brotherMatch( List( "一郎", "二郎", "三郎", "四郎", "五郎" ) )
  brotherMatch( List( "太郎", "次郎", "花子", "莉花子" ) )
}
```

◆ メソッド「brotherMatch()」の定義

188ページのコード例と同じようにメソッドbrotherMatch()の引数brotherがStringクラス型を要素に持つListクラス型です。

メソッドbrotherMatch()の処理の本体はmatch式です。この引数brotherをセレクターとしてmatch式が受け取り、パターンマッチングを行っています。

◆ 任意長シーケンスパターンの記述

最初のパターンマッチングのパターンは「List("一郎", _*)」となっています。これはListコレクションの要素の個数が任意の長さで、1番目の要素が「"一郎"」であるパターンを表しています。

次のパターンマッチングのパターンは「List(list @_*)」となっています。これはListコレクションの要素の個数が任意長の要素すべてにマッチするパターンのときにすべての要素を取り出すことを表しています。

このとき、すべての要素はパターン変数listに束縛されます。このパターン変数listを「=>」記号の右の処理内で参照することができます。

◆ メソッド「brotherMatch()」の呼び出し

メソッドbrotherMatch()に与える引数がmacth式のセレクターとなります。セレクターが「List("一郎", "二郎", "三郎", "四郎", "五郎")」のときは1番目の要素が「"一郎"」なので、「List("一郎", _*)」パターンにマッチします。

また、セレクターが「List("太郎", "次郎", "花子", "莉花子")」のときはリストの全要素を出力する「List(list @_*)」パターンにマッチします。

SECTION-046
タプルパターン

●タプルパターンとは
match式のパターンマッチングでタプル（Tuple）をパターンに用いるのが**タプルパターン**です。

タプル(Tuple)は「組」という意味であり、Scalaではいくつかの値を組にしてまとめたものをタプルといいます。

●タプルパターンの記述方法
タプルパターンは「(値1, 値2, ・・・)」のようにタプル形式で任意のオブジェクトをカンマ「,」で区切ってパターンを記述します。

ここで、タプルの要素のうち、パターンマッチングさせる必要のない要素についてはプレースホルダ「_」を記述します。たとえば、「(値1, _, 値3)」のように記述します。

これはワイルドカードという意味で、すべてのオブジェクトを表します。プレースホルダ「_」を記述した要素はすべての値にマッチしますのでパターマッチングの対象から除外されます。

なお、プレースホルダ「_」をパターン変数で置き換えると、パターン変数に要素の値を束縛し、パターンマッチング結果として利用することができます。

●タプルパターンのコード例
具体例として下記のコード例を見てみましょう。

SOURCE CODE | タプルパターンのコード例

```
object Main extends App {
  def printVideo( video: Any ): Unit = video match {
    case ( no ,title, genre )
      => println(
        "・No.:%d・タイトル:%s・分野:%s".format( no ,title, genre ) )
    case _ => println( "形式が一致しませんでした" )
  }

  printVideo( ( 2380112, "タイタニック", "洋画" ) )
  printVideo( ( 1172554, "ショーシャンクの空に", "洋画",
                                      "モーガン・フリーマン" ) )
  printVideo( "ラストエンペラー" )
}
```

どのようなコードになっているかは以下で説明します。

◆ メソッド「printVideo()」の定義

　メソッドprintVideo()の引数videoをAnyクラス型とし、すべてのオブジェクトを対象としています。

　メソッドprintVideo()の処理の本体はmatch式です。この引数をmatch式のセレクターとしてパターンマッチングを行っています。

◆ タプルパターンの記述

　パターンはタプルパターンとして「case (no ,title, genre)」を指定しています。これは3つの要素を持つタプルと一致したときにマッチするパターンです。

　要素の数が違ったり、タプル以外の形式はマッチしません。マッチしない場合には、ワイルドカードパターンの「_」のcaseキーワードの処理を行います。

◆ メソッド「printVideo()」の呼び出し

　メソッドprintVideo()の引数にタプルの要素が3つある「(2380112, "タイタニック", "洋画")」を渡した場合には、タプルパターンにマッチして、「・No.:2380112,・タイトル:タイタニック,・分野:洋画」のように表示されます。

　しかし、要素の数が4つあったり、タプル形式ではない文字列を渡した場合には、タプルパターンにマッチせずに「**形式が一致しませんでした**」と表示されます。

SECTION-047
コンストラクタパターン

▶ コンストラクタパターンとは

ケースクラスのコンストラクタによるパターンを**コンストラクタパターン**といいます。コンストラクタパターンは内部ではケースクラスのケースクラスにより自動生成されるコンパニオンオブジェクトの unapply() メソッドを利用しています。

ケースクラスはインスタンス化において new 演算子が不要で、コンストラクタに引数を与えて呼び出すと、即座にそれがクラスフィールドになるという便利なクラスです。

コンストラクタパターンはケースクラスのコンストラクタはもちろん、コンストラクタに与えられた引数、すなわち、フィールドもパターンマッチングの対象となる非常に強力なパターンです。

▶ コンストラクタパターンの記述方法

コンストラクタパターンはケースクラスのコンストラクタに必要な引数を与えて「Some(引数)」のように記述します。

ここで「Some」はケースクラスのコンストラクタを表します。この引数は必要なだけいくつでも記述できます。また、引数にはワイルドカード「_」が使えます。さらに、引数をパターン変数に束縛し、「=>」記号以下の処理で参照することもできます。

▶ コンストラクタパターンのコード例

具体的な利用方法を下記のコード例で見てみましょう。

SOURCE CODE | コンストラクタパターンのコード例

```
case class BusinessPartner(
        fullName: String, company: String, unitPrice: Int )
case class Company(
        name: String, employeeMumber: Int, CapitalStock: Int )

object Main extends App {
  def outBpInfomation( bp: Any ): String = bp match {
    case BusinessPartner( _, "(株)ブレイン", _ )
        => "(株)ブレインの社員"
    case BusinessPartner( fullName, company, unitPrice )
        => "＜社員情報＞" +
           fullName + "、" + company + "、" + f"$unitPrice%,3d円"
    case _ => "パターンに一致しません"
  }

  val michiko =
    BusinessPartner( "福富 美智子", "(株)ブレイン", 890000 )
  val yusuke =
    BusinessPartner( "中川 雄介", "システム企画(株)", 850000 )
```

```
    val brain =
      Company( "(株)ブレイン", 560, 30000000 )

    println( outBpInfomation( michiko ) )
    println( outBpInfomation( yusuke ) )
    println( outBpInfomation( brain ) )
  }
```

どのようなコードになっているかは以下で説明します。

◆ ケースクラスの定義

ケースクラスBusinessPartner、Companyはそれぞれコンストラクタ引数を3つ持っています。これらの3つの引数はコンストラクタが呼び出された時点で即座にケースクラスのフィールドになります。

◆ メソッド「outBpInfomation()」の定義

メソッドoutBpInfomation()は任意のクラスを表すAnyクラス型の引数bpを持ち、Stringクラス型を返します。

メソッドoutBpInfomation()の処理の本体はmatch式です。この戻り値の生成をmatch式が受け持ちます。

match式はメソッドoutBpInfomation()の引数bpをセレクターとして受け取りパターンマッチングを行っています。

◆ コンストラクタパターンの記述

最初のパターン「BusinessPartner(_, "(株)ブレイン", _)」がコンストラクタパターンです。ケースクラスBusinessPartnerのコンストラクタの3つの引数のうち、1番目と3番目が任意で2番目が「"(株)ブレイン"」となるパターンにマッチします。

2つ目のパターン「BusinessPartner(fullName, company, unitPrice)」もコンストラクタパターンです。ケースクラスBusinessPartnerのコンストラクタの3つの引数をパターン変数fullName、company、unitPriceに束縛しています。これで「=>」記号の右辺の処理でこれらのパターン変数を参照することが可能になっています。

どちらのパターンもコンストラクタが「BusinessPartner」以外のものがセレクターとして渡されるとマッチしません。この場合には、ワイルドカードパターン「_」にマッチします。

◆ ケースクラスのインスタンス化

ケースクラスBusinessPartnerのコンストラクタに引数が3つ渡されて2回、呼び出され、インスタンス化されています。インスタンスはそれぞれ2つの変数michiko、yusukeに代入されています。

また、ケースクラスCompanyのコンストラクタに引数が3つ渡されて呼び出され、インスタンス化されています。インスタンスは変数brainに代入されています。

◆ メソッド「outBpInfomation()」の呼び出し

　メソッドoutBpInfomation()の引数にケースクラスBusinessPartnerのインスタンス変数michikoを与えて呼び出しています。この場合にはコンストラクタが「BusinessPartner」で、コンストラクタの2番目の引数が「"(株)ブレイン"」なので1つ目のパターンにマッチし、「**(株)ブレインの社員**」と出力されます。

　同じようにメソッドoutBpInfomation()の引数に「yusuke」を与えて呼び出すと2つ目のパターンにマッチし、「**＜社員情報＞中川　雄介、S企画(株)、850,000円**」と出力されます。

　さらにメソッドoutBpInfomation()の引数に「brain」を与えて呼び出しています。この場合、インスタンス変数brainのコンストラクタは「Company」であり「BusinessPartner」ではないため、1つ目と2つ目のコンストラクタパターンにはマッチしません。そこで、ワイルドカードパターン「_」にマッチし、「**パターンに一致しません**」と出力されます。

SECTION-048
抽出子パターン

● 抽出子とは
抽出子(Extractor) とは、unapply()メソッドを実装しているシングルトンオブジェクトのことです。なお、unapply()メソッドの引数には抽出対象となる型の引数を指定します。また、unapply()メソッドの戻り値はBooleanクラス型、または抽象クラスであるOptionクラス型を返すように記述する必要があります。

● 抽出子パターンとは
unapply()メソッドを持つオブジェクトはパターンマッチングを行うことができます。そこで、unapply()メソッドを実装している抽出子を独自に定義してパターンマッチングを行うパターンを **抽出子パターン** といいます。

抽出子パターンよるパターンマッチングでは抽出条件が一致したときにはSomeクラスが返り、不一致のときにはNoneオブジェクトが返ります。ここで、SomeクラスとNoneオブジェクトはどちらも抽象クラスOptionを継承しています。

● 抽出子パターンの記述方法
match式のcaseキーワードに引数のあるオブジェクトを指定した場合、自動的にunapply()メソッドが呼ばれるので、unapply()メソッドは省略することができます。そこで、抽出子パターンは「**抽出子(引数)**」のようになります。

● 抽出子パターンのコード例
具体例として下記のコード例を見てみましょう。

SOURCE CODE | 抽出子パターンのコード例

```
class Animal( val name: String, val cry: String)

object Animal {
  def unapply( animal: Animal ): Option[ ( String, String ) ]
                              = Option( ( animal.name, animal.cry ) )
}

object Main extends App {
  def animalCry( animal: Animal ) = animal match {
    case Animal( name, cry ) =>
            println( name + " は『" + cry + "』と鳴きます。" )
    case _ => println( "マッチしませんでした。" )
  }

  val ducks = new Animal( "アヒル", "ガーガー" )
  animalCry( ducks )
```

```
    animalCry( new Animal( "牛", "モー" ) )
}
```

どのようなコードになっているかは以下で説明します。

◆ クラス「Animal」の定義
　Stringクラス型の2つの引数nameとcryを持つクラスAnimalを定義します。

◆ コンパニオンオブジェクト「Animal」の定義
　次にクラスAnimalと同じ名前のコンパニオンオブジェクトAnimalを定義します。コンパニオンオブジェクトAnimalの引数はクラスAnimal型のanimalです。
　コンパニオンオブジェクトAnimalの戻り値の型は抽象クラスであるOptionクラス型でラッピングされたStringクラス型の「animal.name」と「animal.cry」の2つです。
　これを「Option[(String, String)]」と記述しています。この戻り値の型の記述は戻り値の記述から型推論により自動的に割り当てられるので、省略することができます。
　コンパニオンオブジェクトAnimalの戻り値は抽象クラスであるOptionクラス型でラッピングされたStringクラス型の「animal.name」と「animal.cry」の2つです。
　これを「Option((animal.name, animal.cry))」と記述しています。

◆ メソッド「animalCry()」の定義
　メソッドanimalCry()はクラスAnimal型の引数animalを持ち、戻り値はありません。戻り値のないUnit型を指定してもよいのですが、これは型推論により明らかなので省略しています。
　メソッドanimalCry()の処理の本体はmatch式です。match式はメソッドanimalCry()の引数animalをセレクターとして受け取りパターンマッチングを行っています。
　ここで、メソッドanimalCry()の引数をAnyクラス型とすることで、あらゆる型を引数として受け取ることも可能です。

◆ 抽出子パターンの記述
　最初のパターン「Animal(name, cry)」が抽出子パターンです。ここで「Animal」はクラスAnimalのコンパニオンオブジェクトがunapply()メソッドを持っているので抽出子です。
　抽出子Animalの2つの引数をパターン変数nameとcryに束縛して、「=>」記号以下のパターン処理で参照しています。unapply()メソッドはcaseキーワードで抽出子を使うときは省略できるので記述していません。

◆ メソッド「animalCry()」の呼び出し
　メソッドanimalCry()の引数にクラスAnimalのインスタンス変数ducksを与えて呼び出しています。クラスAnimalのコンストラクタの引数には「"アヒル"」と「"ガーガー"」を与えています。
　この場合には「アヒル　は『ガーガー』と鳴きます。」が出力されます。
　同じようにメソッドanimalCry()の引数に「new Animal("牛", "モー"　)」を与えています。これは、直接、クラスAnimalのコンストラクタに引数を与えてインスタンス化してインスタンス変数に代入する手順を省略したものです。
　この場合には「牛　は『モー』と鳴きます。」が出力されます。

SECTION-049

パターンの入れ子構造

● パターンの入れ子構造とは

match式によるパターンマッチングは**入れ子構造（ネスト）**を取ることができます。

具体的には親のmatch式のcaseキーワードのパターンの処理の中にさらに子のmatch式を取ることが可能です。このとき、親のmatch式内でパターン変数に束縛すると、子のmacth式でも参照が可能です。

ただし、caseキーワードのネストは深くなるとコードの可読性を損なう恐れがあるので注意が必要です。そのような場合には別の実装を検討してみることをお勧めします。たとえば、入れ子になる部分を別のメソッドに切り出すのも有効な手段です。

● パターンの入れ子構造のコード例

具体例として下記のコード例を見てみましょう。ここでは、ケースクラスのコンストラクタパターンでパターマッチングする入れ子構造を記述しています。

SOURCE CODE | パターンの入れ子構造のコード例

```
case class FullName( firstName: String, lastName: String )
case class Employee( id: Int, name: FullName )

object Main extends App{
  def employeeInfo( employee: Employee ): String = employee match {
    case Employee( id, name ) => name match {
      case FullName( firstName, lastName ) =>
          "・ID:" + id +"・姓:" + lastName + "・名:" + firstName
      case _ => "姓名がマッチしません"
    }
    case _ => "社員がマッチしません"
  }

  val empl = Employee( id = 3311677,
                       name = FullName( "博之", "柏木" ) )
  println( employeeInfo( empl ) )
}
```

どのようなコードになっているかは以下で説明します。

◆ ケースクラスの定義

ケースクラス`FullName`、`Employee`はそれぞれコンストラクタ引数を2つ持っています。これらの2つの引数はコンストラクタが呼び出された時点で即座にケースクラスのフィールドになります。

■ SECTION-049 ■ パターンの入れ子構造

ケースクラスEmployeeの引数がケースクラスFullNameとなっています。つまり、ケースクラスEmployeeが親でケースクラスEmployeeが子という関係があります。この親子関係はそのままmatch式のパターンの入れ子構造に反映されています。

◆ メソッド「employeeInfo()」の定義

メソッドemployeeInfo()はケースクラスEmployee型の引数employeeを持ち、Stringクラス型を返します。

メソッドemployeeInfo()の処理の本体はmatch式です。この戻り値の生成をmatch式が受け持ちます。

match式はメソッドemployeeInfo()の引数employeeをセレクターとして受け取りパターンマッチングを行っています。

◆ 親パターンの記述

パターン「Employee(id, name)」がコンストラクタパターンとなっています。2つの引数を持つコンストラクタEmployeeがマッチします。このとき、2つの引数をパターン変数id、nameに束縛しています。

2つ目のパターン変数nameを子のmatch式のセレクターとして渡しています。

◆ 子パターンの記述

パターン「FullName(firstName, lastName)」がコンストラクタパターンとなっています。2つの引数を持つコンストラクタEmployeeがマッチします。このとき、2つの引数をパターン変数firstName、lastNameに束縛しています。

マッチしたときの処理を「=>」記号の右辺に記述しています。このとき、親のmatch式のパターン変数idと子のmatch式のパターン変数firstName、lastNameを参照しています。

◆ ケースクラスのインスタンス化

ケースクラスEmployeeのコンストラクタに引数が2つ渡されてインスタンス化されています。インスタンスは変数emplに代入されています。ここで、引数はそれぞれ名前付き引数の形で渡されています。

2つ目の引数は「FullName("博之", "柏木")」のようにケースクラス「FullName」のコンストラクタに2つの引数を渡して呼び出しています。コンストラクタが呼び出されることでインスタンス化され、ケースクラスEmployeeのコンストラクタ2つの目の引数となっています。

◆ メソッド「employeeInfo()」の呼び出し

メソッドemployeeInfo()が結果を出力するためにprintln()関数の引数として記述されています。メソッドemployeeInfo()にはケースクラスEmployeeのインスタンス変数emplを渡しています。

このインスタンス変数emplが親のmatch式のセレクターとして渡されます。ここで、前述の親パターンの記述および子パターンの記述のようなパターンマッチングの仕組みにマッチします。結果として「・ID:3311677・姓:柏木・名:博之」が出力されます。

SECTION-050
ケースクラスによるパターンマッチング

●ケースクラスによるパターンマッチングとは
　ケースクラスをインスタンス化するとクラス名と同じ名前のコンパニオンオブジェクト自動生成されます。このコンパニオンオブジェクトにはunapply()メソッドが実装されています。unapply()メソッドはmatch式によるパターンマッチングの抽出子（Extractor）として利用することができます。

●ケースクラスによるパターンマッチングの記述方法
　ケースクラスのコンストラクタ似よるインスタンス化によりコンパニオンオブジェクトが生成され、unapply()メソッドが利用できるので、コンストラクタパターンと同じ形のパターンになります。
　すなわち「**ケースクラス名（　引数　）**」の形となります。ケースクラス名はそのままケースクラスのコンストラクタなので、unapply()メソッドが利用できるというわけです。

●ケースクラスによるパターンマッチングのコード例
　具体的例として下記のコード例を見てみましょう。

SOURCE CODE | ケースクラスによるパターンマッチングのコード例

```
case class Oder( item: String, price: Int )

object Main extends App {
  def showOder( order: Any ): String = order match {
    case Oder( item, price ) =>
            "・品物 : " + item + "・値段 : " + f"$price%,3d円"
    case _ => "マッチしませんでした"
  }

  val tonkatsu = Oder( "トンカツ定食", 1250 )
  val friedShrimp = Oder( "エビフライ定食", 1370 )
  val Oder( item, price ) = friedShrimp

  println( showOder( tonkatsu ) )
  println( showOder( Oder( item, price ) ) )
}
```

どのようなコードになっているかは以下で説明します。

◆ケースクラスの定義
　ケースクラス**Oder**はコンストラクタ引数**item**と**price**を持っています。これらの2つの引数はコンストラクタが呼び出された時点で即座にケースクラスのフィールドになります。

◆ メソッド「showOder()」の定義

　メソッドshowOder()はケースクラスAny型の引数orderを持ち、Stringクラス型を返します。

　メソッドshowOder()の処理の本体はmatch式です。この戻り値の生成をmatch式が受け持ちます。match式はメソッドshowOder()の引数orderをセレクターとして受け取りパターンマッチングを行っています。

　ここで、メソッドshowOder()の引数をOderケースクラス型とすることで、コンパイル時点でOderケースクラス型以外の引数が与えられるとエラーとなり、拒むことも可能です。

◆ ケースクラスによるパターンの記述

　パターン「Oder(item, price)」がコンストラクタパターンとなっています。2つの引数を持つケースクラスのコンストラクタOderがマッチします。このとき、2つの引数をパターン変数item、priceに束縛しています。

　これらのパターン変数はパターンの処理で参照されて使われています。

◆ ケースクラスのインスタンス化

　ケースクラスOderのコンストラクタに「"トンカツ定食"」と「1250」の2つの引数が渡されてインスタンス化されています。インスタンスは変数tonkatsuに代入されています。

　同じようにケースクラスOderがインスタンス化され、インスタンス変数friedShrimpに代入されています。このインスタンス変数friedShrimpはケースクラス名と引数変数をセットで記述したインスタンス記述「Oder(item, price)」に代入されています。

　ケースクラスではこのようなインスタンス変数の代入が可能となっています。

◆ メソッド「showOder()」の呼び出し

　メソッドshowOder()が結果を出力するためにprintln()関数の引数として記述されています。メソッドshowOder()にケースクラスOderのインスタンス変数tonkatsuを渡しています。パターンマッチングではケースクラスOderがマッチし、引数がパターン変数に束縛されて、結果として「・品物 ： トンカツ定食・値段 ： 1,250円」が出力されます。

　同じようにshowOder()にケースクラスOderのインスタンス記述「Oder(item, price)」を渡しています。こちらもケースクラスOderがマッチし、引数がパターン変数に束縛されて、結果として「・品物 ： エビフライ定食・値段 ： 1,370円」が出力されます。

SECTION-051
ケースオブジェクトによる パターンマッチング

ケースオブジェクトとは
ケースクラスのようにobjectキーワードの前にcaseキーワードを付けて「case object オブジェクト名 { 処理 }」のように定義したものを**ケースオブジェクト**といいます。

ケースオブジェクトはシングルトンであり、コンストラクタに引数を取れないので、ケースクラスのようにフィールドが自動生成されることもありません。ケースクラスと同様にユーティリティメソッドが自動生成されます。

しかし、自身がオブジェクトであるため、コンパニオンオブジェクトは作成されません。コンパニオンオブジェクトが持つapply()メソッドやunapply()メソッドは利用できません。そのため、unapply()メソッドによるパターンマッチングはできません。

ケースオブジェクトによるパターンマッチング
unapply()メソッドによるパターンマッチングはできません。そこで、ケースオブジェクトによるパターンマッチングはケースオブジェクトそのものをマッチングさせます。

ケースオブジェクトによるマッチングのコード例
具体例として下記のコード例を見てみましょう。

SOURCE CODE | ケースオブジェクトによるマッチングのコード例

```
sealed abstract class Week

case object Monday    extends Week { def show() = "月曜日" }
case object Tuesday   extends Week { def show() = "火曜日" }
case object Wednesday extends Week { def show() = "水曜日" }
case object Thursday  extends Week { def show() = "木曜日" }
case object Friday    extends Week { def show() = "金曜日" }
case object Saturday  extends Week { def show() = "土曜日" }
case object Sunday    extends Week { def show() = "日曜日" }

object Main extends App {
  def dayOfTheWeek( week: Week ) = week match {
    case Monday    => Monday   .show()
    case Tuesday   => Tuesday  .show()
    case Wednesday => Wednesday.show()
    case Thursday  => Thursday .show()
    case Friday    => Friday   .show()
    case Saturday  => Saturday .show()
    case Sunday    => Sunday   .show()
  }

  println( dayOfTheWeek( Monday ) )
```

```
    println( dayOfTheWeek( Friday ) )
    println( dayOfTheWeek( Sunday ) )
  }
```

どのようなコードになっているかは以下で説明します。

◆シールド抽象クラスの定義

シールド(sealed)な抽象クラス Week を定義します。シールドなクラスは同一 Scala ソースファイル内またはパッケージ内でのみ有効となります。また、抽象クラスは複数のケースオブジェクトが共通で継承します。

この抽象クラスの定義により、match 式に与えるセレクターを抽象クラス型のみに制限する効果が得られます。

◆ケースオブジェクトの定義

1週間の曜日を表すケースオブジェクトを抽象クラス Week を継承して7つ定義しています。このケースオブジェクト内に show() メソッドを定義しています。

show() メソッドは各ケースオブジェクトの曜日の漢字表記を返しています。show() メソッドが返す型は String クラス型であることが自明であるため省略しています。Scala では型を省略しても型推論が働くので問題ありません。

◆メソッド「dayOfTheWeek()」の定義

メソッド dayOfTheWeek() は抽象クラス Week 型の引数 week を持ちます。戻り値の型の指定は型推論にまかせて省略しています。

メソッド dayOfTheWeek() の処理の本体は match 式です。メソッド dayOfTheWeek() の処理を match 式が受け持ちます。match 式はメソッド dayOfTheWeek() の引数 week をセレクターとして受け取りパターンマッチングを行っています。

◆ケースオブジェクトの定義

パターンとして曜日を表すケースオブジェクトを直接、指定しています。各パターンの処理は曜日を表すケースオブジェクトの show() メソッドを呼び出しています。

◆メソッド「dayOfTheWeek()」の呼び出し

メソッド dayOfTheWeek() が結果を出力するために println() 関数の引数として記述されています。メソッド dayOfTheWeek() にケースオブジェクト Monday、Friday、Sunday をそれぞれ渡しています。

パターンマッチングではそれぞれのケースオブジェクトがマッチし、それぞれのケースオブジェクトの show() メソッドが呼ばれて「月曜日」「金曜日」「日曜日」が出力されます。

SECTION-052
Optionによるパターンマッチング

● Optionによるパターンマッチングとは
Optionは抽象クラスで、Optionを継承した子クラスにSomeクラスとNoneオブジェクトがあり、どちらもケースクラスまたはケースオブジェクトです。一致したときにはSomeクラスが返り、不一致のときにはNoneオブジェクトが返ります。

このOptionの性質を利用してパターンマッチを行うことができます。

● Optionによるパターンマッチングの記述方法
パターンとして一致する場合には「Some(引数)」を、不一致の場合には「None」を記述します。

なお、この場合には一致か不一致のどちらかしかないので、ワイルドカードパターン「_」の記述は不要です。

● Optionによるパターンマッチングのコード例
具体例として下記のコード例を見てみましょう。

SOURCE CODE | Optionによるパターンマッチングのコード例

```
object Main extends App {
  def getWatchword( watchword: Option[ String ] ) = watchword match {
    case Some( watchword ) => watchword
    case None => "Disagreement"
  }

  val watchword: Option[ String ] = Some( "アブラカタブラ" )
  println( getWatchword( watchword ) )
  println( getWatchword( None ) )
}
```

どのようなコードになっているかは以下で説明します。

◆ メソッド「getWatchword()」の定義
メソッドgetWatchword()は抽象クラであるOptionクラス型でラッピングされたStringクラス型の引数watchwordを持ちます。戻り値の型の指定は型推論にまかせて省略しています。

メソッドgetWatchword()の処理の本体はmatch式です。メソッドgetWatchword()処理をmatch式が受け持ちます。match式はメソッドgetWatchword()の引数watchwordをセレクターとして受け取り、パターンマッチングを行っています。

■ SECTION-052 ■ Optionによるパターンマッチング

◆ パターンの記述方法
　一致する場合には「Some(watchword)」記述とします。引数をパターン変数watchwordに束縛し、これをmatch式の戻り値とします。不一致の場合には、「None」と記述します。

◆ メソッド「getWatchword()」の呼び出し
　メソッドgetWatchword()が結果を出力するためにprintln()関数の引数として記述されています。
　メソッドgetWatchword()の引数にオブジェクト変数watchwordを渡します。オブジェクト変数watchwordはSomeクラスのコンストラクタに文字列「"アブラカタブラ"」を渡して生成しています。
　このとき、オブジェクト変数watchwordの型を明示的に「Option[String]」としています。これは抽象クラスであるOptionクラス型でラッピングされたStringクラス型という意味です。しかし、通常は型推論によって自動的にこのような戻り値の型が割り当てられるので、省略して「val watchword = Some("アブラカタブラ")」と記述しても問題ありません。
　実行すると、パターン「Some(watchword)」にマッチして、出力は「**アブラカタブラ**」となります。
　次にメソッドgetWatchword()に引数のないNoneオブジェクトを渡すと、パターン「None」にマッチして、出力は「Disagreement」となります。

SECTION-053
正規表現によるパターンマッチング

◉ 正規表現によるパターンマッチングとは
　正規表現によって文字列を抽出することができます。そこで、正規表現で抽出された文字列を抽出条件とするパターンマッチングを行うことができます。

　グルーピングしてマッチした箇所を抽出して使うケースならパターンマッチと正規表現を組み合わせて使えます。

◉ 正規表現の記述方法
　正規表現の記述方法には次の記述方法があります。

◆ 正規表現オブジェクト定数に代入する方法
　まず、正規表現文字列をダブルクォーテーション「"」で囲みます。

　この場合は正規表現用の特殊記号の前に必ずエスケープ文字「\」が必要になります。

　この正規表現文字列の末尾に正規表現オブジェクト生成メソッド「.r」を付加し、先頭1文字が大文字で始まる定数に代入します。ここで、Scalaでは先頭1文字が大文字の変数は定数であるとみなされます。

●正規表現オブジェクト定数に代入するコード例
```
val DateRegex = "(\\d\\d\\d\\d)/(\\d\\d)/(\\d\\d)".r
```

◆ 正規表現オブジェクト変数に代入する方法
　正規表現文字列をダブルクォーテーション3つ「"""」で囲みます。これは**raw記法**と呼ばれる記述方法です。

　あるいは、正規表現文字列をダブルクォーテーション「"」で囲み、先頭に「raw」を記述したものを変数に代入します。これは**raw補間子**と呼ばれる記述方法です。

　この場合は正規表現用の特殊記号の前にエスケープ文字「\」が不要になります。

　この正規表現文字列の末尾に正規表現オブジェクト生成メソッド「.r」を付加して変数に代入します。

●正規表現オブジェクト変数に代入するコード例
```
val dateRegex1 = """(\d\d\d\d)/(\d\d)/(\d\d)""".r
val dateRegex2 = raw"(\d\d\d\d)/(\d\d)/(\d\d)".r
```

◆ 正規表現オブジェクト生成メソッドの記述
　正規表現オブジェクトを生成するメソッドは`scala.util.matching.Regex()`です。メソッドの引数に正規表現文字列を指定します。

　これを省略したものがメソッド「.r」で、正規表現文字列の後に付加します。メソッド「.r」は「.r()」とも記述できますが、Scalaでは副作用を及ぼさないメソッドの括弧「()」を省略できます。正規表現オブジェクトの生成の場合も副作用を及ぼさないので括弧「()」を省略します。

■ SECTION-053 ■ 正規表現によるパターンマッチング

●正規表現オブジェクトを生成するコード例
```
val 変数 = new scala.util.matching.Regex( 正規表現文字列 )
val 変数 = 正規表現文字列.r
```

▶ 正規表現によるパターンの記述方法

正規表現オブジェクト変数または定数を記述します。パターンマッチングの結果、マッチした場合に正規表現の結果を得るためにはパターン変数に束縛します。

ここで、正規表現の文字列が複数のグループに分かれている場合には、グループごとにパターン変数をカンマ「,」で区切って束縛します。

なお、パターンとして直接、正規表現文字列を記述することは現在のScalaの仕様ではできません。必ず、正規表現文字列から正規表現オブジェクトを生成し、オブジェクト変数をパターンに記述する必要なあります。

●正規表現によるパターンの記述
```
case 正規表現オブジェクト変数( グループ1, グループ2, ・・・ )
```

▶ 正規表現によるパターンマッチングのコード例

具体例を下記のコード例で見てみましょう。

SOURCE CODE | 正規表現によるパターンマッチングのコード例

```
object Main extends App {
  val dateSlash = "%tY/%<tm/%<td" format new java.util.Date
  val dateBar = "%tY-%<tm-%<td" format new java.util.Date

  val DateRegex = "(\\d\\d\\d\\d)/(\\d\\d)/(\\d\\d)".r
  dateSlash match {
    case DateRegex( year, month, day ) =>
                      println( year + "/" + month + "/" + day )
    case _ => println( "Unmatch!" )
  }

  val dateRegex1 = """(\d\d\d\d)/(\d\d)/(\d\d)""".r
  dateSlash match {
    case dateRegex1( year, month, day ) =>
                      println( year + "/" + month + "/" + day )
    case _ => println( "Unmatch!" )
  }

  val dateRegex2 = raw"(\d\d\d\d)/(\d\d)/(\d\d)".r
  dateBar match {
    case dateRegex2( year, month, day ) =>
                      println( year + "/" + month + "/" + day )
    case _ => println( "Unmatch!" )
  }
}
```

どのようなコードになっているかは以下で説明します。

◆ 対象文字列の定義

　正規表現によるパターンマッチングの対象文字列を定義します。本日の日付を取得して年4桁、月2桁、日4桁をそれぞれスラッシュ「/」記号で区切った文字列に変換したものを変数dateSlashに格納しています。

　同じように年4桁、月2桁、日4桁をそれぞれバー「-」記号で区切ったものを変数dateBarに格納しています。

◆ 正規表現オブジェクト定数の定義

　年4桁、月2桁、日4桁をそれぞれスラッシュ「/」記号で区切った正規表現文字列を定数DateRegexに格納しています。

　正規表現文字列はダブルクォーテーション「"」で囲んで、「.r」メソッドで正規表現オブジェクトを生成しています。この記述方法の場合にはエスケープ文字「\」を正規表現用の特殊記号「\d」の前に付加しています。

◆ 正規表現オブジェクト定数の定義

　年4桁、月2桁、日4桁をそれぞれスラッシュ「/」記号で区切った正規表現文字列を変数dateRegex1、dateRegex2に格納しています。

　変数dateRegex1用の正規表現オブジェクトは、正規表現文字列をダブルクォーテーション3つ「"""」で囲んでから、「.r」メソッドを呼び出して生成しています。

　また、変数dateRegex2用の正規表現オブジェクトは、正規表現文字列をraw補完子「raw"」と「"」で囲んでから、「.r」メソッドを呼び出して生成しています。この記述方法の場合には正規表現用の特殊記号「\d」にエスケープ文字「\」を付加していません。

◆ パターンの記述

　1つ目と2つ目は年4桁、月2桁、日4桁をスラッシュ「/」区切りした対象文字列dateSlashを、3つ目はバー「-」区切りした対象文字列dateBarパターンマッチングしています。

　1つ目はパターンとして正規表現オブジェクトDateRegexを、2つ目はdateRegex1を、3つ目はdateRegex2をそれぞれ指定しています。

　3つの場合それぞれ、正規表現オブジェクトに渡された正規表現の年4桁、月2桁、日4桁のグループを取り出すために、それぞれ、パターン変数year、month、dayにバインドしています。パターンにマッチした場合にはこれらのバインド変数を参照してマッチング結果を出力しています。

　1つ目と2つ目はスラッシュ区切りの「年4桁/月2桁/日4桁」形式にマッチするので本日の日付が出力されます。3つ目は「年4桁/月2桁/日4桁」形式にマッチしないので、「Unmatch!」が出力されます。

SECTION-054
再帰処理によるパターンマッチング

▶ 再帰処理とは
　ある処理からその処理自身を呼ぶというのが**再帰処理**です。再帰処理によって複雑な処理の記述がシンプルになる場合には再帰処理を使います。
　Scalaでは再帰関数といわれる関数を利用して再帰処理を行うプログラミング技法があります。

▶ 再帰処理によるパターンマッチングとは
　数字のnの階乗やリスト形式などの処理でリストを先頭から順番にすべて参照したり、合計を求めたりする場合に再帰処理を使います。この再帰処理の対象を match 式とするのが再帰処理によるパターンマッチングです。

▶ 再帰処理によるパターンマッチングの記述方法
　再帰処理によってパターンマッチングを行うための記述方法は次のようになります。

◆「match」式を処理本体とするメソッドの定義
　まず処理の本体がmatch式で戻り値がmatch式のパターンマッチングの結果となるようなメソッドを定義します。なお、確実な再帰処理を行うために、このメソッドは戻り値の型はScalaの型推論に任せるのではなく、明示した方がよいでしょう。次に上記のメソッド内にmatch式を記述します。

◆「match」式の再帰処理パターンの記述
　リスト形式の要素はセパレーター「::」によって区切られて格納されています。そこで、「::」の左側と右側の要素をそれぞれパターン変数headとtailに束縛します。具体的には、「(head :: tail)」のような記述となります。
　そうして、「::」の左側と右側の要素であるパターン変数headとtailを加算します。
　ここで、tailの加算で後続の要素も順次加算するようにします。この加算の際にmatch式を処理本体とするメソッド、すなわち自分自身を再帰で呼び出すのです。メソッドの引数にはパターン変数tailを与えます。
　これで再帰で呼び出されたメソッドはtailを先頭の要素として同じように処理を繰り返します。

◆「match」式のリスト要素末尾パターンの記述
　Scalaではリスト形式の要素は末尾に「Nil」が入る決まりになっています。そこで、「Nil」が来たら再帰を止めて、「0」を返すようにします。具体的には「case (Nil) => 0」のように記述します。
　これで、リストの要素の末尾に来ると再帰を止め、加算も終了されます。

● 再帰処理によるパターンマッチングのコード例

具体例として下記のコード例を見てみましょう。

SOURCE CODE | 再帰処理によるパターンマッチングのコード例

```
object Main extends App {
  def calcSum( numList: List[ Int ] ): Int = numList match {
    case ( head :: tail ) => head + calcSum( tail )
    case ( Nil ) => 0
  }

  println( "7 + 236 + 34 + 4567 = " +
          calcSum( 7 :: 236 :: 34 :: 4567 :: Nil ) )
}
```

どのようなコードになっているかは以下で説明します。

◆ メソッド「calcSum()」の定義

メソッドcalcSum()はIntクラス型の要素を持つListクラス型の引数numListを持ち、戻り値がIntクラス型です。

メソッドcalcSum()の処理の本体はmatch式です。メソッドcalcSum()の戻り値はmatch式が返す値です。match式はメソッドcalcSum()の引数numListをセレクターとして受け取りパターンマッチングを行っています。

◆ パターンの記述方法

リスト要素の末尾以外の場合のパターンは「(head :: tail)」記述としています。この場合の処理は「head + calcSum(tail)」のような記述となり、メソッドcalcSum()を再帰で呼び出してパターン変数headに加算したものを返します。

リスト要素の末尾の場合のパターンは「(Nil)」と記述し、処理は「0」を返します。

◆ メソッド「calcSum()」の呼び出し

メソッドcalcSum()にリスト要素「7 :: 236 :: 34 :: 4567 :: Nil」を与えて呼び出します。ここで、リストの末尾の要素は「Nil」としています。

なお、「val list = List(7, 236, 34, 4567)」のように、Listクラスに要素を列挙したオブジェクトを変数listに代入し、引数として「calcSum(list)」として呼び出してもかまいません。この場合には、末尾の「Nil」要素は自動的に付加されます。

このメソッドを呼び出した結果は、「7 + 236 + 34 + 4567 = 4844」となります。

SECTION-055
XMLタグ記法によるパターンマッチング

● タグ記法とは
Scalaでは「XML」や「HTML」などのタグ記法をリテラルとして記述すると、それがそのままオブジェクトであるとみなされます。このように直接、タグを記述してオブジェクト化することを**タグ記法**といいます。

ここで、中括弧「{}」で囲んだ中に任意のScalaのコードを記述して埋め込むことが可能です。この機能によりタグ記法の外部の変数やメソッドを取り込むことが可能になります。

タグ記法はWebページや構造化されたXMLドキュメントをScalaで取り扱う際に強力な手段となります。

● XMLタグ記法によるパターンマッチングとは
XMLをリテラル記述したXMLタグ記法を**match**式によるパターンマッチングのセレクターとして指定するのがXMLタグ記法によるパターンマッチングです。

● XMLタグ記法によるパターンマッチングの記述方法
パターンの記述に当たってはリテラル形式なので、XMLタグ記法とまったく同じ表記をしないとマッチしません。たとえば、改行やインデント文字もそのまま**case**キーワードの後ろに記述する必要があります。

また、パターン変数はパターン記述の中で束縛したい値の要素が出現する位置に中括弧{}で囲んで記述します。

任意の文字列をパター変数に束縛したいときには、変数束縛パターンを使って「**パターン変数 @ (_*)**」のように記述します。ここで、任意の文字列は任意長シーケンスパターン「_*」を使っています。

● XMLタグ記法によるパターンマッチングのコード例
具体例として下記のコード例を見てみましょう。

SOURCE CODE | XMLタグ記法によるパターンマッチングのコード例

```
object Main extends App {
  val xmlTag1 =
    <students>
      <name>近藤 秀樹</name><classNo>1年C組</classNo>
    </students>

  val xmlTag2 =
    <students>
      <name>近藤 秀樹</name><classNo>1年C組</classNo>
      <name>岩崎 蘭</name><classNo>2年A組</classNo>
      <name>榊原 淳子</name><classNo>3年B組</classNo>
```

212

■ SECTION-055 ■ XMLタグ記法によるパターンマッチング

```
      </students>

  xmlTag1 match {
    case
      <students>
        <name>{ name }</name><classNo>{ classNo }</classNo>
      </students>
        => println( name + "::" + classNo )
    case _ =>
  }

  xmlTag2 match {
    case <students>{ student @ _* }</students> => {
      student foreach { element => println( element.text ) }
    }
    case _ =>
  }
}
```

どのようなコードになっているかは以下で説明します。

◆XMLタグ記法の記述

XMLタグオブジェクト**xmlTag1**には、**<students>**タグの中に**<name>**と**<classNo>**タグのセットが1つ含まれているXMLタグ記法が代入されています。

次に、XMLタグオブジェクト**xmlTag2**には、**<students>**タグの中に**<name>**と**<classNo>**タグのセットが3つ含まれているXMLタグ記法が代入されています。

◆1つ目の「match」式のパターンの記述

1つ目の**match**式はXMLタグオブジェクト**xmlTag1**がセレクターとして与えられています。

パターンはXMLタグオブジェクト**xmlTag1**のXMLタグ記法とまったく同じように記述されています。行頭からの半角空白文字の数や改行位置などもまったく同じ記述となっています。

XMLタグ記法では**<name>**タグ内の「**近藤　秀樹**」という要素が中括弧「**{}**」内でパターン変数**name**に束縛されています。同じように**<classNo>**タグ内の「**1年C組**」という要素が中括弧「**{}**」内でパターン変数**classNo**に束縛されています。

1つ目の**match**式の結果、「**近藤　秀樹::1年C組**」が出力されます。

◆2つ目の「match」式のパターンの記述

2つ目のmatch式はXMLタグオブジェクトxmlTag2がセレクターとして与えられています。

このパターンはXMLタグオブジェクトxmlTag2のXMLタグ記法と同じになっていません。理由は<students>タグ内の要素をすべて中括弧「{}」内のパターン変数に束縛しており、具体的なXMLタグ記法を記述する必要がないからです。

具体的には、パターン変数が「student @ _*」と記述されています。これは、<students>タグ内の要素をすべてパターン変数studentに束縛するという意味です。

このパターンの処理では、パターン変数studentの要素をforeachキーワードで分解しています。分解された要素を変数elementに取り出し、要素の文字列を「element.text」で取り出したものをprintln()関数で出力しています。

ここで、foreachキーワードによりXMLタグオブジェクトxmlTag2で定義されている<name>と<classNo>タグのセットが3つ分が3回に分けて取り出されます。

2つ目のmatch式の結果、下記のような文字列が出力されます。

```
近藤 秀樹
1年C組


岩崎 蘭
2年A組


榊原 淳子
3年B組
```

CHAPTER 06
トレイト

SECTION-056
トレイト

▶トレイトとは
Scalaの**トレイト(Trait)**とは、複数のクラス内の共通の機能や処理を切り出して再利用できる単位にしたモノです。

ちょうど、JavaではインタフェースがScalaのトレイトに当たります。Javaのインタフェースにおける「実装(IImplement)」がScalaではトレイトの「ミックスイン(Mixin)」に当たります。ミックスインとはトレイトを「取り込む」といった意味になります。

なお、トレイトはそれ単体で動作しません。他のクラス(サブクラス)によってミックスインされる(取り込まれる)ことにより機能を提供します。

▶トレイトの役割
関数型プログラミング言語であるScalaでも機能をモジュール化するということは大変重要な設計事項になります。オブジェクト指向型プログラミング言語であるJavaを中心にモデリング言語であるUMLが設計時に多用されているように、オブジェクト指向型と関数型のハイブリッド型プログラミング言語であるScalaでも設計の重要さは変わりません。

設計の際の最重要事項の1つがモジュール化であり、そのモジュール化を実現する手段としてトレイトは非常に有効な解決策になります。

▶トレイトの特徴
ScalaのトレイトはJavaのインタフェースの代わりに使われます。しかし、JavaにはないScala独自の次のような特徴があります。ここでは、Scalaのトレイトの以下の特徴について簡単に説明します。

- デフォルトコンストラクタを持てない
- コンストラクタに引数を持てない
- フィールドを持つことができる
- メソッドの処理を実装できる
- クラスやトレイトに複数のトレイトをミックスインできる
- 多重継承に近い実装が可能

◆デフォルトコンストラクタを持てない
トレイトはトレイト名と同じ名前のデフォルトコンストラクタを持つことができません。すなわち、トレイトそのもののインスタンス化はできません。

◆コンストラクタに引数を持てない
デフォルトコンストラクタに引数を持てません。また、`this()`メソッドで定義する補助コンストラクタにも引数を持つことができません。

■ SECTION-056 ■ トレイト

◆ フィールドを持つことができる

　Javaのインタフェースはフィールドを一切持てないないのに対して、Scalaのトレイトはフィールドを持つことができます。

◆ メソッドの処理を実装できる

　Scalaのメソッドはメソッド内に処理を実装することができます。Javaでは従来インターフェースのメソッド内に処理を実装することができませんでしたが、Java8（JDK1.8）以降でメソッドの処理を実装することが可能になりました。

◆ クラスやトレイトに複数のトレイトをミックスインできる

　Scalaのトレイトは他のクラスやトレイトにミックスインして利用できます。

　クラスは1つしか継承できません。しかし、このトレイトのミックスインは複数、行うことができます。

◆ 多重継承に近い実装が可能

　Scalaではトレイトを使うことによって、Javaでは不可能な**多重継承に近い実装が可能**となります。

トレイトの構文

　ここでは、トレイトの記述の仕方について説明します。トレイトの基本的な構文は次のようになります。

●トレイトの構文

```
アクセス修飾子 trait トレイト名 extends 親トレイト/クラス with 他トレイト {
  /* 具象メンバー(初期化・実装を伴うメンバー)の定義 */
  type 型名 = 型
  val 不変変数名 = 初期値
  var 可変変数名 = 初期値
  def メソッド名( 引数: 型,・・・) : 戻り値の型 = メソッド処理記述

  /* 抽象メンバー(初期化・実装を伴わないメンバー)の定義 */
  type 型名
  val 不変変数名: 型
  var 可変変数名: 型
  def メソッド名( 引数: 型,・・・) : 戻り値の型

  /* コンストラクタ本体の定義 */
}
```

　以下で詳しく見てみましょう。

◆ メンバーの定義

　トレイトは大きく分けて具象メンバーの定義と抽象メンバーと定義に分かれます。

◆ 具象メンバーの定義

　具象メンバーとは、トレイト内で可変変数・不変変数の初期化やメソッドの具体的な処理内容の実装を伴うメンバーのことをいいます。トレイト内で初期化や実装を行うので、ミックスインしたクラスやトレイト内では改めて初期化や実装を行う必要はありません。

■ SECTION-056 ■ トレイト

◆ 抽象メンバーの定義

抽象メンバーとは、トレイト内で可変変数・不変変数の初期化やメソッドの具体的な処理内容の実装を伴わないメンバーのことをいいます。抽象メンバーの定義は抽象クラス（abstract class）と同じになります。

変更不可能な不変変数はvalキーワード、変更可能な可変変数はvarキーワードに続いて、それぞれ変数名と型のみを記述します。

また、メソッドはメソッド名と引数と戻り値の型のみを記述します。戻り値の型を省略した場合は型推論によってUnitクラス型、すなわち戻り値のないメソッドになるので注意が必要です。

ここで、抽象メンバーなので、不変変数や可変変数を初期化する処理や具体的な処理の記述は継承先のクラスに任せます。

◆ 継承元クラスとトレイトの定義

継承元のクラスまたはトレイトがあればextendsキーワードの後に記述します。さらに別のトレイトを継承する場合にはwithキーワードの後ろに記述します。

ここでwithキーワードの後ろにはクラス名は記述できません。なぜならば、複数のクラスを継承することは多重継承に当たるからです。多重継承できるのはトレイトのみです。

トレイトの設計

複数のクラスの設計で処理内容が同じになる部分ができてしまう場合があります。そのような場合には処理内容を複数のクラスにコピーして使うのではなく、Scalaでは同じような機能をトレイトで切り出します。そうしてこのトレイトをクラスやトレイトからミックスインすることによって再利用を可能にするのです。

たとえば、常に同じ前処理、後処理のように提携処理や同じメソッドの記述、あるいは、同じ型の同じ変数名が必要などといった場合があります。このような場合には、トレイトにこれらの記述をまとめるとよいでしょう。

SECTION-057
ミックスイン

▶ミックスインとは
　Scalaの**ミックスイン**とは一言でいうと、複数のトレイトを利用して別の新しいトレイトやクラスを定義することであるといえるでしょう。これはちょうど、Javaで複数のインターフェースを実装してクラスを定義するのと同じです。

　Scalaのミックスインは複数のトレイトを利用して新しいクラスやトレイトを生成することからミックスイン合成といわれることもあります。

▶ミックスインの基本形
　ここではよく使われるミックスインの基本的な構文について説明します。
　ミックスインのよく使われる基本的な構文のパターンは次の通りです。

●ミックスインの基本構文

```
abstract class 抽象クラス名( 引数名: 型 ) {
    抽象フィールド宣言
    抽象メソッド宣言
}

class 継承元クラス名( 引数名: 型 ) extends 抽象クラス( 引数名 ) {
    フィールド定義    ※初期化必須
    メソッド定義      ※実装必須
}

trait トレイト extends 抽象クラス名 {
    抽象フィールド宣言
    抽象メソッド宣言
    具象フィールド定義
    具象メソッド定義
}

class トレイト利用クラス名( 引数名: 型 ) / object トレイト利用オブジェクト名
    extends 継承元クラス名( 引数名 ) with トレイト名 {
    フィールド定義
    メソッド定義
}

object 利用オブジェクト名 {
    val インスタンス変数 = new 利用クラス( 引数値 ) / 利用オブジェクト名
    インスタンス変数.継承元クラスのフィールド名 / メソッド名( 引数値 )
    インスタンス変数.トレイトのメソッド名
    インスタンス変数.利用クラスのフィールド名 / メソッド名( 引数値 )
}
```

■ SECTION-057 ■ ミックスイン

　ここでは、トレイトをミックスインするクラスを利用クラスと呼びます。また、利用クラスが継承するクラスを継承元クラスと呼びます。さらに、継承元クラスやトレイトが共通して継承するクラスを抽象クラスと呼びます。
　以下で詳しく説明します。

◆ 抽象クラスの宣言
　まず、継承元クラスとトレイトが継承する抽象クラスを宣言します。
　利用クラスが継承元クラスとトレイトの両方を継承およびミックスインするに当たって、基本となる抽象フィールドや抽象メソッドの宣言のみをここで行います。
　ここで、抽象フィールドの型や抽象メソッドの引数または戻り値の型は必ず宣言する必要があります。なぜなら、抽象クラスでは初期化や具体的な処理の実装がないため、型推論ができないからです。
　抽象クラスは普通のクラスと同じくデフォルトコンストラクタの引数を持つことができます。このコンストラクタの引数はこの抽象クラスを継承したクラスは必ず宣言する必要があります。しかし、トレイトの場合はデフォルトコンストラクタの引数を持つことができないので、この限りではありません。

◆ 継承元クラスの定義
　次に継承元クラスの定義を行います。
　利用クラスがトレイトをミックスインするだけでなく継承元クラスを継承することが多々あります。継承は1つのクラスしかできませんが、トレイトは複数ミックスインできます。そのため、継承できない2つ目以降のクラスの代わりにトレイトをミックスインするというパターンがあります。
　継承元クラスは extends キーワードで抽象クラスを継承します。抽象クラスで宣言されているフィールドの初期化やメソッドの具体的な処理内容の実装をここで行います。
　継承元クラスはクラスですのでフィールドとメソッドの定義が可能です。
　フィールドは継承した抽象クラスのフィールドを必ず初期化しないといけません。この場合、フィールドの型宣言は抽象クラスで行っていますので、省略することが可能です。
　また、継承した抽象クラスのフィールド以外の独自のフィールドを定義することができます。

◆ トレイトの定義
　次にトレイトの定義を行います。
　フィールドに値を設定するためのデフォルトコンストラクタの引数を持つことはできません。
　また、フィールドは抽象メンバーと具象メンバーの両方を宣言できます。抽象フィールドは、フィールド名と型のみを定義することができます。具象フィールドはフィールド名と型に加え、フィールド値の設定ができます。
　同じく、メソッドは抽象メンバーと具象メンバーの両方を宣言できます。抽象メソッドは、メソッドと引数の名前および引数と戻り値の型のみを定義することができます。具象メソッドは具体的な処理内容の実装ができます。

■ SECTION-057 ■ ミックスイン

　トレイトはextendsキーワードで抽象クラスを継承することができます。この抽象クラスの継承により、このトレイトは、抽象クラスを継承したクラスだけであることを示しています。言い換えると、「トレイトが継承したのと同じ抽象クラスを継承する」という条件を指定したことになります。
　なお、抽象クラスで宣言されているフィールドの初期化をここで行うことができます。同じく、抽象クラスで宣言されているメソッドの実装をここで行うことができます。

◆トレイト利用クラス／トレイト利用オブジェクト
　トレイト利用クラスまたはトレイト利用オブジェクトは継承元クラスをextendsキーワードで継承し、トレイトをwithキーワードでミックスインします。利用クラスは継承元クラスを1つしか継承できません。
　継承元クラスをextendsキーワードで継承した場合にはトレイトはextendsキーワードを使えません。withキーワードを使ってミックスインします。
　継承元クラスを継承しない場合には、1つ目のトレイトはextendsキーワードで継承し、2つ目以降のトレイトはwithキーワードを使ってミックスインします。
　ここで、利用クラスは継承元クラスを継承しており、継承元クラスはトレイトが継承したのと同じ抽象クラスを継承しています。そのため、この利用クラスはトレイトのミックスインの条件である「トレイトが継承したのと同じ抽象クラスを継承する」という条件に合致しており、ミックスインできることに注意しましょう。

◆利用オブジェクトの定義
　利用オブジェクト内でトレイト利用クラスをインスタンス化し、インスタンス変数に代入して利用します。
　インスタンス変数から継承元クラスおよび利用クラスで定義したフィールドの参照やメソッドの呼び出しができます。また、トレイトで定義したメソッドを呼ぶことができます。
　ここで、トレイトではフィールドは宣言のみで定義はできません。トレイトをミックスインした利用クラスのフィールド定義を参照することになります。

▶ミックスインするコード例
　それでは、具体的に下記のコード例で詳細を見てみましょう。

SOURCE CODE │ トレイトを他のクラスにミックスインするコード例

```
abstract class Self( name: String, birthPlace: String ) {
  val introduction: String
}

class Introduction( name: String, birthPlace: String )
        extends Self( name, birthPlace ) {
  val introduction = "My name is " + name + " ! " +
      "I am from " + birthPlace + " ! "
}

trait UpperCase extends Self {
```

■ SECTION-057 ■ ミックスイン

```
  val age: Int = 17
  def emphasisIntroduction = introduction.toUpperCase()
}

class SelfIntroduction( name: String, birthPlace: String )
  extends Introduction( name, birthPlace ) with UpperCase {
  println( "My age is " + age + " !")
}

object Main extends App {
  val si = new SelfIntroduction( "Hoang Minh Hoa", "Vietnam" )
  println( si.introduction )
  println( si.emphasisIntroduction )
}
```

どのようなコードになっているかは以下で説明します。

◆ 抽象クラス「Self」の定義

デフォルトコンストラクタの引数にnameとbirthPlacを持つ抽象クラスSelfを定義しています。また、フィールドとしてStringクラス型のintroductionを宣言しています。

抽象クラスSelfを継承したクラスは同じようにデフォルトコンストラクタ引数にnameとbirthPlaceを持ち、フィールドintroductionに具体的な値を与えて定義する必要があります。

◆ 継承元クラス「Introduction」の定義

継承した抽象クラスSelfのフィールドintroductionをここで初期化しています。

デフォルトコンストラクタの引数は継承元の抽象クラスSelfに合わせて、nameとbirthPlaceを宣言しています。そうして、extendsキーワードに続いて、抽象クラスSelfのデフォルトコンストラクタの引数名を指定しています。

ここで、フィールドintroductionの型は継承元で宣言済みなので、省略しています。

◆ トレイト「UpperCase」の定義

抽象クラスSelfをextendsキーワードで継承しています。

メソッドemphasisIntroductionを定義しています。処理内容は、抽象クラスSelfで宣言されているフィールドintroductionを参照してtoUpperCase()メソッドで大文字に変換しています。

◆ 利用クラス「SelfIntroduction」の定義

extendsキーワードで継承元クラスIntroductionを、withキーワードでトレイトUpperCaseをミックスインしています。

デフォルトコンストラクタは継承元クラスSelfIntroductionと同じnameとbirthPlaceを宣言しています。そうして、extendsキーワードに続いて、継承元クラスIntroductionのデフォルトコンストラクタの引数名を指定しています。

さらに、トレイトUpperCaseをwithキーワードでミックスインしています。トレイトはデフォルトコンストラクタは持てないので、デフォルトコンストラクタの引数指定はしていません。

■ SECTION-057 ■ ミックスイン

そして、利用クラス SelfIntroduction がインスタンス化されたときの処理、すなわちコンストラクタの処理を定義しています。println()関数の引数でトレイト UpperCase で定義されたフィールド age を参照しています。

◆「Main」オブジェクトの定義

Main オブジェクトでは、利用クラス SelfIntroduction のコンストラクタ引数として「"Hoang Minh Hoa"」と「"Vietnam"」を与えてインスタンス化し、インスタンス変数 si に代入しています。

インスタンス化時にコンストラクタに与えた引数「"Hoang Minh Hoa"」と「"Vietnam"」がそれぞれ、フィールド name と birthPlace に設定されます。また、インスタンス時に、利用クラス SelfIntroduction のコンストラクタ処理が実行されます。結果として、「My age is 17 !」が出力されます。

インスタンス変数 si を介して継承元クラス Introduction のフィールド introduction を参照し、println()関数で出力しています。出力結果は「My name is Hoang Minh Hoa ! I am from Vietnam !」となります。

同じく、インスタンス変数 si を介してトレイト UpperCase で定義したメソッド emphasisIntroduction を呼び出して、println()関数で出力しています。出力結果はすべて大文字で「MY NAME IS HOANG MINH HOA ! I AM FROM VIETNAM !」となります。

▶ インスタンス時のミックスイン

クラスの定義時だけでなく、クラスを new 演算子でインスタンス化するときにもミックスインを行うことができます。

具体的には new 演算子の後ろにトレイト名を指定します。これでクラス名の指定なしに簡単にミックスインできます。また、ミックスインのための extends や with キーワードも必要ありません。

そして、クラスの具体的な処理はトレイト名の後に中括弧「{}」を記述し、中括弧内に記述します。

こうして、インスタンス化した結果を不変変数や可変変数に格納すると、通常のミックスイン時と同じようにインスタンスを利用することができます。

▶ インスタンス時のミックスインのコード例

ここでは具体的な例として下記のコード例を見てみましょう。

SOURCE CODE | **インスタンス時のミックスインのコード例**

```
trait Trigonometric {
  def sin( data: Double ): Double
  def cos( data: Double ): Double
}

object Main extends App {
  val calculate = new Trigonometric {
    def sin( data: Double ) = Math.sin( Math.toRadians( data ) )
```

223

```
      def cos( data: Double ) = Math.cos( Math.toRadians( data ) )
  }

  println( calculate.sin( 40.0d ) )
  println( calculate.cos( 6.0d ) )
}
```

どのようなコードになっているかは以下で説明します。

◆トレイト「Trigonometric」の定義

　トレイトTrigonometricを定義し、抽象メンバーとして、sin()とcos()の2つのメソッドを定義しています。これらのメソッドは抽象メンバーなので、具体的な処理はミックスイン時に記述されます。

◆インスタンス時のミックスイン

　トレイトTrigonometricをnew演算子の後ろに指定し、ミックスインしています。トレイトで抽象メンバーとして定義されていたメソッドsin()とcos()の具体的な処理を中括弧「{}」内に記述しています。

SECTION-058
トレイトの初期化

▶ トレイトの初期化とは
　トレイトの抽象メンバーには初期化の順番があります。ここではトレイト内の抽象メンバーの初期化の順序について説明します。

▶ トレイト初期化の問題点
　トレイトでの抽象メンバーの定義と利用には注意点があります。トレイト内で抽象メンバーを定義してから、すぐにトレイト内で使うことはできません。
　トレイトではクラスの定義方法とは違う定義方法が必要となります。

▶ トレイトで初期化できない理由
　トレイト内では抽象メンバーを初期化できません。なぜならば、抽象メンバーは変数名や型などを定義するだけで、実際の初期化はミックスインしたクラスが行うからです。
　具体的には、トレイトをクラスからミックスインすると、トレイトのコンストラクタの方がクラスのコンストラクタよりも先に実行されます。このため、トレイトで初期化したはずであるにも関わらず、実際には初期化できていないということになります。

▶ トレイト内抽象メンバーの初期化順序について
　上記のようなトレイトの抽象メンバーが初期化されない問題を解決するためには、クラスの定義において事前初期化を指定します。そうすると、トレイトのコンストラクタよりもクラスのコンストラクタが先に実行されて、クラスメンバーが初期化されます。
　この初期化されたクラスメンバーはトレイトの抽象メンバーと連携しています。そのため、トレイト内の抽象メンバーがきちんと初期化されるのです。

▶ 事前初期化の方法
　ここでは、事前初期化の方法について説明します。事前初期化にはトレイトをミックスインするクラス内での事前初期化とトレイト内での事前初期化とがあります。

◆ クラス内での事前初期化
　クラス内での事前初期化は、**extends**キーワードのすぐ後ろのブロック内に記述します。そうして、このブロックの後ろに**with**キーワードでミックスインするトレイト名を指定します。
　なお、事前初期化を記述する部分、すなわち**extends**キーワードのすぐ後ろのブロック内に初期化以外の処理を記述することはできません。記述すると、コンパイルエラーになるので注意が必要です。

■SECTION-058 ■ トレイトの初期化

●クラスの事前初期化のブロック内の事前初期化の構文

```
class グラス名 extends {
  val 抽象不変変数 = 値
  var 抽象可変変数 = 値
  ...
} with トレイト名 {
  クラスの処理記述
}
```

◆トレイト内での事前初期化

トレイト内で事前初期化を行うためには、トレイト内の抽象クラスの宣言時に lazy キーワードを頭に付加します。これにより、トレイト内の宣言だけで事前初期化を行うことが可能になります。

すなわち、lazy キーワード指定された不変変数や可変変数は、トレイトをミックスインしたクラス内の処理が行われた後に初めて初期化が行われます。

なお、lazy キーワードは対象となる不変変数や可変変数の初期化をクラス内の処理が終わるまで遅延させるだけです。つまり、クラス内の事前初期化の有無にかかわらず行われます。クラス内で初期化をしないと予想外の結果となるので注意が必要です。

●トレイトの宣言で事前初期化する構文

```
trait トレイト名 {
  val 不変変数名: 型
  var 可変変数名: 型
  lazy val 不変変数名 = 初期化処理
  lazy var 可変変数名 = 初期化処理
}
```

▶クラス内での事前初期化のコード例

具体的な例として下記のコード例を見てみましょう。

SOURCE CODE ｜｜ クラス内での事前初期化のコード例

```
trait TaxIncludedPrice {
  val commodityPrices: Int
  val consumptionTax: Float
  val price =
    commodityPrices + ( commodityPrices * consumptionTax )
}

class Price extends {
  val commodityPrices = 78000
  val consumptionTax = 0.1F
} with TaxIncludedPrice {

  printf(
    "税抜価格 :%d、消費税 : %f、税込価格 : %d",
```

```
          commodityPrices, consumptionTax, price.asInstanceOf[Int] )
}

object Main extends App {
  ( new Price() ).price
}
```

どのようなコードになっているかは以下で説明します。

◆トレイト「TaxIncludedPrice」の定義

抽象不変数commodityPricesとconsumptionTaxを定義しています。これらの抽象不変数はこのトレイトを利用するクラスPriceで初期化されます。

このトレイトでは、さらに、普通の不変数priceを定義しています。この不変数はトレイト内で定義されている抽象不変数を参照して計算した結果を代入しています。

◆クラス「Price」の定義

extendsキーワードの後ろの中括弧「{}」記号内で事前初期化を行っています。具体的には、トレイトTaxIncludedPriceで定義した抽象不変数commodityPricesとconsumptionTaxを事前初期化しています。この事前初期化をしないと、トレイトTaxIncludedPriceの不変数priceの計算時に初期化されていないcommodityPricesとconsumptionTaxを参照することになり、正しい値が代入されません。

この事前初期化を行った後、withキーワードの後ろにミックスインすべきトレイトTaxIncludedPriceを指定しています。

◆不変数の参照

クラスPriceをnew演算子でインスタンス化し、不変数priceを参照しています。この不変数が参照している抽象不変数commodityPricesとconsumptionTaxはインスタンス時に事前初期化されているので「**税抜価格 ：78000、消費税 ： 0.100000、税込価格 ： 85800**」のように出力されます。

なお、「(new Price()).price」は括弧を省略して「new Price().price」のように記述することも可能です。

▶トレイト内での事前初期化のコード例

具体的な例として下記のコード例を見てみましょう。

SOURCE CODE | トレイト内での事前初期化のコード例

```
trait Greeting {
  val name: String
  val message: String
  lazy val synthesis =
    name + " さん、" + message
}

class EveningGreeting extends Greeting {
```

■SECTION-058 ■ トレイトの初期化

```
  val name = "橘　香織"
  val message = "こんばんわ！"
  println( synthesis )
}

object Main extends App {
  new EveningGreeting().synthesis
}
```

　どのようなコードになっているかは以下で説明します。

◆トレイト「Greeting」の定義
　抽象不変変数nameとmessageを定義しています。これらの抽象不変変数はこのトレイトを利用するクラスEveningGreetingで初期化されます。
　このトレイトでは、さらに、普通の不変変数synthesisをキーワードlazyを指定して定義しています。この不変変数はトレイト内で定義されている抽象不変変数nameとmessageを参照した結果を代入しています。ここで、キーワードlazyが指定されているため、クラスEveningGreetingでトレイトGreetingが利用されるまで参照は行われません。

◆クラス「EveningGreeting」の定義
　extendsキーワードの後ろにトレイトGreetingを指定し、ミックスインしています。
　トレイトの抽象不変変数nameとmessageはこのクラス内で初期化しています。この初期化の後にトレイトGreeting内のキーワードlazyが指定された不変変数synthesisへの初期化が行われます。

SECTION-059
トレイトのメソッドの実装

▶トレイトのメソッドの実装とは
　トレイト内で抽象メンバーのみを定義し、初期化や処理の実装を行っていない場合、トレイトをnew演算子でインスタンス化することはできません。トレイトは不変変数や可変変数の初期化やメソッドの処理内容の実装をしないとそれ自身のインスタンスを生成できないのです。
　たとえば、トレイト内で次のように定義したとします。

```
def トレイト名( 引数: 引数の型 ): 戻り値の型
```

　この場合、new演算子を使って「new トレイト名{}」と記述してもコンパイルエラーになります。
　このようにトレイトで定義されたメソッドは処理内容を実装することが必須となります。Scalaでは処理内容の実装はトレイトをミックインしたクラス内またはトレイト内で行うことができます。
　ここで、メソッドの戻り値の指定を省略すると、戻り値の型は`Unit`型、すなわち戻り値なしに型推論されるので注意が必要です。

▶抽象メソッドのオーバーライド
　Scalaのトレイト内で定義したメソッドの処理内容の実装をミックスインしたクラス内で行うには、メソッドをオーバーライドします。
　Scalaのトレイトをオーバーライドするときには、メソッド定義キーワード`def`の前に`override`キーワードを付加します。これはちょうどJavaの`@Override`アノテーションに匹敵します。

▶メソッドのオーバーライドのコード例
　具体例として下記のコード例を見てみましょう。

SOURCE CODE ‖ メソッドのオーバーライドのコード例

```
trait Subject {
  def numberOfTimesAweek( name: String ): Int
}

class PrimarySchool extends Subject {
  override def numberOfTimesAweek( name: String ): Int = name match {
      case "算数" => 5
      case "国語" => 6
      case "理科" => 4
      case "社会" => 4
      case _     => 0
  }
}
```

■ SECTION-059 ■ トレイトのメソッドの実装

```
object Main extends App {
  val subject = new PrimarySchool()
  println( "＜小学校の各教科の一週間の授業回数＞" )
  println( "「算数」 = " + subject.numberOfTimesAweek( "算数" ) )
}
```

　トレイトSubjectの抽象メンバーとしてメソッドnumberOfTimesAweek()を定義しています。引数はStringクラス型のnameで戻り値はIntクラス型です。ここで、戻り値を定義しておかないと、型推論によってUnit型になってしまうので、Intクラス型を定義しています。

　クラスPrimarySchoolはトレイトSubjectをミックスインしています。overrideキーワードを指定して、トレイト内で宣言された抽象メソッドnumberOfTimesAweek()の処理内容をここで実装しています。

▶ 「override」キーワードの必要性

　ここではoverrideキーワードの必要性について説明します。

◆ 通常は「override」キーワードは不要

　トレイトの抽象メソッドをミックスインしたクラスやトレイトで処理内容を実装する場合、overrideキーワードは通常は付加しなくても問題ありません。しかし、必ずoverrideキーワードを付加する必要がある場合があります。

　それは、あるトレイトの抽象メソッドを別の複数のトレイトでミックスインし、メソッドの処理内容をそれぞれ実装する場合です。これらの複数のトレイトをさらに別のクラスやトレイトでミックスインするような場合、overrideキーワードを付加せずに処理内容を実装するとコンパイルエラーになります。

　このような場合には明示的にoverrideキーワードを付加する必要があるので注意してください。

◆ 「override」キーワードが必要な理由

　overrideキーワードが必要な理由は複数のトレイトによる同じ抽象メソッドが**コンフリクション（ミックスインの競合）**が発生するためです。overrideキーワードを付加することによりコンフリクションを避けてミックスインの優先順位の最も高いトレイトの抽象メソッドの処理内容の実装が採用されるのです。

◆ ミックスインの優先順位

　ミックスインの優先順位はより後からミックスインされたトレイトとなります。すなわち、extendsキーワードでミックスインされたトレイトよりもwithキーワードでミックスインされたトレイトが優先されます。

　さらに、同じwithキーワードでミックスインされたトレイトならば、より後ろのwithキーワードでミックスインされたトレイトが優先順位が高くなります。

■ SECTION-059 ■ トレイトのメソッドの実装

●「override」キーワードが必要なコード例

ここでは下記のコード例で具体的に見てみましょう。

SOURCE CODE | 「override」キーワードが必要なコード例

```
trait Number {
  def number(): Int
}

trait LuckyNumberTanaka extends Number {
  override def number(): Int = 777
}

trait LuckyNumberSuzuki extends Number {
  override def number(): Int = 77777
}

class LuckyNumber extends LuckyNumberTanaka with LuckyNumberSuzuki {
  println( "ラッキーナンバーは " + number() + " です！" )
}

object Main extends App {
  new LuckyNumber()
}
```

どのようなコードになっているかは以下で説明します。

◆トレイト「Number」の定義

まずトレイトNumberを定義しています。このトレイト内で引数がなくIntクラス型の戻り値を返す抽象メソッドnumberを定義しています。

◆トレイト「Number」をミックスインする2つのトレイト

トレイトLuckyNumberTanakaとトレイトLuckyNumberSuzukiはそれぞれ同じトレイトNumberをミックスインしています。これらそれぞれのトレイトが抽象メソッドnumberの処理内容を独自に実装しています。

ここで、処理内容の実装が競合しています。そこで、キーワードoverrideを付加し、抽象メソッドの処理内容をオーバーライドして実装していることを明示しています。

overrideキーワードの付加によって、抽象メソッドにおける処理内容の実装の競合を避けることができています。

◆クラス「LuckyNumber」の定義

クラスLuckyNumberはextendsキーワードでトレイトLuckyNumberTanakaをミックスインしています。さらにwithキーワードでトレイトLuckyNumberSuzukiをミックスインしています。

◆トレイトの優先順位

この場合、後からミックスインされたトレイトLuckyNumberSuzukiが優先されます。つまり、抽象メソッドnumberの処理内容の実装はトレイトLuckyNumberSuzukiの実装となります。実際に、「new LuckyNumber()」を実行すると、トレイトLuckyNumberSuzukiで実装した処理内容が反映され、「ラッキーナンバーは 77777 です！」と出力されます。

ここで、優先的に採用されたトレイトLuckyNumberSuzuki内の抽象メソッドnumberの処理内容の実装時にoverrideキーワードを付加しないとコンパイルエラーとなります。

▶トレイト内でのメソッドの実装

Scalaでは不変変数や可変変数をトレイト内で初期化することができます。これと同様にトレイト内にてメソッドの定義とメソッド内の処理内容を実装することができます。

トレイト内でメソッドの処理内容の実装すると、ミックスインするクラスやトレイト内でのメソッドの処理内容の実装は不要となります。

また、トレイトをそのままnew演算子でインスタンス化すること、すなわちインスタンス時のミックスインの処理が不要になります。具体的には「new トレイト名{}」と記述して中括弧「{}」内の記述が空のままでトレイトのインスタンスを直接、生成することが可能となります。

▶トレイト内でのメソッドの実装のコード例

それでは具体例として下記のコード例を見てみましょう。

SOURCE CODE | **トレイト内でのメソッドの実装のコード例**

```
trait Trapezoid {
  def calcArea(
    upperBase: Double, lowerBase: Double, height: Double ): Double =
    ( ( upperBase + lowerBase ) * height ) / 2.0d
}

class Figure( upperBase: Double, lowerBase: Double, height: Double )
  extends Trapezoid {
  println( "台形の面積 = " +
          calcArea( upperBase, lowerBase, height ) )
}

object Main extends App {
  println( "台形の面積 = " +
    ( new Trapezoid{} ).calcArea( 7.6, 10.0, 8.0 ) )

  val trapezoid = new Figure( 5.5, 9.9, 8.8 )
}
```

どのようなコードになっているかは以下で説明します。

■ SECTION-059 ■ トレイトのメソッドの実装

◆トレイト「Trapezoid」の定義
　まずトレイトTrapezoidを定義しています。このトレイト内に引数として上底upperBase、下底lowerBase、高さheightを持つメソッドcalcArea()を定義しています。ここではこのトレイト内でメソッドの処理内容を実装しています。処理内容は内容は3つの引数を得て、それらをもとにして台形の面積を計算して返しています。

◆クラス「Figure」の定義
　次にクラスFigureを定義しています。このクラスはextendsキーワードによってトレイトTrapezoidをミックスインしています。
　また、デフォルトコンストラクタの引数として上底upperBase、下底lowerBase、高さheightを持っています。これらの引数をミックスインしたトレイトTrapezoidの実装メソッドcalcArea()の引数としてそのまま渡しています。

◆トレイトのインスタン化
　トレイトTrapezoidのメソッドはトレイト内で処理内容が実装されています。そのため、そのまま「new Trapezoid{}」のようにミックスイン時の処理なしでインスタンス化しています。そうして、生成したインスタンスの実装メソッドcalcArea()に具体的な引数を与えて呼び出しています。
　メソッドを呼び出した結果は「**台形の面積　＝　70.4**」のように出力されます。

◆トレイトをミックスインしたクラスのインスタンス化
　トレイトTrapezoidをミックスインしたクラスFigureに引数を与えてインスタンス化し、インスタンス不変変数trapezoidに代入しています。
　インスタンスした結果、「**台形の面積　＝　67.76**」のように出力されます。

▶ 継承元のメソッドの呼び出し
　ここでは、クラスを継承したトレイトをさらにミックスインした利用クラスで継承元のクラスやミックスイン元のトレイトのメソッドの呼び出しのルールについて説明します。

◆同じメソッド名の呼び出しのケース
　ある利用クラスで継承元のクラスやミックスイン元のトレイトに同じ名前のメソッドが定義されている場合があります。これは、次の場合に発生します。
- 利用クラスが継承元クラスを継承し、トレイトをミックスインしている
- トレイトが継承元クラスを継承している
- トレイト内で継承元のクラス内で定義されている同じ名前のメソッドをオーバーライドして定義している

◆同じメソッド名の呼び出しのルール
　上記のように継承元のクラスやミックスインしたトレイトの同名のメソッドを呼び出す場合にはルールがあります。
　すなわちsuperキーワードを使った場合には、クラスやトレイトを指定してメソッドを呼び出すことができます。superキーワードを使わないか、使ってもクラスやトレイトを指定しなければ、より後からミックスインしたトレイトが優先されます。

■ SECTION-059 ■ トレイトのメソッドの実装

同じメソッド名の呼び出しのルールをまとめると、次のようになります。
1 継承順で後から、すなわちより右側でミックスインしたトレイトが優先される。
2 「super」キーワードを使った場合には次のようなルールになる。
- クラスやトレイトを指定しなかった場合には、より後から、すなわちより右側でミックスインしたトレイトが優先される
- クラスやトレイトを指定した場合には、継承順に関係なく指定したクラスやトレイトのメソッドを呼び出せる

◆ superキーワードの構文

継承元のメソッドを呼び出すことのできるsuperキーワードは次のいずれかの構文で利用できます。

● superキーワードの構文

```
super.メソッド名( 引数 )

super[クラス名またはトレイト名].メソッド名( 引数 )
```

具体的には、superキーワードの後ろのブラケット記号「[]」内にメソッドを呼び出したい継承元のクラスのクラス名またはミックスインしたトレイトのトレイト名を指定します。そうして、ドット記号「.」の後ろにメソッド名と引数を記述します。

このとき、ブラケット記号「[]」を省略すると、デフォルトのトレイトを指定したことになります。すなわち、最後にミックスインしたトレイトが対象となります。

◉ 継承元のメソッドの呼び出しのコード例

ここでは具体例として下記のコード例を見てみましょう。

SOURCE CODE ｜ 継承元のメソッドの呼び出しのコード例

```
class TaxPriceEng {
  def calculate( price: Int, taxRate: Float ) =
    println( "Price:" + price + " × " + "TaxRate:" +
             taxRate + " = " + price * taxRate + "Yen" )
}

trait TaxPriceJpn extends TaxPriceEng {
  override def calculate( price: Int, taxRate: Float ) =
    println( "価格:" + price + " × " + "消費税:" +
             taxRate + " = " + price * taxRate + "円" )
}

class TaxPrice extends TaxPriceEng with TaxPriceJpn {
  def displayCalculation( price: Int, taxRate: Float ) = {
    calculate( price, taxRate )
    super.calculate( price, taxRate )
    super[TaxPriceEng].calculate( price, taxRate )
    super[TaxPriceJpn].calculate( price, taxRate )
```

```
    }
  }

  object Main extends App {
    val tp = new TaxPrice
    tp.displayCalculation( 298000, 10.0F )
  }
```

どのようなコードになっているかは以下で説明します。

◆継承元クラス「TaxPriceEng」の定義

継承元クラス**TaxPriceEng**はメソッド**calculate()**をメンバーに持っています。

メソッド**calculate()**は引数に**Int**クラス型の**price**と**Float**クラス型の**taxRate**を持ち、メソッドの処理の中で利用しています。

◆トレイト「TaxPriceJpn」の定義

トレイト**TaxPriceJpn**は**extends**キーワードで継承元クラス**TaxPriceEng**を継承しています。そうして、継承元クラス**TaxPriceEng**のメソッド**calculate()**を**override**キーワードでオーバーライドしています。

つまり、トレイト**TaxPriceJpn**には継承元クラス**TaxPriceEng**と同じ名前で引数も同じのメソッド**calculate()**を持っています。

◆利用クラス「TaxPrice」の定義

利用クラス**TaxPrice**は**extends**キーワードで継承元クラス**TaxPriceEng**を継承し、**with**キーワードでトレイト**TaxPriceJpn**をミックスインしています。

メソッド**displayCalculation()**は**Int**クラス型の**price**と**Float**クラス型の**taxRate**を引数に持ちます。

メソッドの処理としてメソッド**calculate()**を4通りの方法で呼び出しています。呼び出し時に引数としてメソッド**displayCalculation()**で渡された2つの引数**price**と**taxRate**をそのまま渡しています。

◆メソッド「calculate()」の4通りの呼び出し方

まず、1つ目はメソッド**calculate()**をそのまま呼び出しています。この場合は後から**with**キーワードでミックスインしたトレイト**TaxPriceJpn**のメソッドが呼び出されます。

2つ目は**super**キーワードを利用してメソッド**calculate()**を呼び出しています。**super**キーワードにクラスやメソッドの指定がないため、後から**with**キーワードでミックスインしたトレイト**TaxPriceJpn**のメソッドが呼び出されます。

3つ目は**super**キーワードのブラケット記号「[]」内にクラス名「TaxPriceEng」を指定しています。この場合はクラス**TaxPriceEng**のメソッド**calculate()**が呼び出されます。

4つ目は**super**キーワードのブラケット記号「[]」内にクラス名「TaxPriceJpn」を指定しています。この場合はクラス**TaxPriceJpn**のメソッド**calculate()**が呼び出されます。

◆「Main」オブジェクトの定義

　Mainオブジェクト内では利用クラス**TaxPrice**をインスタンス化し、インスタンス変数**tp**に代入しています。インスタンス変数**tp**を介してメソッド**displayCalculation()**に引数として「**298000**」と「**10.0F**」を渡しています。

◆実行結果

　メソッド**displayCalculation()**の呼び出し結果は次のようになります。

```
価格:298000 × 消費税:10.0 = 2980000.0円
価格:298000 × 消費税:10.0 = 2980000.0円
Price:298000 × TaxRate:10.0 = 2980000.0Yen
価格:298000 × 消費税:10.0 = 2980000.0円
```

SECTION-060
トレイトによる多重継承

●トレイトによる多重継承とは
　ScalaはJavaと同じように言語仕様でクラスの多重継承を禁止しています。Javaではインターフェースの利用により擬似的な多重継承を実現することが可能です。しかし、これはあくまでも**擬似的な多重継承**です。

　Scalaではクラスの機能を切り出した**クラストレイト**を利用することにより多重継承をほぼ実現することができます。

●「with」キーワードの利用
　具体的には**extends**キーワードで最初のトレイトをミックスインします。次に複数の**with**キーワードを使って次々に複数のトレイトをミックスインすることができます。つまり、任意の数の**with**キーワードを使って任意の数のトレイトをミックスインすることができます。

●多重継承の実現
　このミックスインはクラスでいうところの継承と等価です。そのため、Scalaではトレイトを利用することによって多重継承を実現できるのです。

　Scalaのトレイトはフィールドを持てます。その上、メソッドの処理内容の実装も可能です。そのため、Javaのインターフェースよりもよりクラスに近い存在です。Javaではほとんど不可能であった多重継承がScalaではより柔軟にトレイトを利用して可能になっているといえるでしょう。

●トレイトによる多重継承のコード例
　ここで、具体的な例として下記のコード例を見てみましょう。

SOURCE CODE | トレイトによる多重継承のコード例

```
abstract class Video{
  def play: Unit
}

trait LoopPlay {
  def startLoop: Unit
  def endLoop: Unit
}

trait SegmentPlayback {
  val startTime: Int = 20
  val endTime: Int = 40
  def playback: Unit = printf(
    "【区間再生中】開始:%d分～終了:%d分\n",  startTime, endTime )
}
```

■ SECTION-060 ■ トレイトによる多重継承

```
trait Rewind{
  def goBack: Unit = println( "【巻き戻し中】" )
}

class VideoPlaying extends Video
                   with LoopPlay with SegmentPlayback with Rewind {
  override def play = println( "【再生中】" )
  override def startLoop = println( "【繰り返し再生開始】" )
  override def endLoop = println( "【繰り返し再生停止】" )
}

object Main extends App {
  val vp = new VideoPlaying
  vp.play
  vp.startLoop
  vp.endLoop
  vp.playback
  vp.goBack
}
```

どのようなコードになっているかは以下で説明します。

◆ 抽象クラス「Video」の定義

　抽象クラス**Video**を定義します。抽象クラスなのでメンバーはすべて抽象メンバーです。抽象メソッド**play**を定義しています。ここでは戻り値の型を**Unit**型とし、戻り値がないことを明示しています。しかし、戻り値の型が**Unit**型の場合には省略しても型推論で**Unit**型が割り当てられます。

　抽象メソッド**play**は抽象クラス**Video**を継承したクラス**VideoPlaying**で処理内容を定義しています。

◆ トレイト「LoopPlay」の定義

　抽象メンバーとして抽象メソッド**startLoop**と**endLoop**を持つトレイト**LoopPlay**を定義しています。

　この抽象メソッドはトレイト**LoopPlay**をミックスインしたクラス**VideoPlaying**内で初期化しています。

◆ トレイト「SegmentPlayback」の定義

　フィールド**startTime**と**endTime**を持っており、それぞれトレイト内にて初期化しています。

　また、メソッド**playback**を定義しており、トレイト内で内容を実装しています。このとき、初期化したフィールドの値を参照しています。

◆ トレイト「Rewind」の定義

　メソッド**goBack**を定義し、このトレイト内で処理内容を実装しています。

◆クラス「VideoPlaying」の定義

　Scalaではクラスの多重継承はできないので、クラスは抽象クラスVideoのみをextendsで継承しています。多重継承を実現するために、withキーワードでトレイトLoopPlay、SegmentPlayback、Rewindの3つをミックスインしています。

　また、抽象クラスVideoとトレイトLoopPlayの抽象メンバーであるメソッドstartLoopとendLoopの処理内容を実装しています。このとき、明示的にoverrideキーワードを付加していますが、コード例の場合には、いずれも省略可能です。

◆クラス「VideoPlaying」の実行

　Mainオブジェクトでnew演算子により、VideoPlayingをインスタンス化し、インスタンス不変変数に格納しています。

　そして、多重継承した抽象クラスと複数のトレイト内の各メソッドplay、startLoop、endLoop、playback、goBackを実行しています。実行結果は次のようになります。

```
【再生中】
【繰り返し再生開始】
【繰り返し再生停止】
【区間再生中】開始：20分～終了：40分
【巻き戻し中】
```

239

SECTION-061
型のトレイト

●型のトレイトとは
Scalaでは、型にトレイトを指定し、**with**キーワードによりミックスインすることが可能です。これを**型のトレイト**(Traits as Types)、または**型トレイト**といいます。

型のトレイトは「変数名: 型名 with トレイト名 ・・・」のように型名の後ろにwithキーワードで型にミックスインするトレイトを指定します。この指定ではwithキーワードによって任意の複数のトレイトをミックスインすることが可能です。

このようにしてある型の変数を定義すると、ある型にミックスインされたトレイト内で定義されているメソッドを変数から利用することが可能になります。

このような型のトレイトの適用例で一番多いのはクラスメソッドや関数の引数への適用です。

●型のトレイトのコード例
具体例を下記のコード例で見てみましょう。

SOURCE CODE | 型のトレイトのコード例

```scala
trait Goods { def showGoods( name: String ): Unit }

trait Price { def showPrice( price: Int ): Unit }

class Message {
  def showMessage() = println( "お買い上げありがとうございます!" )
}

class Shopping {
  def buyGoods( info: Message with Goods with Price ) {
    info.showGoods( "フルサイズ 薄型 ワイヤレスキーボード" )
    info.showPrice( 1980 )
    info.showMessage()
  }
}

class GoodInfo extends Message with Goods with Price {
  override def showGoods( name: String ) =
                          println( "・商品名:" + name )
  override def showPrice( price: Int ) =
                          println( "・価格:" + price + " 円" )
}

object Main extends App {
  val shopping = new Shopping
  shopping.buyGoods( new GoodInfo )
}
```

どのようなコードになっているかは以下で説明します。

◆トレイト「Goods」と「Price」の定義

トレイトGoodsでは、Stringクラス型の引数nameを持つ抽象メソッドshowGoods()を宣言しています。

トレイトPriceでは、Intクラス型の引数priceを持つ抽象メソッドshowPrice()を宣言しています。

両トレイトのメソッド共に抽象メソッドです。そのため、両トレイトをミックスインしたクラスGoodInfoで具体的な処理内容を記述しています。

◆クラス「Message」の定義

クラスMessageは具体的に処理が記述されている具象メソッドshowMessage()をメンバーに持ちます。

◆クラス「Shopping」の定義

クラスShoppingはメソッドbuyGoods()をメンバーに持ちます。

メソッドbuyGoods()の引数infoの型に型トレイトが宣言されています。具体的には、トレイトGoodsとPriceをミックスインしたクラスMessageが型トレイトです。

メソッドbuyGoods()の処理記述で引数infoを介して、ミックスインしたトレイトGoodsのメソッドshowGoods()とトレイトPriceのメソッドshowPrice()にそれぞれ引数値「"フルサイズ 薄型 ワイヤレスキーボード"」と「1980」を渡して呼び出しています。

同じく、クラスMessageのメソッドshowMessage()を呼び出しています。

◆クラス「GoodInfo」の定義

値のトレイトの動作確認をするためのクラスGoodInfoを定義しています。

クラスShoppingのメソッドbuyGoods()の引数に与えられる型のトレイトではトレイトGoodsとPriceをミックスインしたクラスMessageが必要です。そこで、クラスMessageを継承し、トレイトGoodsとPriceをミックスインしています。

また、ミックスインしたトレイトGoodsとPriceの抽象メソッドshowGoods()とshowPrice()の具体的な処理内容を記述して具象メソッドとしています。

これで、クラスGoodInfoをインスタンス化したものをクラスShoppingのメソッドbuyGoods()の引数の値のトレイトとして与えることができます。

◆「Main」オブジェクトの定義

クラスShoppingをインスタンス化し、インスタンス変数shoppingに代入しています。このインスタンス変数shoppingを介してクラスShoppingのメソッドbuyGoods()を呼び出しています。

引数に値のトレイトとしてクラスGoodInfoのインスタンス「new GoodInfo」を与えてメソッドbuyGoods()を呼び出しています。

SECTION-062

トレイトを利用したソースファイル分割

▶ トレイトを利用したソースファイル分割とは

Javaでは処理はすべてクラス内に記述する必要があります。そのため、Javaの場合にはあるクラス内の処理はクラス名と同名の単一ソースファイルにのみ記述できます。処理の一部分を別のソースファイルに分割して記述することはできません。

Scalaでもクラスの中に処理をすべて記述するのが基本ですが、**トレイトと自分型アノテーションを利用してソースファイルを分割する**ことができます。

▶ 自分型アノテーションとは

デフォルトコンストラクタの先頭部分で、自分自身のインスタンスの記述であることを明示するために識別子を記述することができます。これを**自分型アノテーション(Self-Type Annotations)**といいます。

具体的にはデフォルトコンストラクタの先頭に「**識別子: クラス名 =>**」と記述します。ここで、識別子は慣習的にselfをよく使います。つまり、「**self: クラス名 =>**」と記述することで自分型アノテーションであることを示します。

通常はインスタンスであることを示すには「**クラス名.this**」と記述しますが、あえてインスタンスの記述であることを明示したい場合に自分型アノテーションを用います。無名クラスの場合には、クラス名を定義しないので、「**クラス名.this**」という記述ができませんが、そのようなときにも自分型アノテーションなら利用可能です。

▶ ソース分割の方法

トレイトと自分型アノテーションを利用したソースファイルの分割は、トレイト内に自分型アノテーションで分割元のクラスの型を指定します。

具体的には、トレイトのデフォルトコンストラクタの先頭で「**self: 分割元のクラス名 =>**」と記述します。

これは「自分は分割元のクラス名のクラスである」と宣言しています。そのため、トレイトから分割元のクラス名のクラスのメンバーを利用できるようになります。

▶ トレイトを利用したソースファイル分割のコード例

分割元のクラスからトレイトだけを分離して別ファイルにしたコード例を見てみましょう。

SOURCE CODE | 分割元のクラスの定義のコード例(Upstream.scala)

```
class UpstreamProcess extends AnyRef with DownstreamProcess {
  val upstreamTitle = "【上流工程】"

  val requirementDefinition = "要件定義"
  val basicDesign = "基本設計"
```

■ SECTION-062 ■ トレイトを利用したソースファイル分割

```
  def displayUpstream = {
    println( upstreamTitle )
    println( "<1>" + requirementDefinition +
            "・・・<後工程>" + basicDesign)
    println( "<2>" + basicDesign +
            "・・・<後工程>" + implementation )
  }
}
```

SOURCE CODE ｜ トレイトの定義のコード例（Downstream.scala）

```
trait DownstreamProcess {
  self: UpstreamProcess =>

  val downstreamTitle = "【下流工程】"
  val detailedDesign = "詳細設計"
  val implementation = "実装      "

  def displayDownstream = {
    println( downstreamTitle )
    println( "<3>" + detailedDesign +
            "・・・<前工程>" + basicDesign )
    println( "<4>" + implementation +
            "・・・<前工程>" + detailedDesign )
  }
}
```

SOURCE CODE ｜ ソースファイル分割されたトレイト内メソッド利用のコード例（Main.scala）

```
object Main extends App {
  val process = new UpstreamProcess

  process.displayUpstream
  process.displayDownstream
}
```

　それぞれがどのようなコードになっているかは以下で説明します。

◆ 分割元のクラスの定義

　分割元のクラス**UpstreamProcess**を「Upstream.scala」ファイル内に定義します。
　クラス**UpstreamProcess**はクラス**AnyRef**を継承し、トレイト**DownstreamProcess**をミックスインしています。トレイト**DownstreamProcess**をミックスインすることでクラス**UpstreamProcess**からトレイト**DownstreamProcess**のメソッド**detailedDesign()**や**Implementation()**を利用することができます。
　ここで、継承したクラス**AnyRef**はScalaのおおもとのクラス**Any**の直下のクラスで**Int**クラス型、**Long**クラス型などの値クラス以外のクラスになります。クラス**AnyRef**を継承しないとコンパイルエラーになるので注意してください。

■ SECTION-062 ■ トレイトを利用したソースファイル分割

　クラスUpstreamProcess内には3つのフィールドupstreamTitle、requirementDefinition、basicDesignと1つのメソッドdisplayUpstreamが定義されています。

　メソッドdisplayUpstreamの処理内でミックスインしたトレイトDownstreamProcessのフィールドbasicDesignとimplementationを参照しています。

◆トレイトの定義

　トレイトDownstreamProcessを「Downstream.scala」ファイル内に定義します。

　先頭で自分型アノテーション「self: UpstreamProcess =>」を記述しています。これで、自分、すなわちトレイトDownstreamProcessから分割元ファイル「Upstream.scala」のクラスUpstreamProcessのメンバーを利用できるようにしています。

　トレイトDownstreamProcess内には、3つのフィールドdownstreamTitle、detailedDesign、implementationと1つのメソッドdisplayDownstreamとが定義されています。

　メソッドdisplayDownstreamの処理内で自分型アノテーションで利用可能になったクラスUpstreamProcessのフィールドbasicDesignを参照しています。

◆ソースファイル分割されたトレイト内メソッド利用

　分割元のクラスから別のソースファイルに分割されたトレイト内のメソッドを利用するために「Main.scala」ファイル内にMainオブジェクトを定義しています。

　Mainオブジェクト内でクラスUpstreamProcessをインスタンス化して、インスタンス変数processに代入しています。

　インスタンス変数processを介して分割元クラスUpstreamProcessのメソッドdisplayUpstreamを呼び出しています。同じように別のソースファイルに分割されたトレイトDownstreamProcessのメソッドdisplayDownstreamを呼び出しています。

　これで、トレイトを利用して分割されたソースファイルに記述された両方のメソッドを利用可能となっています。

◆コンパイルの方法

　この例では「Upstream.scala」ファイル内の分割元のクラスUpstreamProcessが「Downstream.scala」ファイル内のトレイトDownstreamProcessのフィールドを呼び出しています。

　反対に「Downstream.scala」ファイル内のトレイトDownstreamProcessが自分型アノテーションにより、「Upstream.scala」ファイル内の分割元のクラスUpstreamProcessのフィールドを呼び出しています。

　つまり、クラスUpstreamProcessとトレイトDownstreamProcessはお互いに相互参照の関係にあります。このような場合にはソースファイルを同時にコンパイルする必要があります。

　そのためには、次のようなコマンドで複数のソースファイルを一度にコンパイルします。

```
> scalac Upstream.scala Downstream.scala Main.scala
```

コンパイルが終わったら、次のようにして実行してみましょう。

```
> scala Main
```

そうすると、次のような実行結果が出力されます。

```
【上流工程】
<1>要件定義・・・<後工程>基本設計
<2>基本設計・・・<後工程>実装
【下流工程】
<3>詳細設計・・・<前工程>基本設計
<4>実装　　・・・<前工程>詳細設計
```

SECTION-063
トレイトによる AOP(アスペクト指向プログラミング)

● デザインパターンとJavaの限界

オブジェクト指向分析・設計の分野では、洗練された設計や堅牢な保守性を実現するために、デザインパターンというものが注目を浴び続けてきました。オブジェクト指向プログラミング言語のデファクトスタンダードともいうべきJavaでも例外ではありませんでした。

デザインパターンをJavaで実装しようとすると、Javaそのものの言語使用やオブジェクト指向の限界がにわかに露呈してきました。そのため、Javaでは現在までにさまざまなフレームワークが設計・実装され利用され、オブジェクト指向の限界を突破しようと試みられています。

● DIコンテナとAOP

その中でもDIコンテナとAOPは特徴的なものです。**DI(Dependency Injection)コンテナ**はクラス間の依存性を静的にがちがちに決めるのではなく、実行時に動的に注入するという考え方を実現したJavaの実行環境(コンテナ)です。

また、**AOP**は**アスペクト指向プログラミング**の略です。クラス間を横断するログ取得、エラーハンドリングやトランザクション機能の実装はオブジェクト指向ではうまくできません。クラスは継承関係にあるため、複数クラスを横断する機能をうまく分離する設計が難しいためです。

そこでクラス間を横断する機能(アスペクト)を分離して記述することで、オブジェクト指向プログラミングにより柔軟性を持たせようとする試みがなされています。

Javaの言語使用ではAOPを実現することが困難なため、DIコンテナと同じくフレームワークによって実現されています。

● Javaフレームワークの限界

しかし、元々Javaの言語使用にないものを無理やりフレームワークで実現するため、ともすれば初心者にとっては呪文のような決まりごとや設定ファイルを記述する必要がありました。また、フレームワークそのものがブラックボックスとなり、重大な障害が発生した際に逆に保守性が劣るという問題点も指摘されています。

なお、近年ではたとえばSpringフレームワークなどでは、XMLベースの複雑な設定ファイルを使わなくてもよい方法も合わせて提供されています。具体的には「@」記号で始まるさまざまなアノテーションでAOPを実現できるようにはなってきています。

しかし、アノテーションそのものが背後に複雑な処理を隠蔽しており、AOPはJavaフレームワークにとってはブラックボックスであることには変わりはありません。やはり、言語仕様としてAOPが実現できる仕組みがあることがベターであるといえるでしょう。

Java8(JDK1.8)の登場以降、Javaの言語仕様が拡張され、よりScalaなどの関数型プログラミング言語の仕様を取り込む傾向にあります。そのため、今後はJavaでも複雑なフレームワーク内部の処理を介することなくAOPが実現可能になってくるといえるでしょう。

■ SECTION-063 ■ トレイトによるAOP（アスペクト指向プログラミング）

●トレイトでAOPを実現
ここではScalaのトレイトによるAOPの実現方法について説明します。

◆トレイトでAOPを実現するとは
Scalaのトレイトは言語仕様で複数のクラスの共通処理を記述することができます。また、インスタンス生成時にその生成するインスタンスごとに固有の処理を実装することがもできます。これはまさにAOPの機能そのものであるといえます。

したがって、このようなScalaのトレイトの機能を利用すると、AOPのようにクラス間を横断する機能を分離して記述することがシンプルに実現可能です。

すなわち、ScalaではJavaのように複雑でブラックボックス化したフレームワークの機能を介することなくトレイトというScalaの言語仕様でAOPを実現可能になります。

◆トレイトによるAOPの実現構文
トレイトによるAOPは次のような構文を用いて実現することができます。

●トレイトによるAOPの実現構文

```
trait 抽象メソッドを持つトレイト {
  def AOPメソッド名( 引数名: 型 )
}


trait トレイト extends 抽象メソッドを持つトレイト {
  abstract override def AOPメソッド名( 引数名: 型 ) = {
    前処理
    super.AOPメソッド名( 引数名: 型 )
    後処理
  }
}

class クラス名 extends 抽象メソッドを持つトレイト {
  def AOPメソッド名( 引数名: 型 ) = {
    AOP処理
  }
}

val インスタンス変数名 = new クラス名 with 抽象メソッドを持つトレイト
インスタンス変数名.AOPメソッド名( 引数値 )
```

◆トレイトによるAOPの実現手順
上記の構文をもとに具体的にトレイトによってどのようにAOPを実現するのかという手順について説明します。

❶ 抽象メソッドを持つトレイトを定義し、トレイト内で抽象メソッドとしてAOPメソッドを定義します。

❷ 別のトレイトを定義し、抽象メソッドを持つトレイトをミックスインします。

❸ トレイト内の「abstract override」キーワードで宣言されたAOPメソッド名のメソッドを定義します。「abstract override」キーワードはトレイトの中だけで利用できる特別なキーワードです。

❹ ❸のAOPメソッド内の前処理と後処理の間に「super」キーワードによる同名のAOPメソッドの呼び出しを行います。

■ SECTION-063 ■ トレイトによるAOP（アスペクト指向プログラミング）

❺ AOPメソッドは「abstract」キーワードにより抽象メソッドを持つトレイト内の抽象メソッドであるAOPメソッドをさらに再定義した抽象メソッドの扱いとなります。
❻ ❺のAOPメソッドを定義したトレイトがミックスインされたクラス内で同名のAOPメソッドの処理が具体的に記述されるまではAOPメソッドは不定であり、何らの束縛も受けません。
❼ 抽象メソッドを持つトレイトをミックスインしたクラスを定義します。
❽ ❼のクラス内にAOPメソッドを定義し、具体的な処理を記述します。
❾ 抽象メソッドを持つトレイトをミックスインしたクラスをインスタンス化し、インスタンス変数に代入します。このとき、はじめて抽象メソッドで処理が不定であったAOPメソッドに動的に処理が割り当てられます。
❿ インスタンス変数を介してAOPメソッドを具体的な引数付きで呼び出します。
⓫ AOPメソッドが実行されます。実行順は「前処理」「AOP処理」「後処理」の順番となります。

▶トレイトによるAOPのコード例

ここでは具体例として下記のコード例を見てみましょう。

SOURCE CODE ｜ トレイトによるAOPのコード例

```
trait Transaction {
  def transaction(
    className: String, methodName: String, processingName: String  )
}

trait GetTransaction extends Transaction {
  abstract override def transaction(
    className: String, methodName: String, processingName: String ) = {
    println( "Transaction START" )
    super.transaction( className, methodName, processingName )
    println( "Transaction END" )
  }
}

class DoTransaction extends Transaction {
  def transaction(
    className: String, methodName: String, processingName: String ) =
    println( "\t・実行クラス名 = " + className       + "\n" +
             "\t・メソッド名   = " + methodName      + "\n" +
             "\t・処理名       = " + processingName              )
}

object Main extends App {
  val process1 = new DoTransaction with GetTransaction
  process1.transaction( "Account", "paiment()", "Do paiment" )
}
```

どのようなコードになっているかは以下で説明します。

■ SECTION-063 ■ トレイトによるAOP（アスペクト指向プログラミング）

◆トレイト「Transaction」の定義
　メソッドtransaction()を持つトレイトTransactionを定義しています。
　このトレイトで宣言されている抽象メソッドtransaction()はclassName、methodName、processingNameを引数に持つことを宣言しています。
　このトレイトはトレイトGetTransactionとクラスDoTransactionの両方からミックスインされていて、ちょうど抽象クラスのように機能しています。

◆トレイト「GetTransaction」の定義
　トレイトGetTransactionはextendsキーワードでトレイトTransactionをミックスインしています。これはトレイトGetTransactionをミックスインできるのはトレイトTransactionをミックスインしたクラスだけであることを示しています。
　ここで、abstract overrideキーワードでトレイトTransaction内の抽象メソッドtransaction()をオーバーライドして新たな抽象メソッドとしています。つまり、トレイトGetTransactionをミックスインするクラスDoTransaction内で具体的な処理を記述する必要があります。
　新たな抽象メソッドtransaction()内では前処理と後処理のprintln()関数による出力の間にsuperキーワードによる抽象メソッドtransaction()の呼び出しが行われています。

◆クラス「DoTransaction」の定義
　クラスDoTransactionもトレイトGetTransactionと同じくextendsキーワードでトレイトTransactionをミックスインしています。これはトレイトGetTransactionがミックスインされるクラスの条件に合致しており、ミックスインできているわけです。
　また、クラスDoTransactionはトレイトGetTransactionの抽象メソッドtransaction()の具体的な処理を記述し、具象メソッドとしています。

◆「Main」オブジェクトの定義
　Mainオブジェクト内では、クラスDoTransactionをインスタンス化してインスタンス変数process1に代入しています。インスタンス時にwithキーワードでトレイトGetTransactionをミックスインしています。
　このインスタンス変数を介して、メソッドtransaction()に具体的な引数値「"Account"」「"paiment()"」「"Do paiment"」を与えて呼び出しています。

◆実行時の動き
　トレイトGetTransaction内のメソッドtransaction()が実行されます。
　まず、前処理が実行されて「Transaction START」と出力されます。
　次に、superキーワードによる抽象メソッドtransaction()の呼び出しが行われます。このとき、抽象メソッドtransaction()がトレイトGetTransactionのミックスイン時に定義されていればその処理内容が動的に実行されます。
　ここでは、クラスDoTransaction内の具象メソッドtransaction()内に処理内容が記述されているので、それが動的に実行されます。具体的には「・実行クラス名 ＝ Account」などが出力されます。

最後に後処理が実行されて「Transaction END」と出力されます。
以上の結果として次のように出力されます。

```
Transaction START
        ・実行クラス名 = Account
        ・メソッド名   = paiment()
        ・処理名      = Do paiment
Transaction END
```

CHAPTER 07

ジェネリクス（型パラメータ）

SECTION-064
ジェネリクスとは

▶ ジェネリクスの概要

ジェネリクス(Generics) とは、総体型または総称型の略です。Javaの総称型と同じものです。ジェネリクスは**ジェネリシティ(Genericity)** と呼ばれることがあります。

このジェネリクスのことをScalaでは**型パラメータ(Type Prameter)**、または**パラメータ化された型(Parameterized types)** と呼びます。本書でもジェネリクスのことを主に「型パラメータ」という呼び方をします。

ジェネリクスは型をパラメータ(引数)として取り扱うことのできる仕組みです。言い換えると、通常のパラメータは値を指定するのに対して、型そのものをパラメータのように指定できる仕組みがジェネリクスです。

たとえば、リストを取り扱う処理をScalaで実装する場合、リストの要素がどの型を持つかを型パラメータでパラメータとして指定することができます。想定される要素の型をあらかじめ型パラメータとして指定しておくと、想定した型のみをリストの要素として持つことができます。

なお、型パラメータに対して普通のパラメータを値パラメータという場合があります。

▶ ジェネリクスの構文

ジェネリクスの構文は次のようになります。

● ジェネリクスの構文

クラス/ケースクラス/トレイト/メソッド(関数)名[型パラメータ,・・・]

Scalaのジェネリクスでは型パラメータを指定したいクラス、ケースクラス、あるいはメソッド(関数)名のすぐ後ろに型パラメータを記述します。

ここで、型パラメータや型名はブラケット(角括弧)「[]」で囲みます。Scalaでは、型名を括弧で囲む場合には必ずブラケット「[]」で囲む決まりになっています。

これは、ちょうどJavaではジェネリクスに山括弧「<>」記号を使うのと同じです。

ブラケット「[]」内には型パラメータをカンマ「,」記号で区切って複数、指定することができます。

ここで、型パラメータにはScalaの変数に使える文字列なら何でも指定可能です。Javaでは型(Type)の頭文字の「T」やその次のアルファベットである「U」、「V」を使うことが多いようです。Scalaでは慣習的に「A」からはじまるアルファベットが使われることが多いようです。

たとえば、「T」「A」「A7」「zzz99」などが型パラメータとして使用できます。ただし、先頭の1文字目に数字を指定することはできないので注意が必要です。

SECTION-065
ジェネリクスの種類

▶ ジェネリクスの種類とは

Scalaのジェネリクスは引数を伴うものに適用することができます。

具体的にはクラスのジェネリクス、ケースクラスのジェネリクス、トレイトのジェネリクス、およびメソッド（関数）のジェネリクスがあります。

ここで、クラスおよびケースクラスはそれぞれデフォルトコンストラクタの引数に型パラメータを適用します。また、メソッドはメソッドの引数に型パラメータを適用します。

▶ クラスのジェネリクス

クラスのジェネリクスは次のような構文で記述します。

●クラスのジェネリクスの構文

```
// クラス引数宣言がある場合
class クラス名[ 型パラメータ,・・](引数名: 型パラメータ,・・){
  def メソッド名( 引数名: 型パラメータ ): 戻り型 = { 処理 }
}

// クラス引数宣言がない場合
class クラス名[ 型パラメータ,・・]{
  def メソッド名( 引数名: 型パラメータ ): 戻り型 = { 処理 }
}
```

classキーワードに続けてクラス名を記述し、クラス名のすぐ後ろにブラケット「[]」を記述し、ブラケット内に型パラメータを記述します。

デフォルトコンストラクタの引数宣言の型は型パラメータをそのまま記述します。これで、型パラメータで指定された型が引数の型に当てはめられます。

デフォルトコンストラクタがない場合には、デフォルトコンストラクタと同じように、クラス内のメソッドの引数や戻り値の型に型パラメータが当てはめられます。同じように、デフォルトコンストラクタがある場合もクラス内のメソッドの引数や戻り値に型パラメータが当てはめられる場合があります。

◆ クラスのジェネリクスのコード例

下記のコード例で、具体例を見てみましょう。

SOURCE CODE | **クラスのジェネリクスのコード例**

```
class Stock[ T ]( var param: T ) {
  def show: T = this.param
  def update( param: T ): Unit = this.param = param
}

object Main extends App {
```

■ SECTION-065 ■ ジェネリクスの種類

```
    println( "＜更新前＞" )
    val stockName  = new Stock[ String ]( "帯広宇宙産業" )
    val stockPrice = new Stock[ Int ]( 10211 )
    println( "・銘柄 :" + stockName.show )
    println( "・株価 :" + stockPrice.show )

    println( "＜更新後＞" )
    stockName.update( "鹿児島ロケット工業" )
    stockPrice.update( 70111 )
    println( "・銘柄 :" + stockName.show )
    println( "・株価 :" + stockPrice.show )
  }
```

どのようなコードになっているかは以下で説明します。

◆ クラス「Stock」の定義

クラスStockを定義では、クラス名Stockのすぐ後ろに、ブラケット「[ ]」記号内に型パラメータ「T」を定義しています。そうして、デフォルトコンストラクタは引数paramの型として型パラメータ「T」を指定しています。この引数は可変変数キーワードvarで宣言されているので変更可能です。

◆ クラス内メソッドの定義

クラス内にはメソッドshowとメソッドupdate()が定義されています。

メソッドshowは引数がなく、戻り値の型はクラスの型パラメータ「T」が指定されています。戻り値としてデフォルトコンストラクタで与えられた引数paramにより初期化されたクラスフィールドthis.paramをそのまま返しています。

メソッドupdate()は型パラメータ「T」型の引数paramを持ち、戻り値は持ちません。メソッドの処理としてクラスフィールドthis.paramにメソッド引数paramを代入して更新しています。

◆ クラスのインスタンス化

MainオブジェクトではクラスStockのインスタンス化を2種類の方法で行っています。

1つ目はデフォルトコンストラクタの型パラメータをStringクラス型に限定しています。引数には文字列「"帯広宇宙産業"」が与えられています。インスタンス結果はインスタンス変数stockNameに代入されています。

2つ目はクラスデフォルトコンストラクタの型パラメータをIntクラス型に限定しています。引数にはIntクラス型の「10211」が与えられています。

ここで、デフォルトコンストラクタの引数に型パラメータで指定した型以外の値を指定すると、コンパイルエラーで指摘されます。インスタンス結果はインスタンス変数stockPriceに代入されています。

■ SECTION-065 ■ ジェネリクスの種類

◆ クラスメソッドの呼び出し

これら2つのインスタンス変数stockNameとstockPriceからメソッドupdate()を呼び出しています。メソッドupdate()はデフォルトコンストラクタの型パラメータで指定された型に縛られます。

すなわち、インスタンス変数stockNameのメソッドの引数はStringクラス型で、インスタンス変数stockPriceのメソッドの引数はIntクラス型限定となります。それぞれ、「"鹿児島ロケット工業"」と「70111」を引数に与えています。

● ケースクラスのジェネリクス

ケースクラスのジェネリクスは次のようにクラスと同じ構文で記述します。

◉ ケースクラスのジェネリクスの構文

```
// クラス引数宣言がある場合
case class クラス名[ 型パラメータ,・・]( 引数名: 型パラメータ,・・){
  def メソッド名( 引数名: 型パラメータ ): 戻り型 = { 処理 }
}

// クラス引数宣言がない場合
case class クラス名[ 型パラメータ,・・]{
  def メソッド名( 引数名: 型パラメータ ): 戻り型 = { 処理 }
}
```

ケースクラスの場合は、classキーワードがcase classクラスキーワードに変わっただけで、他は同じ構文となります。

ただし、ケースクラスの場合には、インスタンス化する際にnew演算子が不要な点がクラスと異なります。

◆ ケースクラスのジェネリクスのコード例

下記のコード例では、クラスFixedAssetの型パラメータとして「T」が定義されています。そうして、デフォルトコンストラクタ引数nameの型を型パラメータ「T」として定義しています。

MainオブジェクトでクラスFixedAssetをインスタンス化する際に型パラメータとしてStringクラス型で縛っています。そのため、デフォルトコンストラクタの引数に文字列「"コンピュータプログラム"」を指定しています。

ここで、文字列以外の数字などを指定すると、コンパイル時にコンパイルエラーとなります。

SOURCE CODE | ケースクラスのジェネリクスのコード例

```
case class FixedAsset[ T ]( val name: T )

object Main extends App {
  val intangible = FixedAsset[ String ]( "コンピュータプログラム" )
  println( "無形固定資産名 :" + intangible.name )
}
```

■ SECTION-065 ■ ジェネリクスの種類

●トレイトのジェネリクス

トレイトのジェネリクスは次のような構文で記述します。

●トレイトのジェネリクスの構文

```
// トレイトの定義構文
trait トレイト名[ 型パラメータ,‥]{
  def メソッド名( 引数名: 型パラメータ ): 型パラメータ = { 処理 }
}

// 利用クラス / オブジェクトの定義構文
class 利用クラス名( 引数名: 型 ) / object 利用オブジェクト名
                                      extends トレイト名 {
  def メソッド名( 引数名: 型,‥): 戻り型 = { 処理 }
}
```

traitキーワードに続けてトレイト名を記述し、トレイト名のすぐ後ろにブラケット「[]」を記述し、ブラケット内に型パラメータを記述します。

トレイトはデフォルトコンストラクタを持たないので、クラスのようにこの後に引数定義はありません。代わりにトレイト内のメソッドの引数や戻り値の型に型パラメータが当てはめられます。

利用クラスまたは利用オブジェクト内のメソッド引数と戻り値の型の定義で型パラメータに具体的な型を当てはめて定義します。

◆トレイトのジェネリクスのコード例

下記のコード例では、トレイトCalcの型パラメータとして「T」が定義されています。そうして、トレイト内のメソッドmultipliedBy()の引数x、y、および戻り値の型を型パラメータ「T」として定義しています。

このトレイトCalcをミックスインして利用するクラスFloatCalcを定義しています。このミックスイン時に型パラメータをFloatクラス型を当てはめています。

オブジェクトFloatCalc内のメソッドmultipliedBy()の引数x、y、および戻り値の型も型パラメータが具体的なFloatクラス型を当てはめています。型が決まったのでメソッドmultipliedBy()はFloatクラス型の処理だけを記述すればよくなっています。

Mainオブジェクト内でオブジェクトFloatCalcのメソッドmultipliedBy()の引数にあらかじめFloatクラス型で初期化済みのx、yを与えて呼び出しています。

ここで、メソッドmultipliedBy()の引数にFloatクラス型以外の型の値を指定すると、コンパイル時にコンパイルエラーとなります。

SOURCE CODE ┃ トレイトのジェネリクスのコード例

```
trait Calc[ T ] {
  def multipliedBy( x: T, y: T ): T
}

object FloatCalc extends Calc[ Float ] {
  def multipliedBy( x: Float, y: Float ): Float = x * y
```

```
}

object Main extends App{
  val ( x, y ) = ( 12.3F, 67.8F )
  println( x + " + " + y + " = " + FloatCalc.multipliedBy( x, y ) )
}
```

▶ メソッド(関数)のみのジェネリクス

ここでメソッドとはクラス、ケースクラス、トレイト、およびオブジェクト内に定義されるものを指します。Scalaではメソッドと関数は等価であり、ここでメソッドは関数のこともさします。

メソッドのジェネリクスには、次の2種類があります。ここでは、2番目のメソッド(関数)のみに型パラメータを適用する場合について説明します。

- メソッド(関数)が所属するクラスなどの型パラメータをメソッドの引数や戻り値の型として指定する場合
- メソッド(関数)が所属するクラスと無関係にメソッド(関数)のみに型パラメータを適用する場合

◆ メソッド(関数)のみのジェネリクスの構文

メソッド(関数)のみのジェネリクスは次のような構文で記述します。

◉メソッド(関数)のジェネリクスの構文

```
def メソッド(関数)名[ 型パラメータ,・・ ]( 引数名: 型,・・・ ):
                戻り型 = { 処理 }
```

defキーワードに続けてメソッド(関数)名を記述し、メソッド(関数)名のすぐ後ろにブラケット「[]」を記述し、ブラケット内に型パラメータを記述します。

メソッド(関数)の引数宣言の型は型パラメータをそのまま記述します。これで、型パラメータで指定された型が引数の型に当てはめられます。

◆ メソッド(関数)のみのジェネリクスのコード例

次ページのコード例では、オブジェクトMain内にメソッドjudgeEquivalence()を定義しています。

メソッドjudgeEquivalence()には型パラメータとして「A」が指定されています。このメソッドの引数xとyの型として、型パラメータ「A」が定義されています。

メソッド内ではs補間子によって引数xとyを文字列の中に補間しています。さらに、引数xとyをif式で比較し、比較結果を戻り値として文字列に加えています。そうして、この文字列をprintln()関数で

このコード例では、メソッドjudgeEquivalence()が3回、呼び出されています。

1つ目はメソッドの型パラメータを指定しないで引数を与えています。

2つ目はメソッドの型パラメータとして、Intクラス型の要素を持つListクラス型を指定しています。そうして、型パラメータに合致する引数を与えています。

3つ目はメソッドの型パラメータとして、Floatクラス型を指定しています。そうして、型パラメータに合致する引数を与えています。

■ SECTION-065 ■ ジェネリクスの種類

SOURCE CODE | **メソッド（関数）のみのジェネリクスのコード例**

```
object Main extends App {
  def judgeEquivalence[ A ]( x: A, y: A ): Unit = {
    println( s"$x と $y は " +
      ( if( x == y ) "等しいです。" else "等しくありません。" )
    )
  }

  judgeEquivalence( "小学校", "中学校" )
  judgeEquivalence[ List[ Int ] ]( List( 2, 3 ), List( 2, 3 ) )
  judgeEquivalence[ Float ]( 77.7F, 77.7F )
}
```

SECTION-066
ジェネリクスのメリット

▶ ジェネリクスで利用される型パラメータのメリット
ここでは、型パラメータのメリットについて次の3点について説明します。
- コレクションが扱う型がわかりやすい
- 指定していない型の事前判別
- 想定されている型へのキャストが省略可能

◆ コレクションが扱う型がわかりやすい
`Map`、`Array`、`List`などのコレクションクラスを取り扱う場合を考えてみましょう。メソッドが返すコレクションクラスのオブジェクトにどのような型の要素が格納されているかわかると非常に便利です。

型パラメータを用いるとメソッドが返すコレクションオブジェクトに格納されている要素が明確となり、コレクションオブジェクトを使う処理を正確に記述することが可能になります。

◆ 指定していない型の事前判別
型パラメータを使うと指定されていない型が設定された場合、コンパイル時にエラーで検出されます。実行時に型の違いによってランタイムエラーが発生する場合と違って、コンパイル時に事前に型が判別できるのはエラーのないシステムを構築する一助になります。

◆ 想定されている型へのキャストが省略可能
想定外の型が指定され、それを取り扱うことはよくあります。このような場合には通常は条件式などで型を判別し、目的の型にキャスト、すなわち型変換を行う必要があります。

しかし、型パラメータで事前に型を規定しておくことによって型の条件判別とキャストが不要となります。そのため、シンプルなコードを記述することができます。

SECTION-067
ジェネリクスのさまざまな使い方

▶利用時に明示的な型指定を行う方法

　型パラメータで示された型を具体的に明示しなくても利用できる場合があります。たとえば、引数の型のみを型パラメータで指定した場合や、引数の型と戻り値が同じ型になるように型パラメータで指定した場合です。

　反対にトレイトのメソッドの引数や戻り値を型パラメータで指定して、オブジェクトにミックスインする場合などには型を明示する必要があります。

　利用時に明示的な型指定を行うには、ブラケット「[]」で型パラメータを指定したのと同じ箇所に型パラメータの代わりに具体的な型を当てはめます。

◆利用時に明示的な型指定を行うコード例

　下記のコード例では、クラス ConsumerElectronics のメソッド whiteGoods() とケースクラス IndustrialEquipment に型パラメータが指定されています。

　具体的には、メソッド whiteGoods() は引数 name と戻り値に型パラメータ「A」が、ケースクラス IndustrialEquipment のデフォルトコンストラクタの引数にも型パラメータ「A」が指定されています。

　これらのメソッドやケースクラスは Main オブジェクト内にあるように、型パラメータに明示的に型を指定しなくても利用できます。

　しかし、これをコード例のようにメソッド名「whiteGoods」とケースクラス名「IndustrialEquipment」の後ろに、それぞれ明示的に「[String]」を指定しています。すなわち、型パラメータの指定で「[A]」を「[String]」で置き換えて利用しています。

SOURCE CODE 利用時に明示的な型指定を行うコード例

```
class ConsumerElectronics {
  def whiteGoods[ A ]( name: A ): A = name
}

case class IndustrialEquipment[ A ]( val name: A )

object Main extends App {
  val cf = new ConsumerElectronics

  println( cf.whiteGoods( "乾燥機能付き洗濯機" ) )
  println( cf.whiteGoods[ String ]( "6ドア冷蔵庫" ) )

  println( IndustrialEquipment( "モジュラーマウンター" ) )
  println( IndustrialEquipment[ String ]( "エアープラズマ切断機" ) )
}
```

▶引数へのデフォルトの型と値を指定する

　Scalaには、メソッドの任意の引数に初期値としてデフォルト値を指定する機能があります。この機能は、引数の個数を変えた同名メソッドをオーバーロードして定義するという冗長な実装を避けるのに役立ちます。しかし、デフォルト値の型を省略することはできません。

　そこで、ある引数は型パラメータで指定して、デフォルト値を与える引数は型を最初から固定で指定することが可能になります。

　なお、引数にデフォルトの型と値を指定するには、次のような構文を使います。

引数名: 型 = "デフォルト値"

◆引数へのデフォルトの型と値を指定するコード例

　下記のコード例では、オブジェクト`ListOperation`のメソッド`combine()`に型パラメータを指定しています。

　ここで、この型パラメータはリストの要素を表す引数`elements`だけとなっています。具体的には要素の型が型パラメータ「`A`」の`List`クラス型を指定しています。

　もう1つの区切り文字を表す引数`delimiter`は「`delimiter: String = " | "`」のように定義されています。これは、型がStringオブジェクト型で、デフォルト値として「" | "」を指定するということです。

　`Main`オブジェクト内ではオブジェクト`ListOperation`のメソッド`combine()`を2通りの方法で呼び出しています。

　1つ目のメソッド`combine()`の呼び出しでは型パラメータの型を明示せずに、引数に値を設定しています。1つ目の引数には、要素が「"微分"」などの文字列である`List`クラス型のインスタンスを指定しています。2つ目の引数には、区切り文字「", "」を指定しています。このように引数に値を設定した場合にはデフォルト値は適用されません。

　2つ目のメソッド`combine()`の呼び出しでは型パラメータの型として`Float`クラス型を明示して引数に値を設定しています。1つ目の引数には、要素が「`3.14F`」などの浮動小数点である`List`クラス型のインスタンスを指定しています。2つ目の引数には、区切り文字を指定していません。このように引数の値を省略した場合には、デフォルト値として区切り文字「" | "」が適用されます。

SOURCE CODE ‖ 引数へのデフォルトの型と値を指定するコード例

```
object ListOperation {
  def combine[ A ](
    elements: List[ A ], delimiter: String = " | " ): Unit =
                    println( elements.mkString( delimiter ) )
}

object Main extends App {
  ListOperation.combine( List( "微分", "積分", "ベクトル" ), ", " )
  ListOperation.combine[ Float ]( List( 3.14F, 2.718F, 9.80F ) )
}
```

▶型パラメータが複数のクラス定義

型パラメータが1つのクラス定義は本章ですでに述べました。ここでは型パラメータが複数の場合のクラス定義について説明します。

複数の型パラメータを指定するには、ブラケット「[]」内にカンマ「,」で区切って複数の型パラメータを記述します。

◆型パラメータが複数のクラス定義のコード例

下記のコード例では、クラス**VariousList**に型パラメータを「**A**」「**K**」「**V**」の3つ指定しています。

そうして、メソッド**showList()**の引数**list**の型でクラスの型パラメータ「**A**」を適用しています。具体的には、**List**クラス型の要素の型に型パラメータ「**A**」を適用しています。

同じく、メソッド**showMap()**の引数**map**の型でクラスの型パラメータ「**K**」と「**V**」の2つを適用しています。具体的には、**Map**クラス型のキー要素の型に型パラメータ「**K**」を指定し、値要素の型に型パラメータ「**V**」を指定しています。

Mainオブジェクト内では、まずクラス**VariousList**をインスタンス化し、インスタンス変数**vl**に代入しています。

インスタンス化の際に、クラスの型パラメータに具体的な型を割り当てています。型パラメータ「**A**」「**K**」「**V**」それぞれに、**Int**クラス型、**String**クラス型、**Float**クラス型を割り当てています。この型の割り当ては明示的に行う必要があり、省略することができないので注意してください。

このインスタンス変数**vl**を介してメソッド**showList()**と**showMap()**を呼び出しています。

メソッド**showList()**には割り当てた型**Int**を適用し、**List**クラスの要素が**Int**クラス型の**List**クラスのインスタンスを引数として渡しています。

さらに、メソッド**showMap()**には割り当てて型**String**と**Float**を適用し、**Map**クラスのキー要素が**String**クラス型で、値要素が**Float**クラス型の**Map**クラスのインスタンスを引数として渡しています。

SOURCE CODE 型パラメータが複数のクラス定義のコード例

```scala
class VariousList[ A, K, V ] {
  def showList( list: List[ A ] ): Unit = {
    println( "型と要素:" + list )
  }

  def showMap( map: Map[ K, V ] ): Unit = {
    println( "型と要素:" + map )
  }
}

object Main extends App {
  val vl = new VariousList[ Int, String, Float ]

  vl.showList( List( 2, 3, 5, 7, 11, 13 ) )
```

■ SECTION-067 ■ ジェネリクスのさまざまな使い方

```
    vl.showMap( Map( "円周率"     -> 3.14F,
                     "自然定数"    -> 2.718F,
                     "重力加速度" -> 9.80F  ))
}
```

●親クラスの型パラメータに自クラスの型パラメータを指定する

親クラスの型パラメータに自クラスの型パラメータを指定することができます。

具体的にはまず親クラスに型パラメータを指定します。具体的には次の構文で指定し、クラスメソッドの引数や戻り値に型パラメータを適用します。

クラス名[型パラメータ,・・・]

続いて、自クラスを定義します。自クラスはextendsキーワードで親クラスを継承します。このとき、自クラスに次の構文で型パラメータを指定します。

自クラス名[型パラメータ,・・・]

この自クラスの型パラメータと同じ型パラメータを継承した親クラスに次の構文で型パラメータを指定します。

親クラス名[型パラメータ,・・・]

これで、自分のクラスの型パラメータが継承元の親クラスの型パラメータに連動して指定されます。

◆親クラスの型パラメータに自クラスの型パラメータを指定するコード例

次ページのコード例では親クラスMammalianに型パラメータ「A」が指定されています。この型パラメータがクラスメソッドbark()の引数timesに指定されています。

メソッドの処理では、s補間子で「$」記号に続いて引数名で文字列の中に引数の値を補間しています。

自クラスCatはコンストラクタ引数nameを持ち、型パラメータ「B」が指定されています。また、自クラスはextendsキーワードで親クラスMammalianを継承しています。継承する際に、親クラスMammalianに自クラスと同じ型パラメータ「B」を指定しています。これで、自クラスの型パラメータ「B」が親クラスMammalianの型パラメータに連動されて指定されます。

自クラスのクラスメソッドbark()は親クラスのクラスメソッドbark()をオーバーライドしています。クラスメソッドbark()では、自クラスのコンストラクタ引数を文字列にさらに保管して、println()関数で出力しています。

Mainオブジェクト内では、自クラスCatに型パラメータの型としてIntクラス型を適用しています。そうして、コンストラクタ引数「"まゆちゃん"」を渡し、インスタンス化し、インスタンス変数kityに代入しています。

インスタンス変数kityを介して、クラスメソッドbark()を呼び出しています。このとき、第2引数は型パラメータでIntクラス型を適用したので「3」を与えています。

■ SECTION-067 ■ ジェネリクスのさまざまな使い方

SOURCE CODE | 親クラスの型パラメータに自クラスの型パラメータを指定するコード例

```
class Mammalian[ A ] {
  def bark( cry: String, times: A ): Unit = {
    println( s"「 $cry 」と $times 回 鳴きました。" )
  }
}

class Cat[ B ]( name: String ) extends Mammalian[ B ] {
  override def bark( cry: String, times: B ): Unit = {
    println( s"ネコの $name は「 $cry 」と $times 回 鳴きました。" )
  }
}

object Main extends App {
  val kity = new Cat[ Int ]( "まゆちゃん" )

  kity.bark( "みゃお～～ん", 3 )
}
```

SECTION-068
型パラメータの境界

▶型パラメータの上限境界／下限境界とは

指定する型の範囲を制限したい場合に、型パラメータに指定するクラスの型の継承の親子関係の範囲に制限を持たせることができます。

型パラメータ指定する親クラスの範囲の制限のことを**上限境界(Upper Bound)**といいます。同じように型パラメータ指定する子クラスの範囲の制限のことを**下限境界(Lower Bound)**といいます。

なお、型パラメータの上限境界と下限境界を指定していない場合には、上限境界は**Any**抽象クラスとなり、下限境界は**Nothing**抽象クラスとなります。

▶型パラメータの上限境界

型パラメータの**上限境界(Upper Bound)**とは、型パラメータの指定をどの親(スーパー)クラスまで許可することができるかということです。ここでは、この型パラメータの上限境界の指定の仕方について説明します。

◆上限境界の基本構文

上限境界の基本構文は次のように記述します。型パラメータを記述するブラケット「[]」の中に型パラメータに続いて「<:」記号を記述し、その右側に境界となる親クラス名を記述します。

●上限境界の基本構文

```
[ 型パラメータ <: 親(スーパー)クラス名 ]
```

この上限境界の記述により、「型パラメータが必ず指定した親クラス型を継承(ミックスイン)した子クラス型でなければならない」という制限を付けることができます。ここで、上限境界に指定されたクラス型は含まれます。

▶型パラメータの上限境界のコード例

ここでは具体例として下記のコード例を見てみましょう。

SOURCE CODE | 型パラメータの上限境界のコード例

```
class Human( val name: String )
class Person( name: String ) extends Human( name: String )
class Employee( name: String ) extends Person( name: String )

class Company[ A <: Person ]( val param: A ) {
  println( "・クラス:" + param + "・名前 :" + param.name )
}

object Main extends App {
  new Company[ Employee ]( new Employee( "営業1課員" ) )
```

■ SECTION-068 ■ 型パラメータの境界

```
        new Company[ Person ]( new Person( "鈴木 淳三" ) )
        // 以下はコンパイルエラー
        // new Company[ Human ]( new Human( "人間" ) )
    }
```

どのようなコードになっているかは以下で説明します。

◆ 型パラメータで指定されるクラスの定義

クラスHuman、Person、Employeeの3がそれぞれ継承関係にあります。これらのクラスはすべてデフォルトコンストラクタの引数にnameを持っています。最上位のクラスHumanの引数には必ず不変変数キーワードval、または可変変数キーワードvarが必要なので注意してください。

継承関係は、親クラスから子クラスの順に表すと、下記のようになっています。

●コード例のクラスの継承関係

Human ← Person ← Employee

◆ 型パラメータを適用するクラス「Company」の定義

この状態でクラスCompanyの定義に型パラメータ「A」の上限境界を「A <: Person」のように指定しています。この上限境界の指定により、型パラメータへの型の適用は、親クラスPersonを上限としています。これよりも上位の親クラスを適用することはできません。

クラスCompanyは型パラメータ「A」の型を持つデフォルトコンストラクタの引数paramを定義しています。

また、デフォルトコンストラクタの処理としてprintln()関数によって型パラメータ「A」に適用されたクラスのインスタンスparamとクラスフィールドnameを出力しています。

◆ 型パラメータによって上限境界より子クラスの「Employee」を適用

Mainオブジェクト内では、クラスCompanyの型パラメータに型を適用してインスタンス化しています。

1つ目は型パラメータとして、上限境界で指定された親クラスPersonの子クラスであるEmployeeを適用しています。この場合、クラスEmployeeは上限境界で制限されたクラスPersonよりも子クラスなので、インスタンス化することができます。

インスタンス化するためにクラスEmployeeをインスタンス化したものをデフォルトコンストラクタの引数に与えています。

このインスタンス化により、クラスCompanyのコンストラクタの処理が実行され、「・クラス：Employee@1c655221・名前：営業1課員」のように出力されます。

◆ 型パラメータに上限境界と同じクラス「Person」を適用

2つ目は型パラメータとして、上限境界で指定された親クラスPersonと同じクラスPersonを適用しています。この場合には、上限境界の制限までは許可されるので、インスタンス化することができます。

インスタンス化するためにクラスPersonをインスタンス化したものをデフォルトコンストラクタの引数に与えています。

■ SECTION-068 ■ 型パラメータの境界

このインスタンス化により、クラス**Company**のコンストラクタの処理が実行され、「**・クラス：Person@58d25a40・名前：鈴木　淳三**」のように出力されます。

◆ 型パラメータに上限境界外のクラス「Human」を適用

3つ目は型パラメータとして、上限境界で指定された親クラス**Person**よりも上位の親クラスである**Human**を適用しています。この場合には、上限境界の制限外ですので、インスタンス化することができません。コンパイルエラーとなります。

型パラメータの下限境界

型パラメータの**下限境界(Lower Bound)**とは、型パラメータの指定をどの子(サブ)クラスまで許可することができるかということです。ここでは、この型パラメータの下限境界の指定の仕方について説明します。

◆ 下限境界の基本構文

下限境界の基本構文は次のように記述します。型パラメータを記述するブラケット「[ ]」の中に型パラメータに続いて「>:」記号を記述し、その右側に境界となる親クラス名を記述します。

● 下限境界の基本構文

[型パラメータ >: 子(サブ)クラス名]

この下限境界の記述により、「型パラメータが必ず指定した子クラス型の親クラス型でなければならない」という制限を付けることができます。ここで、下限境界に指定されたクラス型は含まれます。

型パラメータの下限境界のコード例

具体例として下記のコード例を見てみましょう。ここでは比較のために型パラメータの上限境界のコード例と同じ例を用いています。

SOURCE CODE ｜ 型パラメータの下限境界のコード例

```
class Human( val name: String )
class Person( name: String ) extends Human( name: String )
class Employee( name: String ) extends Person( name: String )

class Company[ A >: Person ]( val param: A ) {
  println( "・クラス :" + param )
}

object Main extends App {
  new Company[ Human ]( new Human( "人間" ) )
  new Company[ Person ]( new Person( "鈴木 淳三" ) )
  // 以下はコンパイルエラー
  // new Company[ Employee ]( new Employee( "営業１課員" ) )
}
```

上限境界のコード例との違いは、以下の通りです。他は上限境界のコード例と同じ説明になります。

■ SECTION-068 ■ 型パラメータの境界

◆ クラス「Company」の型パラメータ

型パラメータ「A」の上限境界の指定「A <: Person」を下限境界の指定「A >: Person」に変更しています。この下限境界の指定によって型パラメータへの型の適用は子クラスPersonを上限としています。これよりも下位の子クラスを適用することはできません。

◆ クラス「Company」の「println()」関数

型パラメータの指定を下限境界にしたことで、上限の制限がなくなり、最上位のクラスHumanが適用範囲に入っています。コード例では、最上位クラスのnameフィールドである*param.name*は参照できないため省いています。

◆ 型パラメータの適用

1つ目は下限境界より親クラスのHumanを適用した場合です。この場合、クラスHumanは下限境界で制限されたクラスPersonよりも親クラスなので、インスタンス化することができます。

2つ目は型パラメータとして、下限境界で指定された子クラスPersonと同じクラスPersonを適用しています。この場合、下限境界の制限までは許可されますので、インスタンス化することができます。

3つ目は型パラメータとして、下限境界で指定された子クラスPersonよりも下位の子クラスであるEmployeeを適用しています。この場合には、下限境界の制限外なので、インスタンス化することができません。コンパイルエラーとなります。

▶ 下限境界と上限境界の同時指定

下限境界と上限境界を同時に指定する場合には、次の構文のように記述します。

● 下限境界と上限境界を同時に指定する場合の構文

[型パラメータ >: 子(サブ)クラス名 <: 親(スーパー)クラス名]

まず、先頭に型パラメータを記述します。次に、下限境界の指定として「**>: 子(サブ)クラス名**」を記述します。さらに、上限境界の指定として「**<: 親(スーパー)クラス名**」の順番に記述します。

ここで、下限境界の指定の後に上限境界の指定するという順番が必須です。この順番を変えて指定できません。

◆ 下限境界と上限境界の同時指定のコード例

次ページのコード例では、下限境界と上限境界の同時指定として「A >: Person <: Employee」と記述しています。

「>: Employee」が下限境界の指定です。子クラスをEmployeeまでに制限しています。
「<: Person」が上限境界の指定です。親クラスをPersonまでに制限しています。
このコード例では、下限境界と上限境界の両方の制限から外れるクラスHumanのインスタンス化でコンパイルエラーになります。

SECTION-068 型パラメータの境界

SOURCE CODE | 下限境界と上限境界の同時指定のコード例

```scala
class Human( val name: String )
class Person( name: String ) extends Human( name: String )
class Employee( name: String ) extends Person( name: String )

class Company[ A >: Employee <: Person ]( val param: A ) {
  println( "・クラス :" + param + "・名前 :" + param.name  )
}

object Main extends App {
  new Company[ Employee ]( new Employee( "営業１課員" ) )
  new Company[ Person ]( new Person( "鈴木 淳三" ) )
  // 以下はコンパイルエラー
  // new Company[ Human ]( new Human( "人間" ) )
}
```

SECTION-069

型パラメータの変位

▶ 型パラメータの変位とは

Scalaの型パラメータに変位指定アノテーションを付加することで、型パラメータに**変位**を指定できます。

ここで、「変位」とは型を**特化**や**汎化**させて変化させることをいいます。「特化」とは抽象クラスなどの親クラスを継承して必要な**特定**の機能の子クラスを作成することをいいます。また、「汎化」とは複数のクラスの共通部分を取り出して**汎用化**し、より抽象的なクラスにまとめ上げることをいいます。「特化」と「汎化」はオブジェクト指向設計で対になる反対の概念です。

変位指定アノテーションは、この変位を記号「+」または「-」で表したもので型パラメータの先頭に付加して指定します。

なお、型パラメータに指定できる変位指定アノテーションと呼ばれるものはJavaにはありません。

▶ 共変

ここでは共変について構文や使い方を説明します。

◆ 共変とは

共変(covariant)は、型パラメータの型を**特化**すること、すなわち子(サブ)クラスの取り扱いを許容します。言い換えると、型パラメータに共変を指定すると「型パラメータに指定した型の子(サブ)クラス型」を代入することができます。

なお、共変は主にコンストラクタ、メソッド、関数などの処理後の出力となる戻り値の型パラメータで指定します。引数の型パラメータには指定できないので注意が必要です。

◆ 共変の構文

共変の構文は次のように型パラメータの前に共変アノテーション「+」記号を付加します。

●共変の構文

```
[ +型パラメータ , ・・・ ]
```

◆ 共変で代入ができる条件

型パラメータに共変を指定すると、子クラスのインスタンスやコレクションを親クラスのインスタンスやコレクションに代入することができるようになります。

具体的には、次の条件がすべて成り立っているときに、「`val: ClassX[ Q ] = ClassX[ P ]`」のような代入が可能になります。

- 型パラメータが適用されたクラス：ClassX
- 型パラメータの変位指定アノテーションが共変：ClassX[+A]
- 適用するクラス型：「P」「Q」
- クラス型の継承関係：「P」が「Q」を継承（「P」が「Q」の子クラス）
- 型パラメータへの型の適用：ClassX[P]、ClassX[Q]

▶共変のコード例

下記のコード例では、親クラス**Animal**と親クラスを継承した子クラス**Cat**が定義されています。このクラスを型パラメータの変位指定に利用します。

クラス**PetList**には型パラメータ「**A**」が指定されています。そうして、この型パラメータに共変の変位指定アノテーション「**+**」が指定されています。

この変位指定アノテーションの指定により、子クラスのインスタンスを親クラスに代入することが可能になっています。逆に親クラスのインスタンスを子クラスに代入することはできなくなっています。

オブジェクト**Show**には2つのメソッド**animal()**と**cat()**が定義されています。

メソッド**animal()**も**cat()**も引数にクラス**PetList**型のインスタンスを定義しています。このクラス**PetList**には、型パラメータとしてメソッド**animal()**では**Animal**クラス型が、メソッド**cat()**では**Cat**クラス型がそれぞれ指定されています。

オブジェクト**Main**内を見てみましょう。クラス**PetList**に型パラメータとして**Animal**クラス型と**Cat**クラス型が適用されて、インスタンス化されています。インスタンス変数は**Animal**クラス型を適用したものが**animals**に、**Cat**クラス型を適用したものが**cats**にそれぞれ代入されています。次にオブジェクト**Show**の**animal()**メソッドの引数にインスタンス変数**animals**と**cats**が代入されています。同じようにオブジェクト**Show**の**cat()**メソッドの引数にインスタンス変数**animals**と**cats**が代入されています。

SOURCE CODE | 共変のコード例

```scala
class Animal( val name: String )
class Cat( name: String ) extends Animal( name: String )

class PetList[ +A ]

object Show {
  def animal( param: PetList[ Animal ] ) =
           println( "・リストクラス名:" + param.getClass +
                    "・リスト内クラス名:" + classOf[ Animal ] )
  def cat( param: PetList[ Cat ] ) =
           println( "・リストクラス名:" + param.getClass +
                    "・リスト内クラス名:" + classOf[ Cat ] )
}

object Main extends App {
  val animals = new PetList[ Animal ]
  val cats = new PetList[ Cat ]

  Show.animal( animals )
  Show.animal( cats )
  // Show.cat( animals )    // コンパイルエラー
  Show.cat( cats )
}
```

■ SECTION-069 ■ 型パラメータの変位

◆ コード例の代入のパターンと許可の様子

前ページのコード例では次の4種類のパターンの引数への代入が起こっています。この代入が許可されたかどうかを下表にまとめます。

●型パラメータへの型指定による代入のパターン

代入のパターン	許可/拒否
同じ親クラス型同士の代入 PetList[Animal] = PetList[Animal]	許可
子クラスの親クラスへの代入 PetList[Animal] = PetList[Cat]	許可
親クラスの子クラスへの代入 PetList[Cat] = PetList[Animal]	拒否(コンパイルエラー)
同じ子クラス同士の代入 PetList[Cat] = PetList[Cat]	許可

● 反変

ここでは反変について構文や使い方を説明します。

◆ 反変とは

反変(contravariant)は、型パラメータの型を**汎化**すること、すなわち親(スーパー)クラスの取り扱いを許容します。共変が型パラメータの型を「特化」することでしたので、反変はちょうど共変の逆の指定ができることになります。言い換えると、型パラメータに反変を指定すると「型パラメータに指定した型の親(スーパー)クラス型」を代入することができます。

なお、反変は主にコンストラクタ、メソッド、関数などの入力となる引数の型パラメータに指定します。戻り値の型パラメータには指定できないので注意が必要です。

◆ 反変の構文

反変の構文は次のように型パラメータの前に反変アノテーション「-」記号を付加します。

●反変の構文

[-型パラメータ, ・・・]

◆ 反変で代入ができる条件

型パラメータに反変を指定すると、親クラスのインスタンスやコレクションを子クラスのインスタンスやコレクションに代入することができるようになります。

具体的には、次の条件がすべて成り立っているとき、「`val: ClassX[ P ] = ClassX[ Q ]`」のような代入が可能になります。

- 型パラメータが適用されたクラス:ClassX
- 型パラメータの変位指定アノテーションが反変:ClassX[-A]
- 適用するクラス型:「P」「Q」
- クラス型の継承関係:「P」が「Q」を継承(「P」が「Q」の子クラス)
- 型パラメータへの型の適用:ClassX[P]、ClassX[Q]

▶反変のコード例

具体的なコード例を見てみましょう。ここでは、比較のために共変のコード例と同じコード例を用いています。

SOURCE CODE | 反変のコード例

```
class Animal( val name: String )
class Cat( name: String ) extends Animal( name: String )

class PetList[ -A ]

object Show {
  def animal( param: PetList[ Animal ] ) =
          println( "・リストクラス名:" + param.getClass +
                   "・リスト内クラス名:" + classOf[ Animal ] )
  def cat( param: PetList[ Cat ] ) =
          println( "・リストクラス名:" + param.getClass +
                   "・リスト内クラス名:" + classOf[ Cat ] )
}

object Main extends App {
  val animals = new PetList[ Animal ]
  val cats = new PetList[ Cat ]

  Show.animal( animals )
  // Show.animal( cats )    // コンパイルエラー
  Show.cat( animals )
  Show.cat( cats )
}
```

共変のコード例との違いは、以下の通りです。他は共変のコード例と同じ説明になります。

◆クラス「PetList」の型パラメータ

型パラメータ「A」の変位指定アノテーションを共変の指定「+A」から反変の指定「-A」に変更しています。この変位指定アノテーションの指定により、親クラスのインスタンスを子クラスに代入することが可能になっています。逆に子クラスのインスタンスを親クラスに代入することはできなくなっています。

◆コード例の代入のパターンと許可の様子

上記のコード例では次の4種類のパターンの引数への代入が起こっています。この代入が許可されたかどうかを次ページの表にまとめます。

■ SECTION-069 ■ 型パラメータの変位

●型パラメータへの型指定による代入のパターン

代入のパターン	許可／拒否
同じ親クラス型同士の代入 PetList[Animal] = PetList[Animal]	許可
子クラスの親クラスへの代入 PetList[Animal] = PetList[Cat]	拒否（コンパイルエラー）
親クラスの子クラスへの代入 PetList[Cat] = PetList[Animal]	許可
同じ子クラス同士の代入 PetList[Cat] = PetList[Cat]	許可

◉非変

ここでは非変について構文や使い方を説明します。

◆非変とは

非変(invariant) は**不変**といわれることもあります。型パラメータに変位指定アノテーションを指定しないと、非変になります。非変は同じ型しか型パラメータとして指定できません。一般的な型パラメータはすべて非変です。

指定場所に制限はなく、型パラメータとしてどこにでも指定できます。ただし、共変や反変のような代入はできないので注意が必要です。

◆非変の構文

非変の構文は次のように型パラメータの前に反変アノテーション記号を付加しません。何も指定しないデフォルトの型パラメータ指定となります。

●非変の構文

```
[ 型パラメータ,・・]
```

◆非変で代入ができる条件

型パラメータが非変の場合には、同じクラスのインスタンスやコレクション同士をお互いに代入することができるようになります。

具体的には、次の条件がすべて成り立っているとき、「val: ClassX[P] = ClassX[Q]」のような代入が可能になります。

- 型パラメータが適用されたクラス：ClassX
- 型パラメータの変位指定アノテーションなし：ClassX[A]
- 適用するクラス型：「P」「Q」
- クラス型の関係：「P」=「Q」
- 型パラメータへの型の適用：ClassX[P]、ClassX[Q]

◉非変のコード例

具体的なコード例を見てみましょう。ここでは、比較のために「共変のコード例」と同じコード例を用いています。

| SOURCE CODE | 非変のコード例 |

```
class Animal( val name: String )
```

■ SECTION-069 ■ 型パラメータの変位

```
class Cat( name: String ) extends Animal( name: String )

class PetList[ A ]

object Show {
  def animal( param: PetList[ Animal ] ) =
           println( "・リストクラス名:" + param.getClass +
                   "・リスト内クラス名:" + classOf[ Animal ] )
  def cat( param: PetList[ Cat ] ) =
           println( "・リストクラス名:" + param.getClass +
                   "・リスト内クラス名:" + classOf[ Cat ] )
}

object Main extends App {
  val animals = new PetList[ Animal ]
  val cats = new PetList[ Cat ]

  Show.animal( animals )
  // Show.animal( cats ) // コンパイルエラー
  // Show.cat( animals ) // コンパイルエラー
  Show.cat( cats )
}
```

共変のコード例との違いは、以下の通りです。他は共変のコード例と同じ説明になります。

◆ クラス「PetList」の型パラメータ

型パラメータ「A」の変位指定アノテーションを共変の指定「+A」から非変の指定「A」に変更しています。

このように変位指定アノテーションを指定しないことにより、親クラスのインスタンスを子クラスに代入することや、逆に子クラスのインスタンスを親クラスに代入することはできなくなっています。あくまでも同じクラスどおしにしか代入ができなくなってしまいます。

◆ コード例の代入のパターンと許可の様子

上記のコード例では次の4種類のパターンの引数への代入が起こっています。この代入が許可されたかどうかを下表にまとめます。

●型パラメータへの型指定による代入のパターン

代入のパターン	許可／拒否
同じ親クラス型同士の代入 PetList[Animal] = PetList[Animal]	許可
子クラスの親クラスへの代入 PetList[Animal] = PetList[Cat]	拒否（コンパイルエラー）
親クラスの子クラスへの代入 PetList[Cat] = PetList[Animal]	拒否（コンパイルエラー）
同じ子クラス同士の代入 PetList[Cat] = PetList[Cat]	許可

SECTION-070
型パラメータの制約

▶型パラメータの制約とは

型パラメータに指定する型そのものを制限することができます。このことを**型パラメータ制約 (Generalized Type Constraints)** といいます。

型パラメータ制約を実現するには、型パラメータを特定のクラス型のときだけ呼び出せるような制限をかけるメソッドを記述して実現します。

▶型パラメータ制約の構文

型パラメータ制約を記述するためには、`implicit`キーワードによる暗黙のパラメータ定義が必要です。また、制約のための記号(制約記号)を使う必要があります。

◆メソッドの構文

具体的には、次の構文のようにメソッドの定義内に型パラメータ制約を記述します。

ここで、「(implicit 暗黙引数名: 型パラメータ 型)」の構文を暗黙のパラメータといいます。また、「(引数: 型)」の構文は通常の引数定義です。ここで、暗黙のパラメータは必ず通常の引数定義よりも後ろに定義しないといけないので注意が必要です。

●型パラメータ制約を含むメソッドの構文
```
def メソッド名( 引数: 型 )
         ( implicit 暗黙引数名: 型パラメータ制約 ): 戻り型 = { 処理 }
```

◆型パラメータ制約の構文

型パラメータ制約の構文は次のように2種類の記述方法があります。どちらを使っても同じ制約の結果が得られます。

●型パラメータ制約の構文

型A 制約記号 型B

制約記号 [型A, 型B]

◆型パラメータ制約の記号

型パラメータ制約に使う制約記号は、次のように2種類あります。この制約記号は`Predef`オブジェクトに定義されています。`Predef`オブジェクトはインポート宣言なしに使うことができます。

- 同じ型：「=:=」記号
- 親子関係：「<:<」記号

▶型パラメータ制約の種類

ここでは、型パラメータ制約の2つの種類についてそれぞれ説明します。

◆ 同じ型の型パラメータ制約

同じ型の型パラメータ制約とは、2つの型が同じもののみに型を制約する場合の型パラメータ制約です。

「=:=」記号を使って「型A =:= 型B」または「=:= [型A, 型B]」のように記述します。型Aと型Bが同じであるという制約を表します。

◆ 親子関係の型パラメータ制約

親子関係の型パラメータ制約とは、2つのクラス型の親子関係にあるもののみに型を制約する場合の型パラメータの制約です。

「<:<」記号を使って「型A <:< 型B」または「<:< [型A, 型B]」のように記述します。型Aは型Bの子クラスである、あるいは、型Bは型Aの親クラスであるという制約を表します。

▶型パラメータの制約のコード例

具体例として下記のコード例を見てみましょう。

SOURCE CODE ｜｜ 型パラメータの制約のコード例

```scala
case class Price[ A ]( price: A ) {
  def showPrice( implicit a: A =:= Int ): Unit =
    println( s"値段は $price 円です" )
}

class Parents
class Child extends Parents
class Others

class Family[ A ] {
  def showFirstName( firstName: String )
                   ( implicit a: <:< [ A, Parents ] ): Unit =
    println( s"苗字(姓)は $firstName です" )
}

object Main extends App {
  Price( 34500 ).showPrice
  // Price( "四万円" ).showPrice // コンパイル・エラー

  val familyCorrect = new Family[ Child ]
  familyCorrect.showFirstName( "島崎" )

  val familyError = new Family[ Others ]
  // familyError.showFirstName( "木下" ) // コンパイル・エラー
}
```

どのようなコードになっているかは以下で説明します。

■ SECTION-070 ■ 型パラメータの制約

◆ ケースクラス「Price」の定義
　ケースクラスPriceを型パラメータ「A」を指定して定義しています。このケースクラスのデフォルトコンストラクタの引数priceに型パラメータ「A」が適用されています。
　ケースクラスのメソッドshowPrice()は通常の引数は持ちませんが、implicitキーワードで始まる暗黙のパラメータを持っています。暗黙のパラメータでは、暗黙引数aに対して「A =:= Int」と記述して、型パラメータ「A」で指定される型がIntクラス型と同じ型かどうかの型パラメータ制約をかけています。ケースクラスPriceのデフォルトコンストラクタの引数にIntクラス型以外が渡されるとコンパイルエラーとなります。

◆ クラス「Parents」「Child」「Others」の定義
　続いて、クラスParentsとクラスParentsを継承したクラスChildが定義されています。その他、クラスOthersが定義されています。これらクラスはデフォルトコンストラクタやメソッドを持ちません。

◆ クラス「Family」の定義
　さらに、クラスFamilyが型パラメータ「A」を指定して定義されています。このクラスのメソッドshowPriceはimplicitキーワードで始まる暗黙のパラメータを持っています。
　暗黙のパラメータでは暗黙引数aに対して「a: <:< [A, Parents]」と記述して、型パラメータ「A」で指定される型がParentsクラス型の子クラス型かどうかの型パラメータ制約をかけています。ここで、型パラメータ「A」にクラスParentsの子クラス以外を適用するとコンパイルエラーになります。

◆ ケースクラス「Price」のメソッドの呼び出し
　Mainオブジェクト内では、ケースクラスPriceのデフォルトコンストラクタの引数にIntクラス型の値「34500」を与えてshowPrice()メソッドを呼び出しています。これは同じ型の型パラメータ制約に合致するので、メソッドが正常に実行され、「**値段は 34500 円です**」と出力されます。
　しかし、Stringオブジェクト型の値「**"四万円"**」を与えると同じ型の型パラメータ制約で不一致になるため、コンパイルエラーとなります。

◆ ケースクラス「Price」のメソッドの呼び出し
　さらに、Mainオブジェクト内では、クラスFamilyの型パラメータにChildクラス型を適用してインスタンス化し、インスタンス変数familyCorrectに代入しています。クラスChildはクラスParentsの子クラスなので、親子関係の型パラメータ制約に合致しています。
　インスタンス変数familyCorrectを介してメソッドshowFirstName()に文字列「**"島崎"**」を与えて呼び出しています。親子関係の型パラメータ制約に合致しているので、「**苗字(姓)は 島崎 です**」と出力されます。
　同じように、クラスFamilyの型パラメータにOthersクラス型を適用してインスタンス化し、インスタンス変数familyErrorに代入しています。クラスOthersはクラスParentsの子クラスではありません。したがって、親子関係の型パラメータ制約に不一致となっています。
　インスタンス変数familyErrorを介してメソッドshowFirstName()に文字列「**"木下"**」を与えて呼び出していますが、親子関係の型パラメータ制約に不一致ですので、コンパイルエラーとなります。

SECTION-071
context boundによる暗黙のパラメータの省略

●context boundによる暗黙のパラメータの省略とは

型パラメータに用意されている**context bound**という機能を用いると、暗黙のパラメータを省略することができます。

ここでは、型パラメータのcontext boundという強力な機能を用いる方法について順を追って具体的に説明します。ここでの説明でScalaの型パラメータの有用性が理解していただけると思います。

●暗黙のパラメータとは

Scalaには**暗黙のパラメータ(implicit parameter)**と呼ばれる引数の宣言方法があります。暗黙のパラメータであると宣言されたパラメータ(引数)は、省略して呼び出すことができます。

暗黙のパラメータは次の構文で記述することができます。

●暗黙のパラメータの構文
```
def メソッド名( 引数名: 型,・・)( implicit 暗黙引数名: 型 ): 戻り型 =
{ 処理 }
```

まず、メソッド(関数)名の後ろの括弧「()」内に普通の引数名と型のペアを宣言します。その後ろに、括弧「()」を記述し、この中にimplicitキーワードとともに暗黙の引数名とその型を記述します。

なお、括弧「()」の中の引数を引数リストといい、Scalaでは引数リストを複数持つことができます。暗黙の引数は必ずimplicitキーワードとともに宣言しないといけません。そのため、複数の暗黙のキーワードを持ちたい場合には、引数リストを追加して増やすことによって対応します。

●暗黙の値とは

暗黙のパラメータはその宣言した型に応じた暗黙の値が設定されます。ここで、暗黙の値はimplicitキーワードを頭に付けて次の構文のように定義しておきます。もし、この暗黙の値が見つからなければ、コンパイルエラーになります。

●暗黙の値の構文
```
implicit val 暗黙値名: 型 = 値
```

■ SECTION-071 ■ context boundによる暗黙のパラメータの省略

▶暗黙のパラメータのコード例

下記のコード例では、Mainオブジェクト内に関数equationOfMotion()が定義されています。この関数は通常の引数massとimplicitキーワード付きの暗黙のパラメータaccelerationがともにFloatクラス型で宣言されています。

一方、暗黙の値としてimplicitキーワード付きの不変変数gravityがFloatクラス型の値で初期化されています。

この関数equationOfMotion()を呼び出すときは、暗黙のパラメータであるaccelerationは省略され、通常の引数massのみ不変変数rocketMassに代入された値が渡されています。ここで、暗黙のパラメータは暗黙の値である不変変数gravityが適用されてこの関数が実行され値が返されます。

関数から返された値をs補間子で不変変数rocketMassとgravityの値を取り込んで文字列内に補間してprintln()関数で出力しています。

SOURCE CODE | 暗黙のパラメータのコード例

```
object Main extends App {
  def equationOfMotion( mass: Float )
                      ( implicit acceleration: Float ): Float = {
    mass * acceleration
  }

  val rocketMass: Float = 1565.3F
  implicit val gravity: Float = 9.80665F

  println( s"F = m($rocketMass kg) × a($gravity m/s2) = " +
           equationOfMotion( rocketMass ) + " N" )
}
```

▶暗黙のパラメータでの型情報の保持

ScalaはJVM（Java仮想マシン）上で動作しています。JVMで動作するJavaやScalaの型の情報はコンパイル時に消去されてしまいます。

しかし、Scalaの暗黙のパラメータを利用すると型の情報を消去させずに、実行時まで保持することができます。ここで型の情報のことを**型タグ**といいます。

型タグには次の3つの型の種類があります。これらの型の暗黙のパラメータを使った型の情報を取り出します。

- TypeTag
- ClassTag
- WeakTypeTag

■ SECTION-071 ■ context boundによる暗黙のパラメータの省略

◆ TypeTag

「TypeTag」は、Scalaにおける型情報のすべてを保持している型記述です。トレイトType Tag[型パラメータ]の形で型情報を保持します。

具体的には、「TypeTag[Map[Int, String]]」という型情報は、Map[Int, String]トレイト型に関するすべての型情報を保持しています。

利用するには、scala.reflect.api.TypeTags#TypeTagライブラリをインポートする必要があります。

◆ ClassTag

「ClassTag」は、Scalaの型の一部分を保持する型記述子です。トレイトClassTag[型パラメータ]の形で型情報を保持します。

具体的には、「ClassTag[Map[Int, String]]」の場合、JVMによって消去されたクラスの型情報のみを保持します。

ここで、型情報は、実行時のクラス、すなわちランタイムクラス（runtimeClass）情報のみとなります。

利用するには、scala.reflect.ClassTagライブラリをインポートする必要があります。

◆ WeakTypeTag

「WeakTypeTag」は、トレイトTypeTag[型パラメータ]を抽象化（一般化）した型記述子です。トレイトWeakTypeTag[型パラメータ]の形で型情報を保持します。

利用するには、scala.reflect.api.TypeTags#WeakTypeTagライブラリをインポートする必要があります。

◆ 暗黙のパラメータで型情報を保持するコード例

次ページのコード例では、クラスAnimalを継承してクラスDogとCatが定義されています。

ClassTag[型パラメータ]型でランタイムクラスの型情報を得るためにscala.reflect.ClassTagライブラリをインポートしています。

Mainオブジェクト内にメソッドshowType()を定義しています。このメソッドは型パラメータの上限境界としてクラスAnimalが指定されています。

そうして、Animalクラス型の通常の引数someと暗黙のパラメータclassTagが定義されています。ここで、暗黙のパラメータclassTagはClassTag[型パラメータ]トレイト型であると宣言されています。この型パラメータはメソッドshowType()に指定された型パラメータ「X」となっています。

このようにするとimplicitで宣言された暗黙の値を探して当てはめます。もし、見つからなければ、ClassTag[X]型のインスタンスを生成し、ランタイムクラスの型情報を得ることができます。

メソッドisInstance()の引数にAnimalクラス型のクラスのインスタンスsomeを渡してClassTag[X]型のインスタンスと比較しています。

■ SECTION-071 ■ context boundによる暗黙のパラメータの省略

メソッドshowType()の型パラメータにクラスDogを適用し、クラスCatのインスタンス「new Cat」を引数に渡しています。これで、クラスDogとクラスCatの型が等しいかを調べて結果を出力してくれます。

同じく、クラスCat同士でも型を調べています。

SOURCE CODE | 暗黙のパラメータで型情報を保持するコード例

```
class Animal
class Dog extends Animal
class Cat extends Animal

import scala.reflect.ClassTag

object Main extends App {
  def showType[ X <: Animal ]
        ( some: Animal )( implicit classTag: ClassTag[ X ] ) = {
    if( classTag.runtimeClass.isInstance( some ) )
      println( "2つは 同じ ランタイムクラスです" )
    else
      println( "2つは 違う ランタイムクラスです" )
  }

  showType[ Dog ]( new Cat )
  showType[ Cat ]( new Cat )
}
```

● context boundとは

context boundは型パラメータに用意されたシンタックスシュガー（83ページ参照）です。

ここで、シンタックスシュガーとは糖衣構文と呼ばれるものです。これは、砂糖をまとった飴玉のように、複雑な処理を内部に隠蔽して、シンプルでわかりやすいコードになるように構文を書き換えることをいいます。

暗黙のパラメータにcontext boundを適用することによって、暗黙のパラメータを定義する必要がなくなります。

なお、context boundを使うためには**scala.reflect**ライブラリ下の必要なライブラリをインポートする必要があります。

下記に、context bound適用前後の構文を示します。

◉「context bound」適用前の構文
```
def メソッド名[型パラメータ]
    (引数名: 型)
    (implicit 暗黙引数名: 型タグ名[型パラメータ]): 戻り型 = { 処理 }
```

◉「context bound」適用後の構文
```
def メソッド名[型パラメータ: 型タグ名](引数名: 型): 戻り型 = { 処理 }
```

上記の「型タグ名」は「**TypeTag**」「**ClassTag**」「**WeakTypeTag**」のいずれかです。

■ SECTION-071 ■ context boundによる暗黙のパラメータの省略

「(implicit 暗黙引数名: 型タグ名[型パラメータ])」という暗黙のパラメータの宣言がすべてなくなっています。代わりに、「メソッド名[型パラメータ]」という構文が「メソッド名[型パラメータ: 型タグ名]」になっています。

これは、あたかも通常の引数が「(引数名: 型)」という構文になっているのと同じようなシンプルでわかりやすい構文となっています。

▶ context boundによる暗黙のパラメータの省略のコード例

下記のコード例では、引数で入力された値の内容と引数の型を出力するメソッドを定義して、呼び出しています。

SOURCE CODE | context boundによる暗黙のパラメータの省略のコード例

```
import scala.reflect.runtime.universe._

object Main extends App {
  def getParameterTypes[ A: TypeTag ]( target: A ): Unit = {
    val typeLists = typeOf[ A ] match {
      case TypeRef( _, _, typeArgs ) => typeArgs
    }

    println( s"$target は「 $typeLists 」型の要素を持っています" )
  }

  getParameterTypes( List( 4, 12, 36, 108, 324 ) )
  getParameterTypes(
    Map( 182 -> "調布市", 186 -> "国立市", 180 -> "武蔵野市" ) )
  getParameterTypes( 9.80665F )
}
```

どのようなコードになっているかは以下で説明します。

◆ライブラリのインポート

まずcala.reflect.runtime.universeライブラリをインポートしています。これは、TypeTagトレイト型やtypeOfメソッド、TypeRef()メソッドを利用するためにインポートしています。

◆メソッド「getParameterTypes()」の定義

メソッドgetParameterTypes()は型タグであるTypeTagトレイト型の型パラメータ「A」を指定しています。

この「[A: TypeTag]」の記述が型パラメータの機能であるcontext boundによるシンタックスシュガー構文です。型パラメータにあたかも通常の引数のような引数名と型のような構文となり、可読性がよくなっています。

さらにこのメソッドは型パラメータ「A」型の引数targetを定義しています。

■ SECTION-071 ■ context boundによる暗黙のパラメータの省略

◆ メソッドの処理の記述
　メソッドの処理では、typeOfメソッドに型パラメータ「A」を当てはめ、メソッドの引数targetで与えられた値の型情報を取り出しています。
　この型情報をmatch式によってパターンマッチングさせています。パターンマッチングの結果、TypeRefから得られる3つの値である「prefix」「symbol」「typeArgs」のうち、「typeArgs」、すなわち引数の型をパターン変数typeArgsにバインドしています。他は何でもよいためプレースホルダ「_」を指定しています。
　そうして、パターン変数typeArgsがmatch式の戻り値となり、不変変数typeListsに代入されています。
　最後にメソッドの引数targetと結果の不変変数typeListsをs補間子で文字列に補間して、println()関数で出力しています。

◆ メソッドの利用
　メソッドgetParameterTypes()にListクラス型、Mapトレイト型、Floatクラス型のインスタンスを与えて呼び出しています。呼び出すと、それぞれの引数の型が、「 List(Int) 」型、「 List(Int, String) 」型、「 List() 」型であることが出力されます。
　なお、context boundを利用しなかった場合はメソッドgetParameterTypes()の定義部分は下記のようなコード例となります。

SOURCE CODE | context boundを利用しなかった場合のコード例

```
def getParameterTypes[ A ]( target: A )
                  ( implicit typeTag: TypeTag[ A ] ): Unit
```

INDEX

記号

_	172, 176
-	272
::	210
"	68, 207
"""	68
@	182
\	68, 207
+	270
<:	265
<:<	277
>:	267
=	50
=:=	277
		99
@BeanPropertyアノテーション	130, 132
.class	45
.par	31
.r	207
.scala	45, 101
#::	42

A

abstract overrideキーワード	247, 249
Akka	31
AnyVal抽象クラス	73, 165
Any抽象クラス	169, 265
AOP	246
apply()メソッド	53, 107, 128, 147, 152
Arrayクラス	69
assemblyコマンド	137

C

cala.reflect.runtime.universeライブラリ	283
canEqual()メソッド	159
caseキーワード	88, 149, 172, 203
classキーワード	56, 149
compileコマンド	116, 136
context bound	279
copy()メソッド	107, 128, 160
curriedメソッド	154

D

d	67
defキーワード	50
DIコンテナ	246
do式	82

E

EARファイル	133
elseキーワード	85
equals()メソッド	107, 128, 158
exists()メソッド	26
extendsキーワード	121, 122, 218, 220, 221, 225, 237

F

f	67
foreach()メソッド	83
for式	81, 83
Functionトレイト	154

G

getOrElse()メソッド	105
getterメソッド	131
get()メソッド	105

I

IDE	46
if式	85, 184
implicitキーワード(修飾子)	77, 276, 279
importキーワード	117
import句	103
isDefinedAt()メソッド	53

J

jarコマンド	135
JARファイル	133
Java	20, 138
JavaBeans	130
JVM	25, 116

L

L	67
lazyキーワード	226
Lazyキーワード	40
Listクラス	59

M

| match式 | 88, 172 |

N

new演算子	125
Nil	210
Noneオブジェクト	105, 197, 205
Nothing抽象クラス	265
NullPointerException	32

O

objectキーワード	58, 142, 164, 203
Optionクラス型	105
Optionクラス	197, 205
overrideキーワード	70, 229, 230

P

ParSeqトレイト	31
PartialFunction	53
Predefオブジェクト	276
productArityメソッド	162
productElement()メソッド	162
productPrefixメソッド	162

INDEX

Productトレイト ……………………… 162
publicキーワード ……………………… 143

R

Rangeクラス ………………………………83
raw記法 …………………………………207
raw補間子 ………………………………207
REPL ………………………………………45
return式 …………………………………93
runコマンド ……………………………136

S

sbt ……………………… 47,116,133,135
Scala …………………………………20,22
scala.beans.BeanPropertyクラスライブラリ
……………………………………………130
scala.reflect.BeanPropertyクラスライブラリ
……………………………………………130
scala.reflectライブラリ …………………282
scalacコマンド ……………………… 45,116
scalaコマンド ……………………………45
Scalaスタイルガイド ……………………23
sealedキーワード ………………………167
self ………………………………………242
Seqコレクション …………………………59
Seqトレイト ……………………………190
setterメソッド …………………………131
Someクラス型 ………… 105,108,197,205
Streamクラス ……………………………42
stripMargin()メソッド …………………99
superキーワード ……………………233,234

T

thisキーワード ……………………………57
this()メソッド ……………………………57
toString()メソッド …………… 107,153,161
toUpperCase()メソッド ………………222
toキーワード ……………………………83
to()メソッド ………………………………83
tupledメソッド …………………………155
typeOfメソッド …………………………283
TypeRef()メソッド ……………………283
TypeTagトレイト型 ……………………283

U

unapply()メソッド …… 107,156,194,197,201
Unit型 ……………………………………73
untilキーワード …………………………83

V

valキーワード ………………… 50,143,218
varキーワード …………………………218

W

WARファイル …………………………133
Webサービス ……………………………48

while式 …………………………………81
withキーワード ……… 122,218,221,225,237

X

XML ……………………………………212

Y

yieldキーワード …………………………84

あ行

アスペクト指向プログラミング …………246
値オブジェクト …………………………167
値クラス …………………………………165
暗黙の型変換 ……………………………77
暗黙のパラメータ …………………276,279
イミュータブル ……………………… 36,151
インスタンス化 …………………… 56,125
インポート ………………………………117
エスケープシーケンス文字 ……………207
エスケープ文字 ……………………68,207
エディタ ……………………………………46
演算子 ……………………………………79
オーバーライド ……………………… 70,229
オブジェクト ………………………………58
オブジェクト指向型プログラミング言語 ……24

か行

ガード条件 ………………………………184
カーリング …………………………111,112
開発環境 …………………………………45
下限境界 …………………………265,267
型安全 ……………………………………33
型推論 ……………………………………93
型タグ ……………………………………280
型付きパターン …………………………186
型トレイト ………………………………240
型のトレイト ……………………………240
型パラメータ ……………………… 252,259
型パラメータ制約 ………………………276
可読性 ………………………………… 30,62
カリー化 ……………………… 38,111,112
関数 ………………………………………50
関数オブジェクト …………………………24
関数型プログラミング ……………………32
関数型プログラミング言語 ………………24
関数リテラル ………………………… 51,94
基本コンストラクタ ………………………56
共変 ………………………………………270
具象メンバー ……………………………217
クラス ……………………………………56
クラストレイト …………………………237
クラスファイル ……………………………45
継承 ………………………………………121
ケースオブジェクト ………………… 164,203
ケースクラス ………… 107,128,149,201
高階関数 ……………………………24,54
コーディング規約 …………………………23

INDEX

固定長シーケンスパターン 188
コレクション 59
コレクションリテラル 69
コンストラクタパターン 194
コンパイル 45,122
コンパイルエラー 31
コンパニオンオブジェクト 107,146,147
コンパニオンクラス 146,147
コンフリクション 230

さ行

再帰 43
再帰処理 210
シールドクラス 167
シールドトレイト 167
ジェネリクス 252,259
ジェネリシティ 252
ジェネレータ 81
式 33
事前初期化 225
実行 45,122
自分型アノテーション 242
順次処理コレクション 59
上限境界 265
条件束縛パターン 184
条件分岐 85
省略構文 91
初期化 225
シングルトンオブジェクト 58,61,142,146
シンタックスシュガー 83
数値リテラル 67
正規表現 207
静的型付け 28
セレクター 88,172
宣言型プログラミング 32
ソースファイル分割 242
束縛 180,183

た行

対話型実行環境 45
タグ記法 212
多重継承 237
多重代入 75
多重定義 63
タプル 65,192
タプルパターン 192
チェーン 35
遅延評価 40
抽出子 107,197
抽出子パターン 197
抽象メンバー 218
中置記法 120
定数パターン 178
デフォルトコンストラクタ 56
糖衣構文 83
統合開発環境 46
動的型付け 28
特殊記号 79

特化 270
トレイト 216,225,229

な行

名前付き引数 62
名前渡し引数 41
任意長シーケンスパターン 190
ネスト 86,199

は行

配列リテラル 69
バインディング 183
バイント 183
パターンマッチング 105,156,172,199
パッケージ宣言 101
パラメータ化された型 252
汎化 270
反変 272
汎用トレイト 169
ヒアドキュメント 99
引数の関数渡し 54
非変 274
ビルドツール 47
ファクトリーパターン 167
フィールド 143
部分関数 53
部分適用 39,111
不変 274
プリミティブ型 73
プレースホルダ 172,176
並列処理 31
変位 270
変数束縛パターン 182
変数パターン 180
補助コンストラクタ 57

ま行

ミックスイン 219
ミックスインの競合 230
ミュータブル 36
無限リスト 42
無名関数 51,94
メソッド 60,143
文字列リテラル 68

や行

ユーティリティメソッド 107,158

ら行

ラムダ式 51
ランタイムエラー 31
リテラル 67
リファクタリング 30
ループ 43,81

わ行

ワイルドカードパターン 176

■著者紹介

鮫島 光貴(さめしま てるたか)
プログラミング経験は学生時代から通算30年にもおよぶ。1996年ごろからWebプログラミングに目覚め、現在に至る。自分のWebページで最新Web技術を披露し、解説することが何よりの楽しみ。

編集担当：吉成明久 / カバーデザイン：秋田勘助(オフィス・エドモント)
写真：©scanrail - stock.foto

●特典がいっぱいのWeb読者アンケートのお知らせ
C&R研究所ではWeb読者アンケートを実施しています。アンケートにお答えいただいた方の中から、抽選でステキなプレゼントが当たります。詳しくは次のURLのトップページ左下のWeb読者アンケート専用バナーをクリックし、アンケートページをご覧ください。

C&R研究所のホームページ　http://www.c-r.com/
携帯電話からのご応募は、右のQRコードをご利用ください。

基礎からわかる Scala

2017年9月1日　初版発行

著　者	鮫島光貴	
発行者	池田武人	
発行所	株式会社 シーアンドアール研究所	
	新潟県新潟市北区西名目所 4083-6(〒950-3122)	
	電話　025-259-4293　　FAX　025-258-2801	
印刷所	株式会社 ルナテック	

ISBN978-4-86354-226-6 C3055
©Sameshima Terutaka, 2017　　　　　　　　　　　　Printed in Japan

本書の一部または全部を著作権法で定める範囲を越えて、株式会社シーアンドアール研究所に無断で複写、複製、転載、データ化、テープ化することを禁じます。

落丁・乱丁が万一ございました場合には、お取り替えいたします。弊社までご連絡ください。